重庆市出版专项资金资助项目

好奇心书系
图鉴系列

COCKROACHES OF CHINA

中国蜚蠊大图鉴

— 王宗庆 邱 鹭 车艳丽 著 —

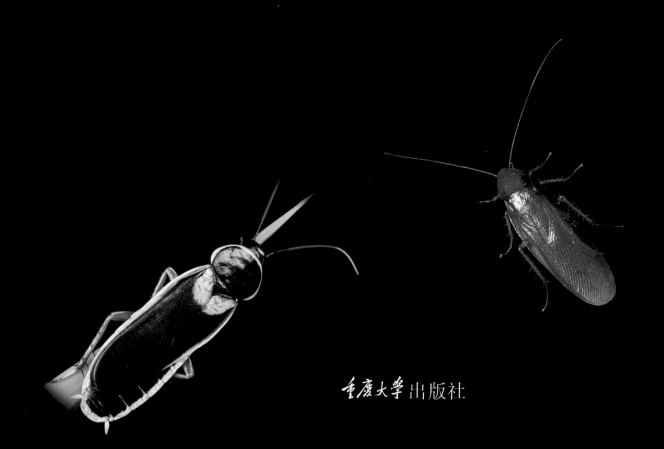

重庆大学出版社

图书在版编目（CIP）数据

中国蜚蠊大图鉴 / 王宗庆，邱鹭，车艳丽著. -- 重庆：重庆大学出版社，2024.1
（好奇心书系.图鉴系列）
ISBN 978-7-5689-4201-0

Ⅰ.①中… Ⅱ.①王… ②邱… ③车… Ⅲ.①蜚蠊目—中国—图集 Ⅳ.①Q969.25-64

中国国家版本馆CIP数据核字(2023)第228607号

中国蜚蠊大图鉴
ZHONGGUO FEILIAN DA TUJIAN

王宗庆　邱鹭　车艳丽　著

策划编辑：梁　涛
策　　划：鹿角文化工作室
责任编辑：杨育彪　张红梅　　版式设计：周　娟　刘　玲
责任校对：邹　忌　　　　　　　责任印刷：赵　晟

*

重庆大学出版社出版发行
出版人：陈晓阳
社址：重庆市沙坪坝区大学城西路21号
邮编：401331
电话：(023) 88617190　88617185（中小学）
传真：(023) 88617186　88617166
网址：http://www.cqup.com.cn
邮箱：fxk@cqup.com.cn（营销中心）
全国新华书店经销
重庆亘鑫印务有限公司印刷

*

开本：887mm×1194mm　1/16　印张：24　字数：730千
2024年1月第1版　2024年1月第1次印刷
印数：1—4 000
ISBN 978-7-5689-4201-0　定价：298.00元

序 一

蜚蠊，俗称蟑螂，是地球上历史最悠久的昆虫之一，经过几亿年的演化，至今依旧繁荣昌盛，是昆虫中繁衍非常成功的类群之一，被称为昆虫中的活化石。蜚蠊多数种类生活在热带及亚热带原始森林及次生林中，作为重要的分解者和能量转化者，成为生态系统食物链中重要的一员，仅少数种类成为主要的城市卫生害虫。

我国蜚蠊分类研究始于著名昆虫学家吴福桢先生，他取得了受国内外同行瞩目的成就。1997年，为了满足社会对蟑螂认知和防治的需求，我和郭予元、吴福桢先生共同编写了《中国蟑螂种类及防治》一书，论述了常见蟑螂种类的分布、生活习性、识别与鉴定、防治策略与方法等，为城市卫生害虫蜚蠊防治提供了依据，也为进一步研究我国蜚蠊奠定了坚实基础。

2003年，王宗庆同志考入中国农业科学院研究生院，于中国农业科学院植物保护研究所（简称"植保所"）攻读博士学位，研究蜚蠊的分类和系统发育，其间取得优异成绩，顺利获得博士学位。2006年，他前往西南大学任教，继续发扬吴福桢等先生不懈追求的精神，对多年积累的蜚蠊标本和资料进行研究，为弄清我国蜚蠊的资源本底，维护生态系统的平衡，实现合理开发、科学利用与可持续发展做出了积极贡献。在之后的十几年时间里，他不断成长，成为国家一流本科课程"普通昆虫学"教学团队的核心成员。教学的同时，他还带领团队为厘清我国蜚蠊种类、区系分布，进一步丰富世界蜚蠊区系做了大量卓有成效的工作，已发表研究论文80余篇，新分类单元150余个；同时积累了大量生态照片，其中不乏罕见、珍稀的种类。

中国目前已知蜚蠊400多种，该图鉴共收录中国有分布的蜚蠊310种，约占中国种类的70%。该图鉴以精美的画面和科学的语言呈现出蜚蠊类群的专业知识，是集科学性、艺术性、观赏性于一体的精美原创著作，可供昆虫相关行业从业者及爱好者阅读，也可作为疾控、检验检疫等相关部门工作者的实用参考资料。

看到学生的成长，也看到世界蜚蠊研究日益壮大的中国力量，欣然为之作序。衷心希望在国家建设科技强国战略的指引下，宗庆能继续带领团队，齐心协力，共同努力，以全球视野把蜚蠊目昆虫多样性与进化研究推向一个新的高度，为蜚蠊研究做出更大的贡献！

2022年9月26 于北京

序 二

　　说起蜚蠊，人们熟知的多为德国小蠊、美洲大蠊等臭名昭著的卫生害虫，这些常见的害虫不仅与人类日常生活甚为密切，还难以防治，被称为打不死的"小强"。已知现生蜚蠊中有50余种寄居于人类生活场所，传播30余种致病微生物，部分为致死性病原菌，有些病原菌则能损害人体机能，严重影响人类的生活质量，威胁人类健康与食品安全。有的蜚蠊被列为重要检疫害虫，在各国对外贸易、货物运输过程中，蜚蠊在货物中的存在常成为拒绝货物入关、实施贸易壁垒的理由。

　　人们不熟悉的是，有些蜚蠊被用于治疗人类疾病，如中华真地鳖可用于治疗冠心病等，美洲大蠊提取物富含多种活性成分，作为中药用于治疗包括癌症在内的多种疾病，也被用于制造美容和保健产品。鲜有人知的是，多数蜚蠊种类生活在原始森林及次生林中，作为生态环境中动、植物残体的分解者，对土壤形成和生态平衡维持发挥了重要作用。有的蜚蠊具观赏价值，是人们喜爱的宠物。

　　蜚蠊是演化历史最悠久的昆虫类群之一，它们的化石记录至少起源于石炭纪，距今约3.1亿年。在数亿年的演化过程中，其体型没有明显的改变，中生代蜚蠊化石标本中的蜚蠊和现生的蜚蠊体型几乎一模一样。由于气候变化，很多远古蜚蠊类群灭绝了，直到侏罗纪，蜚蠊再次兴起、风靡全球。近些年来，对蜚蠊的深入研究揭示出白蚁与蜚蠊同类，蜚蠊因此成为最早演化出社会性的昆虫类群，成为研究生物进化的好材料。

　　《中国蜚蠊大图鉴》收录了310种蜚蠊，约占中国已知种类的7成。该图鉴以精美的图片（其中不乏罕见的、珍贵的生态照片）和科学的语言呈现出蜚蠊的世界，是一本难得的昆虫分类鉴定工具书，代表着我国蜚蠊区系及分类学研究的水平。该图鉴介绍了蜚蠊种的鉴别特征和地理分布，为昆虫学工作者和爱好者鉴定、研究蜚蠊提供了第一手资料，可作为海关出入境检验检疫工作者和疾控部门检疫工作者的实用手册。

　　王宗庆教授带领的蜚蠊科研团队一直致力于蜚蠊昆虫的形态学、分类学和系统演化研究，取得了令人瞩目的成果，在国内外经典学术刊物上发表了一批高水平论文，使西南大学成为国际蜚蠊昆虫的重要研究基地之一。今喜见王宗庆、车艳丽教授伉俪的作品付梓，乐为作序，以为学生贺。也借此与各位同仁共勉，为把我国昆虫系统分类和多样性研究推向更高的水平努力奋斗，服务民生，造福人类！

张雅林

2022年9月24日于杨凌

前　言

作为本书的主创人员之一，从开始学习蜚蠊分类至今已有20余年，时常感念恩师冯平章先生的培养和信任，得以在博士研究生毕业之后继续从事蜚蠊的分类研究；恩师伟大、无私的奉献精神和海纳百川的宽广胸怀为我的研学事业点亮了一盏明灯，始终激励着我在蜚蠊分类领域砥砺前行。2006年将赴西南大学任教时，恩师语重心长地叮嘱"到高校工作，站稳讲台是最重要的"；时任植保所所长的吴孔明院士也勉励我要积极努力，争取在蜚蠊分类领域有所作为。十多年来，我在做好教学工作站稳讲台的同时，积极追随国内外同行的脚步，将我国的蜚蠊分类研究做大做强，为世界蜚蠊分类事业贡献力量和智慧，以慰师心。

我国疆域广阔，地貌复杂，生境多样，为生物多样性提供了极好的生态条件。蜚蠊的适应性强，不论在干热的荒漠与半荒漠地区，还是在湿热的亚热带或热带雨林地区，或者在寒冷的高纬度或高海拔地区都可存活，因此，我国蜚蠊物种多样性是相当丰富的。20世纪80年代以前，我国很少有学者从事该类群的分类研究，多数已知种都是国外学者命名的。20世纪80年代吴福桢、郭予元、冯平章先生开始在该领域拓荒，在全国蜚蠊种类的系统采集、分类鉴定和地理分布调查做了大量卓有成效的工作，其研究成果获"1988年度农业部科学技术进步奖二等奖"，为提高卫生防疫部门研究蜚蠊和群众性防治水平做出了巨大的贡献。

在老一辈的研究基础上，我们的研究团队自2006年开始经过调查、鉴定、厘定，基本厘清了我国蜚蠊已知种类并对已知种进行了修订和补充描述，命名并记述了大量新分类单元。据统计，我国蜚蠊已知种类已有400余种。

虽然最初的研究工作比较困难——一是标本不足，二是资料匮乏，但我们团队又非常幸运——先后得到了国内业界很多前辈和同行的支持与帮助：在蜚蠊标本的检视和借阅方面，得到了西北农林科技大学张雅林教授、王应伦教授，中国科学院动物研究所陈军研究员，河北大学任国栋教授、巴义彬副研究员，中山大学庞虹教授，中国科学院昆明动物研究所梁醒财研究员，中国科学院分子植物科学卓越创新中心上海昆虫博物馆刘宪伟研究员，中国农业大学王心丽教授，国家自然博物馆李竹研究员，还有昆虫学者、科普作家、生态摄影师张巍巍先生的大力支持；在标本赠予方面，衷心感谢中国科学院动物研究所李枢强教授，东北师范大学郑国教授，中国农业大学彩万志教授、李虎教授，华南农业大学许再福教授、任顺祥教授，大理大学杨自忠教授；在文献获取方面，得到了贵州大学杨茂发教授、西北农林科技大学张雅林教授、中国科学院分子植物科学卓越创新中心上海昆虫博物馆吴捷教授、英国自然历史博物馆George Beccaloni的大力帮助。

十多年来，我们收到了很多国内外机构或个人的求助，要求帮助鉴定蜚蠊标本，其中国内以出入境检验检疫相关单位为主，国外则以生物分类研究者为主。但是，国内有关蜚蠊种类鉴定的书籍非常少，每当此时我们就会产生强烈的紧迫感和使命感。鉴于此，我们团队有了出版一本精美且系统的中国蜚蠊图鉴的计划，遂安排团队外出采集标本时也注重生态照片的积累。至今我们团队已经积累了近十年时间的照片，其中不乏罕见的、珍贵的生态照片。在此期间，喜欢摄影的李昕然、邱鹭两位研究生在生态照片的积累方面贡献最为突出。另外，为本图鉴提供珍贵蜚蠊生态照片或虫体图片的有：陈尽（云南）、董志巍（云南）、何力（四川）、姜日新博士（山东）、刘晔（北京）、马泽豪（上海）、麦祖奇（广东）、汤亮副教授（上海）、王冬冬（海南）、王吉申博士（云南）、王建赟博士（北京）、许浩副研究员（四川）、殷子为副研究员（上海）、张嘉致（上海）、张巍巍（重庆），在此一并感谢。

本图鉴的完成，离不开西南大学蜚蠊系统学实验室各届研究生的努力，他们分别是：吴可量、李昕然、王秀丹、王珍珍、杨茸、王仪姝（硕蠊科）；邱鹭、韩伟（地鳖蠊总科）；郑玉红、王锦锦、石岩、桂顺华、邱志伟、赵琼瑶、李梦、何佳君、金笃婷（姬蠊科）；王董、柏奇坤、王丽丽、李伟军（隐尾蠊科）；王晨晨、廖姝然、罗新星（蜚蠊科），邓文波（褶翅蠊科）；李杨（蜚蠊雌性生殖器）。

本图鉴的前期研究工作得到了多项国家基金项目的支持，其中包括国家自然科学基金重大项目（31093430）子课题及科技部基础工作专项（2015FY210300）子课题——中国动物志姬蠊科和中国动物志硕蠊科，以及国家自然科学基金项目的资助（30800104、31472026、31672329、31772506）。

为了保证本图鉴的顺利出版，我们确定了截稿时间节点为2019年12月31号，之后发生的分类学变动和增加的新分类单元均未包含在内，书稿完成后，因故拖延了出版时间，以至于此。囿于时间和精力，书中难免会出现错误、疏漏，以及各种不足之处，敬请专家学者和广大读者批评指正。

2022年10月5日
于重庆北碚西南大学

目 录
Contents

蜚蠊概述

OVERVIEW OF COCKROACHES

横带全蠊 ｜ 王冬冬摄于海南

一、分类地位

　　蜚蠊目Blattodea，是昆虫纲多新翅类Polyneoptera不完全变态昆虫的一个中型规模的目，包含蜚蠊和白蚁两个传统观念中的类群，共计18个现生科，7500余种，其中蜚蠊9科，4600余种，白蚁9科，2900余种。蜚蠊目与螳螂目Mantodea是姐妹群，合称网翅总目Dictyoptera。但著名的蜚蠊系统发育研究学者McKittrick以及著名蜚蠊分类学家Roth都主张将螳螂、蜚蠊、白蚁三者归在一起，称为网翅目Dictyoptera（McKittrick, 1964; Roth, 2003）。经过Linnaeus（1758）的创始，Olivier（1789），Latreille（1796, 1810）以及Brunner（1865）等诸多学者对蜚蠊分类的发展，Handlirsch（1925, 1930）对分类系统的奠基，Princis（1960）对蜚蠊分类系统的发展，McKittrick（1964）对蜚蠊分类系统的重建与修订，形成了蜚蠊现代分类系统的框架；Grandcolas（1996），Lo et al.（2007），Inward et al.（2007），Djernæs et al.（2015, 2018），Wang et al.（2017），Bourguignon et al.（2018），　Evangelista et al.（2019）则不断探索网翅类的系统发育关系，极大地拓展了人类对网翅类群亲缘关系的认知，不断完善了蜚蠊的分类系统。根据多位分类学家的研究，得到如下蜚蠊系统发育支序图。

❯ 左图
Grandcolas 1996

❯ 右图
Lo et al. 2007

❯ 左图
Inward et al. 2007

❯ 右图
Djernæs et al. 2015

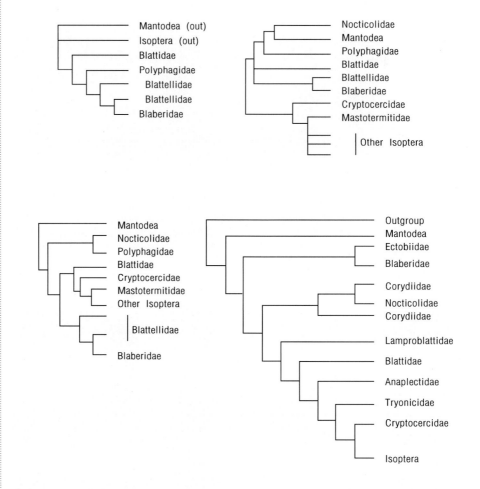

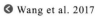 Wang et al. 2017

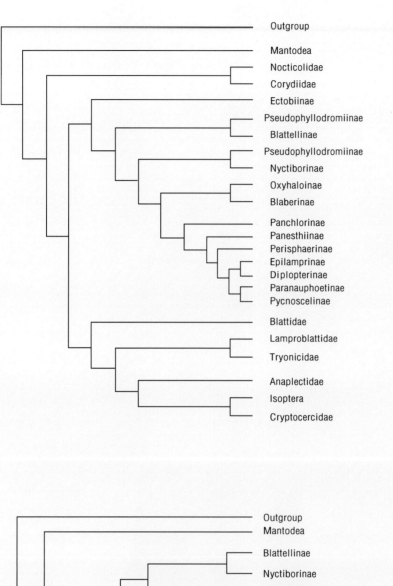

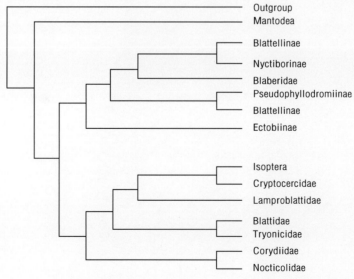 Evangelista et al.
2019

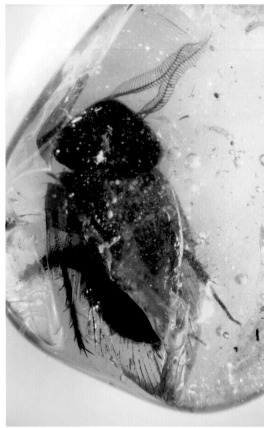

⬆ 羽状触角蜚蠊 张巍巍 摄　　　　⬆ 瓢蠊琥珀化石 张巍巍 摄

4 mm

⬆ 蜚蠊化石 3.1亿年前 任东 摄

蜚蠊演化历史非常悠久，根据化石记录，蜚蠊至少起源于石炭纪，距今约3.1亿年，也有更早期的报道。现有的网翅类昆虫分化时间研究表明蜚蠊和螳螂的分歧时间距今2亿多年，白蚁与其姐妹群隐尾蠊 *Cryptocercus* 的分歧时间距今约1.45亿年（Misof et al., 2014; Che et al., 2016, 2019; Bourguignon et al., 2018），远远晚于化石记录的蜚蠊起源时间。

根据化石记录，中生代时期蜚蠊的物种多样性是非常丰富的，留存的化石与其他昆虫相比也是海量的，这从侧面反映出蜚蠊在中生代时期的繁盛。早期的蜚蠊类群雌虫具有外露且较长的产卵器，与现生蜚蠊雌虫内置且纤弱的产卵器有较大不同。有些中生代的蜚蠊为前口式（Liang et al., 2012），有些蜚蠊触角为羽状（张巍巍，2017; Vršanský & Wang, 2017）。这些古蜚蠊类群部分在长期的演化过程中没有保留下来，部分适应了环境的变化演化至今，如琥珀化石中记录的瓢蠊属类群（张巍巍，2017）。

二、研究简史

蜚蠊的早期文字记载始于我国秦汉时期（公元前221年—公元220年）的医学药典《神农本草经》，后来明代李时珍也在《本草纲目》中涉及，主要记录了蜚蠊类昆虫的药用功能。

蜚蠊分类始于1758年Linnaeus的*Systema Naturae*（第10版），蜚蠊被归入鞘翅目Coleoptera蜚蠊属*Blatta*，1767年蜚蠊又被Linnaeus移入半翅目Hemiptera。蜚蠊的归属在之后又发生了一系列的变化。De Geer（1773）将蜚蠊移入革翅目Dermaptera中。Olivier（1789）将蜚蠊等多个类群归入直翅目Orthoptera，作为科级单元存在。之后百余年中，蜚蠊基本是作为科级分类单元被归在直翅目，但蜚蠊的科级阶元名称不尽相同，对科下阶元的划分也存在差异。

Latreille（1796，1810）仍将蜚蠊归入直翅目Orthoptera，蜚蠊科包含1属，即蜚蠊属*Blatta*。Leach（1815）将蜚蠊作为目级阶元（网翅目Dictuoptera）来看待，但这一观点早期未引起关注。Burmeister（1838）继承并发展了Olivier（1789）的观点，将蜚蠊、螳螂、竹节虫、球蝼等一起归到直翅目，并将蜚蠊、螳螂、竹节虫归入直翅目爬行亚目Cursoria中，蜚蠊类群则归在蜚蠊科Blattina中。Serville（1839）将蜚蠊归在蜚蠊科Blattariae中，不仅在科下分属，还在属下分若干部或亚部（division, subdivision）。Brunner（1865）就蜚蠊出版了专著*Nouveau Systeme Des Blattaires*，这本专著沿用了蜚蠊科级名称Blattariae，科下分族Tribe，但族名称后缀用的是现行科级名称后缀"-idae"。

Walker（1868）将蜚蠊移入革翅目Dermaptera，归入爬行亚目Cursoria 蜚蠊部Blattariae，在部（Division）下分族（Tribe），族下分科（Family），科下分属（Genus），属下分若干部（Division），分类系统较为混乱。

Brunner（1882，1893）仍旧将蜚蠊归在直翅目中，他用Blattodea作为蜚蠊的科级分类单元名称，取代Blattariae，Blattina和Blattidae，在科之下有11个族（Tribus）。Bolívar（1888）也将蜚蠊、螳螂等归入直翅目，他在拉丁学名的使用上更加规范，在科级分类阶元上开始使用词尾"-idae"，也与现代的分类系统使用的主要阶元相吻合。他使用了目、科、属、种4个分类阶元，将蜚蠊类群归入蜚蠊科Blattidae。Saussure（1893）在分类阶元的使用上受Walker的影响比较大，在分类阶元的设置上与其相似。Bolívar（1897）将Leach（1815）提出的网翅目学名"Dictuoptera"修改为"Dictyoptera"，作为直翅目的一个"部"（Section），并且将蜚蠊和螳螂分别作为一个科，即蜚蠊科Blattidae、螳螂科Mantidae加入其中，以此表明螳螂和蜚蠊的亲缘关系。

20世纪伊始，多足类分类学家Verhoeff（1902）提出建立有荚目Oothecaria，包含蜚蠊亚目Blattodea和螳螂亚目Mantodea。Handlirsch（1903）则基于化石标本研究建立有翅纲Pterygogenea，并在其下建立蠊形亚纲Blattaeformia，包含螳螂目Mantoidea Handlirsch、蜚蠊目Blattoidea Handlirsch、等翅目Isoptera Brulle等。Chopard（1920，1949)将蜚蠊和螳螂分别作为亚目归入网翅目Dictyoptera。

Handlirsch（1925）将其提出的蜚蠊目的拉丁学名由Blattoidea修订为Blattarien，并分为3个科，即姬蠊科、蜚蠊科、鳖蠊科。Handlirsch（1930）将部分亚科提升为科，将蜚蠊目分为7个科,即地鳖蠊科Corydiidae、甲蠊科Diplopteridae、硕蠊科Blaberidae、小蠊科Chorisoneuridae、原蠊科Archiblattidae、蜚蠊科Blattidae、姬蠊科Phyllodromiidae,奠定了现行蜚蠊目分类系统的雏形。

Princis(1960)提出包含4个亚目28个科21个亚科的分类系统。McKittrick(1964)仍主张将螳螂、蜚蠊和白蚁归入网翅目,并基于系统发育研究提出了蜚蠊亚目5科分类系统,即蜚蠊科Blattidae、地鳖蠊科Polyphagidae、隐尾蠊科Cryptocercidae、硕蠊科Blaberidae以及姬蠊科Blattellidae。

Grandcolas(1996)基于形态特征使用支序分析法构建系统发育树,分析了6个科221个属的亲缘关系,提出了2个总科6个科24个亚科的分类系统,指出褶翅蠊亚科Anaplectinae应该提升为科,但认为褶翅蠊科Anaplectidae与姬蠊科关系依旧近缘。Roth(2003)在McKittrick(1964)的基础上修订了蜚蠊的分类系统,他认为褶翅蠊亚科的蜚蠊类群是姬蠊科和蜚蠊科的过渡类群,而没有采用Grandcolas的观点。

Kambhampati(1995)使用31种蜚蠊的线粒体基因12S rRNA和16S rRNA序列研究了蜚蠊目的系统发育,结果支持McKittrick(1964)提出的蜚蠊亚目分类系统。

Lo et al.(2007)基于多分子标记数据构建系统发育树,分析表明白蚁和隐尾蠊关系近缘,互为姐妹群。Inward et al.(2007)利用5个基因标记构建系统发育树来分析白蚁和蜚蠊的关系,发现白蚁的分支深深地嵌在蜚蠊中,并和隐尾蠊互为姐妹群。因此Inward等提出废除等翅目,将白蚁并入蜚蠊目。

Beccaloni & Eggleton(2013)基于前人的研究修订了蜚蠊目Blattodea的分类系统,提出了3总科17科的分类系统,明确将白蚁并入蜚蠊目蜚蠊总科。

在白蚁并入蜚蠊目之后,更多基于分子数据的网翅(总)目系统发育研究不断涌现(Djernæs et al., 2012, 2015; Wang et al., 2017; Bourguignon et al., 2018; Evangelista et al., 2019),佐证了白蚁并入蜚蠊的观点,也确立了澳蠊科Tryonicidae、辉蠊科Lamproblattidae以及褶翅蠊科的科级分类地位,探讨了蜚蠊类群各科之间的关系。

到目前为止,基本可以确定蜚蠊类群可分为3个总科,但总科之间以及各科之间的关系仍存有争议。蜚蠊总科内6个(超)科,可以形成3个姐妹群。但姐妹群之间的关系还没有完全解析。

三、分类系统

现生蜚蠊目Blattodea昆虫共分为3个总科:硕蠊总科Blaberoidea、地鳖蠊总科Corydioidea、蜚蠊总科Blattoidea。其中硕蠊总科2科:硕蠊科Blaberidae、姬蠊科Ectobiidae;地鳖蠊总科Corydioidea 2科:螱蠊科Nocticolidae、地鳖蠊科Corydiidae;蜚蠊总科Blattoidea 6(超)科:蜚蠊科Blattidae、辉蠊科Lamproblattidae、澳蠊科Tryonicidae、褶翅蠊科Anaplectidae、隐尾蠊科Cryptocercidae、白蚁超科Termitoidae,白蚁超科内含9科:澳白蚁科Mastotermitidae、古白蚁科Archotermopsidae、草白蚁科Hodotermitidae、胄白蚁科Stolotermitidae、木白蚁科Kalotermitidae、杆白蚁科Stylotermitidae、鼻白蚁科Rhinotermitidae、齿白蚁科Serritermitidae、白蚁科

Termitidae，合计18个科。

　　McKittrick（1964）基于形态数据的系统发育研究提出蜚蠊分类系统之后，在该分类系统的基础上，Grandcolas（1996），Klass & Meier（2006）等人进行了不断修订，其中Grandcolas提出了褶翅蠊应为科级分类单元Anaplectidae，拟叶蠊亚科应该提升为科Psudophyllodromiidae；Klass & Meier则提出了辉蠊亚科、澳蠊亚科均提升为科，并指出白蚁嵌入蜚蠊类群与隐尾蠊互为姐妹群。Inward et al.（2007）基于分子数据的系统发育研究佐证了Klass & Meier（2006）基于形态数据系统发育结果——白蚁类群的分支嵌入蜚蠊类群之中，因此Inward et al. 提出了将等翅目白蚁并入蜚蠊目的观点。该观点又得到了后续多个研究结果的佐证（Lo et al., 2007; Djernæs et al., 2012, 2015; Wang et al., 2017; Bourguignon et al., 2018; Evangelista et al., 2019）。目前蜚蠊目的高级阶缘依然存在新的变动或争议，本图鉴目前采用的分类系统概括如下。

蜚蠊目 Blattodea Brunner, 1865

硕蠊总科 Blaberoidea Saussure, 1864

硕蠊科 Blaberidae Saussure, 1864

姬蠊科 Ectobiidae Brunner von Wattenwyl, 1865

地鳖蠊总科 Corydioidea Saussure, 1864

螱蠊科 Nocticolidae Bolívar, 1892

地鳖蠊科 Corydiidae Saussure, 1864

蜚蠊总科 Blattoidea Latreille, 1810

蜚蠊超科 Blattoidae Latreille, 1810

蜚蠊科 Blattidae Latreille, 1810

辉蠊科 Lamproblattidae McKittrick, 1964

澳蠊科 Tryonicidae McKittrick & Mackerras, 1965

褶翅蠊科 Anaplectidae Walker, 1868

隐尾蠊超科 Cryptocercoidae Handlirsch, 1925

隐尾蠊科 Cryptocercidae Handlirsch, 1925

白蚁超科 Termitoidae Latreille, 1802

澳白蚁科 Mastotermitidae Desneux, 1904

古白蚁科 Archotermopsidae Engel Grimaldi & Krishna, 2009

草白蚁科 Hodotermitidae Desneux, 1904

胃白蚁科 Stolotermitidae Holmgren, 1910

木白蚁科 Kalotermitidae Froggatt, 1897

杆白蚁科 Stylotermitidae Holmgren & Holmgren, 1917

鼻白蚁科 Rhinotermitidae Froggatt, 1897

齿白蚁科 Serritermitidae Holmgren, 1910

白蚁科 Termitidae Latreille, 1802

四、地理分布

（一）姬蠊科Ectobiidae

姬蠊科Ectobiidae分为姬蠊亚科Blattellinae、拟叶蠊亚科Pseudophyllodromiinae、异爪蠊亚科Ectobiinae、壮蠊亚科Nyctiborinae 4个亚科。姬蠊亚科是最大的亚科，包含79属，分布也最广泛，除南极大陆之外的其他动物地理区系均有分布；其次是拟叶蠊亚科，包含64属，分布较广泛，仅在亚欧大陆及北美洲的分布范围略小于前者；异爪蠊亚科与壮蠊亚科均较小，分别包含12属和10属，异爪蠊亚科分布于亚欧大陆、非洲大陆、澳大利亚以及上述大陆周边岛屿，壮蠊亚科目前仅分布在南美洲和中美洲。该科昆虫总体广泛分布于世界各大动物地理区系（南极大陆及北美洲北部等地区除外）。

中国分布有3个亚科，仅壮蠊亚科在我国没有分布，异爪蠊亚科也仅在我国西藏发现有分布（目前还未正式报道）。姬蠊亚科与拟叶蠊亚科在我国分布较为广泛，主要分布在秦岭以南温带、亚热带和热带地区，青藏高原仅在藏南有分布。姬蠊科中最大的属为拟歪尾蠊属*Episymploce*，主要分布在南亚、东亚、东南亚及澳大利亚。

（二）硕蠊科Blaberidae

硕蠊科Blaberidae分为硕蠊亚科Blaberinae、光蠊亚科Epilamprinae、甲蠊亚科Diplopterinae、弯翅蠊亚科Panesthiinae、纹蠊亚科Paranauphoetinae、球蠊亚科Perisphaerinae、蔗蠊亚科Pycnoscelinae、泽蠊亚科Zetoborinae、绿蠊亚科Panchlorinae、吉蠊亚科Gyninae、斧板蠊亚科Oxyhaloinae 11个亚科；其中中国分布有6个亚科，硕蠊亚科、泽蠊亚科、绿蠊亚科、吉蠊亚科和斧板蠊亚科在中国没有分布；相对于姬蠊科而言，硕蠊科各亚科的分布范围均较狭窄，对适宜的地理环境要求更高，或者说为适应环境产生的特化（特异性变异）程度更高。光蠊亚科分布的范围较广，在中南美洲、非洲、亚洲（东亚、南亚、东南亚）、澳大利亚均有分布。硕蠊亚科仅分布在美洲大陆；甲蠊亚科分布在亚洲局部（中国、印度以及一些东南亚国家），大洋洲以及一些太平洋岛屿。吉蠊亚科和斧板蠊亚科只分布在非洲；绿蠊亚科分布在中南美洲及非洲局部；弯翅蠊亚科分布在亚洲局部（中国、印度以及一些东南亚国家）以及大洋洲；纹蠊亚科分布在亚洲局部（中国、印度以及一些东南亚国家）；球蠊亚科分布在非洲、亚洲局部（中国、印度以及一些东南亚国家）以及大洋洲；蔗蠊亚科主要分布在环热带地区。

（三）蜚蠊科Blattidae

蜚蠊科Blattidae目前分为蜚蠊亚科Blattinae、巨尾蠊亚科Macrocercinae、带蠊亚科Polyzosteriinae，以及原蠊亚科Archiblattinae 4个亚科。中国已知分布有3个亚科，仅巨尾蠊亚科在中国没有分布。蜚蠊亚科分布较为广泛，在美洲、非洲、亚洲和大洋洲均有分布；巨尾蠊亚科仅分布在东南亚及大洋洲局部；带蠊亚科分布在东南亚、大洋洲、中南美洲及少数太平洋岛屿；原蠊亚科种类较少，主要分布在东亚和东南亚。

（四）褶翅蠊科Anaplectidae

褶翅蠊科Anaplectidae仅包含褶翅蠊属*Anaplecta*，玛褶翅蠊属*Maraca* 2属；其中褶翅蠊属种类较多，目前已知102种，分布也较为广泛，在中南美洲、非洲、东亚（中国）、东南亚、大洋洲均有分布；玛褶翅蠊属种类少，仅1种，分布在南美洲。

（五）隐尾蠊科Cryptocercidae

隐尾蠊科Cryptocercidae仅包含隐尾蠊属*Cryptocercus* 1属，目前已知30余种，间断分布在东亚（中国、韩国、俄罗斯远东地区）和北美洲。在中国主要分布在横断山脉、秦岭-大巴山脉、东北长白山脉。在美国主要分布在加利福尼亚州以及阿巴拉契亚山脉。隐尾蠊起源于1.45亿年前，在中生代广布于联合古陆，后因大陆分离，隐尾蠊出现隔离，但在环境适宜的高海拔山区或高纬度的丘陵地带繁衍下来，经研究表明亚洲和北美洲的隐尾蠊分化时间大约为8千万年前。

（六）地鳖蠊科Corydiidae

地鳖蠊科Corydiidae分为地鳖蠊亚科Corydiinae、小地鳖蠊亚科Euthyrrhaphinae、拉丁蠊亚科Latindiinae 3个亚科。其中地鳖蠊亚科是最大的亚科，种类也最多，分布最广，在美洲、非洲、欧洲、亚洲、大洋洲都有分布。其他亚科均较小，小地鳖蠊亚科主要分布在环热带地区；拉丁蠊亚科分布在美洲和亚洲（东亚、东南亚）。

（七）螱蠊科Nocticolidae

螱蠊科Nocticolidae主要分布在非洲、亚洲（印度、中国以及东南亚各国）、大洋洲，包含10属，其中螱蠊属*Nocticola*是最大的属，分布也最广，几乎覆盖了该科的主要分布范围。

五、形态特征

蜚蠊目Blattodea主要识别特征

体多扁平，长椭圆形；触角多为长丝状，少数木栖型种类触角较短；头三角形，具单眼（区）或无。

前胸背板发达，椭圆形或近椭圆形，完全盖住头部或仅露出头顶，后缘常向后少凸出；常具黑褐色、红褐色、黄色或白色斑纹。

福氏拟光蠊
李昕然 摄

拟歪尾蠊
李昕然 摄

头三角形, 灵活, 可多方向转动; 口器咀嚼式。

多数种类前翅覆翅, 皮革质, 狭长; 后翅膜质, 臀区发达。部分种类雌雄异型, 雄虫具翅, 雌虫无翅或退化为短翅、翅芽; 少数种类雌雄均无翅。

前足腿节腹侧前缘的刺式各类群存在差异，根据刺的排列可分为Type A，Type B，Type C，Type D，在各型之下又可以分为多个亚型A1，A2，A3；B1，B2……。跗节爪特化（内缘锯齿状明显）或不特化，对称（两爪等长）或不对称。

雄虫腹部下生殖板末端常着生1对尾刺，形状多样，少数种类不具尾刺或仅具1个尾刺。

雌雄肛上板均具尾须1对，近纺锤形；雌虫产卵器不外露。

A

2 mm

B

0.1 mm

C

pp.

v. III

v. II

v. I

a.a.

vst.s.

2 mm

D

0.2 mm

◀ 图A　赫光蠊前足腿节腹缘的刺

◀ 图B　萨氏大光蠊的爪

◀ 图C　峨眉褶翅蠊的雌性外生殖器

◀ 图D　稠斑大光蠊的爪

（一）姬蠊科Ectobiidae主要识别特征

1. 成虫

姬蠊科昆虫体型较小，多纤细，多为5~15 mm，少数具翅种类体连翅长可达到20 mm及以上；也有种类体长在5 mm以下。体色以黄褐色为主，通常在枯枝落叶和灌木丛中栖息，少数种类为黑褐色、红褐色或绿色。极少数种类翅退化为短翅或翅芽。

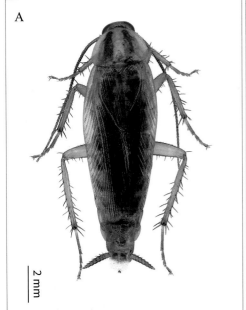

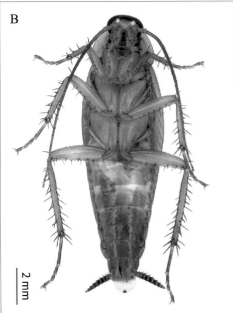

◉ 图A 德国小蠊
背面观

◉ 图B 德国小蠊
腹面观

◉ 图C 小蠊雄虫
吴可量 摄

◉ 图D 绿丘蠊成虫
李昕然 摄

◉ 图E 绿丘蠊若虫
李昕然 摄

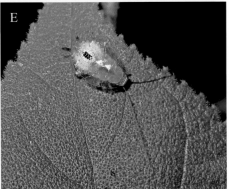

（1）头部：姬蠊科昆虫的头部特征主要表现为头部为何颜色，复眼间有无横纹，有无面部斑纹及单眼（斑），复眼间距如何，下颚须3、4、5各节长短等。头部一般为黄褐色，具有黑褐色或红褐色斑纹，单眼（斑）白色或黄白色；头顶复眼间常具黑褐色、红褐色或白色横带；复眼肾形，间距常小于或等于触角窝间距。触角柄节、梗节较短而粗壮；鞭节长丝状，由数量不一的小节构成；长于体。

（2）胸部：前胸背板发达，向前盖住头部，中、后胸背板常被前翅覆盖。主要看前胸背板的形状、颜色和斑纹。前翅一般为黄褐色，部分种类翅黑褐色具黄色或白色等斑纹，极少数种类翅为绿色；后翅膜质，通常透明或浅灰色半透明；径脉分支加厚与否、中脉是否分叉和肘脉的分支数量是分类的重要特征。姬蠊科昆虫3对胸足长短不一，前足最短，后足最长，善于爬行；前足腿节的刺式对于高级分类单元的分类具有重要价值；足跗节5节，1—4节一般具跗垫，少数种类仅部分跗节具跗垫；爪一般对称，不特化（即爪内缘不具齿）；部分类群爪不对称，不特化，或者不对称，特化。

⚜ 臂突齿爪蠊跗垫

⚜ 臂突齿爪蠊爪及中垫

⚜ 炫纹歪尾蠊　吴可量　摄

（3）腹部：雄虫第1、第7、第8背板常特化，具有毛簇或凹陷的腺体开口；肛上板后缘弧形或平截，常具有三角形缺刻，两后侧角着生尾须，瘦长，分节，近纺锤形，常密布刚毛；肛侧板片状，常特化出锐刺状结构，其下方有时着生尾须间突。雄虫下生殖板对称或不对称，常具1对尾刺，或仅具1个，或无。雄性外生殖器结构简单，分为左、中、右3部分，分别称为左阳茎、中阳茎、右阳茎；有时还具有附属骨片等结构；中阳茎常为棒状，有时会分叉，姬蠊亚科种类钩状阳茎在左侧；拟叶蠊亚科种类钩状阳茎在右侧。外生殖器的结构特征是鉴定种类的重要依据。

❯ 图A 日本小蠊
雄虫腹部第7、第8背板

❯ 图B 奇拟歪尾蠊雄
虫下生殖板及阳茎

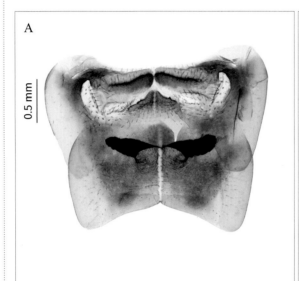

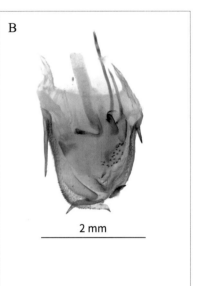

❯ 图C 钳刺拟歪尾蠊
雄虫肛上板

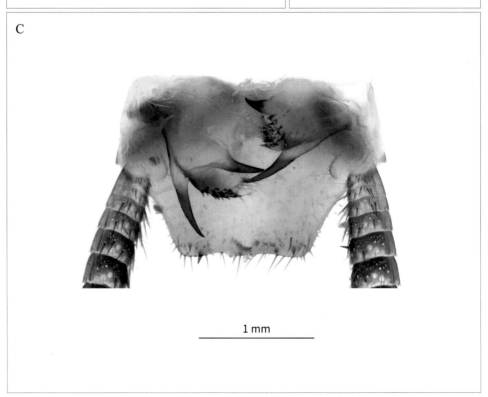

2.若虫

姬蠊科昆虫同属种类的若虫体型、颜色和斑纹常较为近似，难以和成虫对应。低龄若虫甚至雌、雄都长有尾刺，雌雄难辨。但不同属的若虫差异会比较大，尤其是在颜色和斑纹上。

3.卵

姬蠊科昆虫种类均为卵生，分卵生A型和卵生B型，卵胎生A型。多数种类为卵生A型，该型种类卵荚形成之后不久便产至体外，卵荚背脊齿较明显，胚胎发育的养分由卵黄自身供给，水分来自基质；个别属的种类为卵生B型，该型种类卵荚形成之后，旋转90°，携带在母体尾部，卵荚背脊齿不明显，胚胎发育的养分由卵黄自身供给，水分来自母体；个别属的种类为卵胎生A型，该型种类卵荚形成之后缩回孵化囊，在母体内孵化，卵黄供给营养，水分来自母体。

◆ 小蠊雌虫携带卵荚
吴可量 摄

◆ 小蠊雌虫携带卵荚
吴可量 摄

（二）硕蠊科Blaberidae主要识别特征

成虫

硕蠊科昆虫一般身体较粗壮，体壁较厚、硬，体型差异较大，小至大型（7～100 mm）；体色较深，多为黑色或黑褐色，其次红褐色或黄褐色，也有铜绿色等带金属光泽的种类。多数种类具翅，雌雄异型较为普遍，常雄虫具翅，雌虫无翅或短翅；也有部分种类雌雄均无翅。

● 图A　阔斑弯翅蠊
背面观

● 图B　阔斑弯翅蠊
腹面观

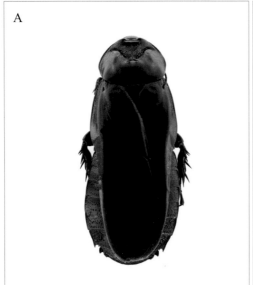

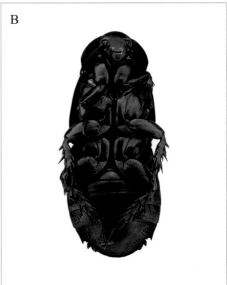

（1）头部：头顶与额有时具有斑纹；触角有颜色区间或特化；单眼可分为真单眼和单眼斑，前者隆起，透明，泛黄色，似玻璃珠，后者平面，一般为白色不透明，像1对白斑，有的种类单眼缺。唇基可隆起，上颚齿形有别，有的下颚须特化。

（2）胸部：前胸背板形状、结构多样，有些种类表面高低不平且特化；前后翅形状、质感、斑纹和脉相具有一定的分类意义；足的特征点较多，如腿节和胫节刺的数量和排列、各跗分节是否具跗垫、爪是否对称和特化、中垫的大小，等等。

● 图C　光蠊头部

● 图D　赭光蠊前胸
背板

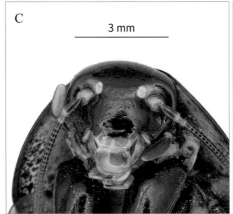

C　　　3 mm

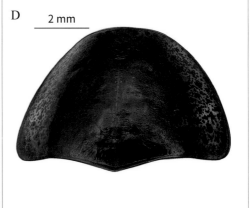

D　　2 mm

⌃ 球蠊雄虫前胸背板

⌃ 弯翅蠊前胸背板

⌃ 弯翅蠊腹末端

（3）腹部：背板是否特化、背板和腹板的覆叠情况、肛上板的形状和特化，以及骨化区域的不同、肛侧板的特化、尾须的长度和节数等。雄性和雌性生殖结构是作为种级阶元分类的关键依据。雄性下生殖板边缘常不平滑，具有许多特化以及骨化区域的不对称，尾刺大小和形状以及着生位置亦有不同，阳茎叶（简称"阳茎"）特征丰富。雌性下生殖板通常对称，边缘通常平滑，一般不具结构性特征，无尾刺。

（三）蜚蠊科Blattidae主要识别特征

成虫

蜚蠊科昆虫体小至大型，其中中、大型种类居多，体粗壮，体色多黄褐色或黑褐色，常见于枯枝落叶层或枯木树皮等夹缝内；雌、雄虫翅均发达，存在雌雄异型现象，部分种类雌虫翅退化为短翅；少数种类雌雄均无翅。

◀ 图A/B 蜚蠊科的代表——美洲大蠊

A

10 mm

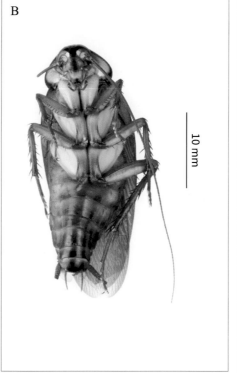

B

10 mm

◎ 图A 长翅型蜚蠊科
雄虫

◎ 图B 短翅型蜚蠊科
雌虫

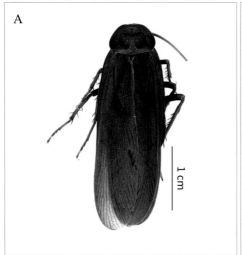

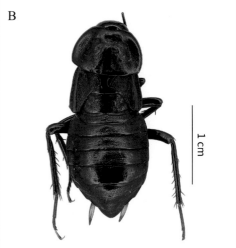

◎ 图C 蜚蠊科头部

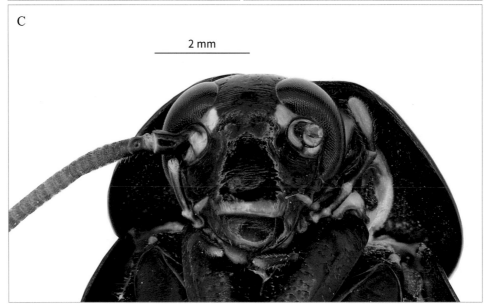

（1）头部：一般颜色较深，单眼斑明显，触角长。

（2）胸部：前胸背板大，加厚或不加厚，加厚常伴随皱褶，侧缘下弯或不下弯；足基节粗壮，前足腿节腹缘刺式A2或A3型胫节多刺，后足胫节长，跗节端部均具跗垫，或部分跗节无跗垫或均无跗垫；爪一般对称，不特化，部分不对称、特化。

（3）腹部：雄虫下生殖板具1对圆柱状或锥状的相似、对称的尾刺，阳茎骨片结构非常复杂；雌虫下生殖板沿中线纵向分裂成两瓣。

（四）褶翅蠊科Anaplectidae主要识别特征

1.成虫

褶翅蠊科昆虫体小型，体连翅长4~8mm，黄褐色或黑褐色；雌、雄翅均较发达，栖息于林下地表落叶层或腐殖质层，有时也可在生境疏松土壤中发现，夜晚常在植物叶片上栖息或寻觅配偶交配。成虫发生期短，仅历时3个月左右。

A

B

◀ 图A/B 褶翅蠊生态照
罗新星 摄

（1）头部：头部唇基隆起，可明显区别于与之形态相近的姬蠊科种类。

（2）胸部：前胸背板小，表面光滑，近椭圆形；前翅基部宽，往端部渐狭窄，类似披针形。后翅附属区发达，占翅长的30%以上。前足腿节腹缘刺式B型。

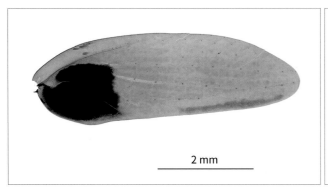

◭ 褶翅蠊前翅

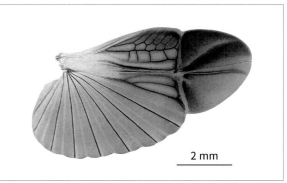

◭ 褶翅蠊后翅

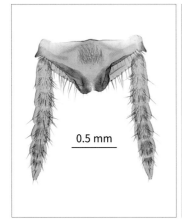

◭ 褶翅蠊雄虫肛上板

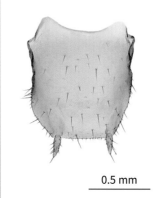

◭ 褶翅蠊雄虫下生殖板

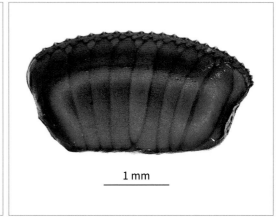

◭ 褶翅蠊卵荚侧面观

（3）腹部：肛上板特化，中域具毛簇，肛侧板简单片状；下生殖板稍不对称，尾刺指状，着生于下生殖板两后侧角。雄性外生殖器结构复杂，钩状阳茎在左侧。

2.若虫

体型微小，形似姬蠊若虫。

3.卵

卵荚短小，脊部具细小锯齿。

（五）隐尾蠊科Cryptocercidae主要识别特征

1.成虫

隐尾蠊科昆虫体中至大型，雌雄均无翅，成虫体色深，黑褐色或黑色，体壁较硬，光滑、发亮；该类蜚蠊实行"一夫一妻"制，具有抚育后代的行为。多数种类均窄幅分布，分布区域受环境限制较大，喜冷凉、湿度大的环境，木栖型，喜钻蛀倒伏的保水能力强的木头取食。野生环境发育历期较长，约6年完成1个世代。

（1）头部：头部圆阔，额宽，复眼较退化，远离；口器发达，以木头为食。

（2）胸部：前胸背板坚硬，前缘低平，中后部隆起，中轴线处下凹；腿节粗短，前中后足胫节均短，具强刺。

（3）腹部：腹部可见7节，背板不特化；雄虫下生殖板具1对相似的尾刺，由于尾节被延长的第7背腹板包被，因此平常不露出，雌雄难辨。

2.若虫

因发育历期长，若虫体型大小及颜色差异较大，初孵若虫体白色，后逐渐加深，由黄白色至深棕色或黑色。

◎ 栖居于朽木内的隐尾蠊 李昕然 摄

3. 卵

卵荚十分狭长, 卵粒较多, 常产出嵌于朽木内。

（六）地鳖蠊科Corydiidae主要识别特征

1. 成虫

体小至大型, 体长5.0~35.0 mm, 体色通常黄褐色到黑色, 有时具艳丽的金属光泽（如真鳖蠊属*Eucorydia*）；体表通常被毛。雄虫通常具发达的翅, 雌虫具翅或无, 无翅个体卵圆形。隐蔽性强, 常栖息于干燥的腐殖质和土灰中, 或朽木内, 也有生活在洞穴或社会性昆虫巢穴中的种类。

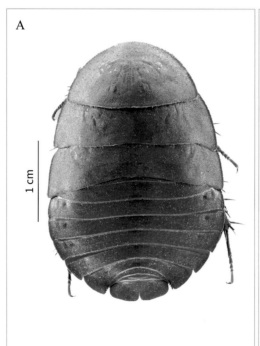
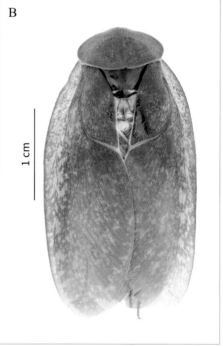

（1）头部：复眼通常发达，单眼发达或退化，唇基发达，加厚显著。

人工饲育的韩氏真地
鳖若虫　邱鹭　摄

（2）胸部：前胸背板横阔，遮住头部，表面常具有明显长毛或刚毛。后翅仅沿臀褶折叠一次。前足腿节刺式多为C1。

（3）腹部：下生殖板通常稍不对称，尾刺通常短小。雄性外生殖器复杂，具许多骨片。雌性下生殖板分瓣或特化为鼓包状突起。

2. 若虫

若虫通常近似无翅雌虫，椭圆形，体色暗淡。

3. 卵

卵包裹于鞘质的卵荚内，卵荚坚硬，脊部通常具发达的锯齿。

韩氏真地鳖卵荚

2 mm

（七）蟹蠊科Nocticolidae主要识别特征

体小型（体长通常小于5 mm），纤细，白色或浅黄色。复眼退化。雄虫具翅，膜质、透明，着生微毛，翅脉少分支，数量减少；后翅常缩短退化，不能飞行。腹节背板不特化或在第2、3节或第4节背板上有腺体。雌虫通常无翅，很少具退化的前翅，后翅消失。卵生，通常穴居、蚁栖或蟹栖。

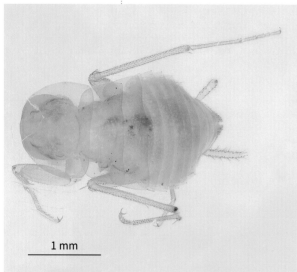

⌃ 蟹蠊雌虫背面观

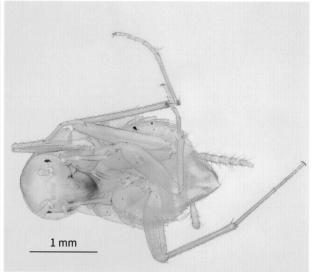

⌃ 蟹蠊雌虫腹面观

⌃ 蟹蠊雄虫背面观

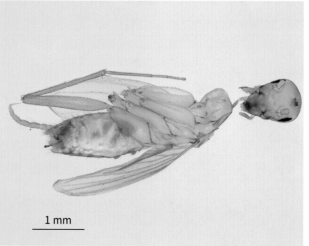

⌃ 蟹蠊雄虫腹面观

△ 栖居于枯木白蚁
巢穴内的鳖蠊雌成虫
邱鹭 摄

六、生物学

（一）生境

大部分适合昆虫栖息的环境，几乎都能发现蜚蠊，可以说蜚蠊是无处不在。从大范围上来讲，从温带到热带，从北纬60°到南纬50°都有蜚蠊的分布，生境类型包括森林、草甸、荒地、溪流以及沙漠等。虽然蜚蠊分布广泛，但多数种类分布在温暖、湿润的大环境（尤其是天然混交林）中。少数蜚蠊适应了环境的变化生存在极端环境中，如生活在北美洲干旱地区的沙地鳖蠊种类*Arenivaga investigata*、生活在高海拔或高纬度的隐尾蠊*Cryptcercus* spp.。沙地鳖蠊白天利用穴居龟或啮齿动物的洞穴躲避沙漠的高温和干旱，而且它们能够利用洞穴给它们创造的条件从相对湿度82%以上的空气中吸收水分。蜚蠊对小生境也很有选择性，多数蜚蠊喜欢在稀疏的林地灌丛中活动取食，以至于阳光无法射入的阴暗之地反而难以见到蜚蠊；部分蜚蠊喜欢在高大乔木的冠层活动，也有部分蜚蠊在各种洞穴里活动（广义地说，蜚蠊属于穴居类昆虫，只是洞穴栖息的专化程度因种而异）。在野外经常可以发现白天在外活动的蜚蠊，它们或在地面上活动取食，或在植物叶片上一动不动地沐浴阳光，如拟截尾蠊属种类*Hemithyrsocera* spp.，真鳖蠊属种类*Eucorydia* spp.；晚上，蜚蠊常在灌丛或杂草叶片上活动，进行蜕皮、羽化、求偶、交配或者取食。

美洲大蠊*Periplaneta americana*常生活在下水道中，有时沿着下水道进入人类居室。德国小蠊鲜有生活在下水道的现象，它们喜爱生活在人类居室内，一般生活在靠近热源的缝隙当中，包括墙缝、家具的隐蔽空间以及一些电器内部。德国小蠊喜欢温热，以27~28℃为最适温度。

⌃ 地鳖生境图 邱鹭 摄　　　　　⌃ 隐尾蠊生境图 李昕然 摄

⌃ 蜚蠊羽化 邱鹭 摄

⌃ 若虫蜕皮 李昕然 摄

⌃ 初羽化的成虫 李昕然 摄

（二）食性

多数蜚蠊是杂食性的，包括部分木栖性蜚蠊，这些蜚蠊除了吃木头，也取食其他动物或昆虫的尸体，包括同类的尸体。目前对野生蜚蠊食性的研究还不够深入，一般认为木栖性的蜚蠊主要取食木头，都是食木性蜚蠊，如弯翅蠊属*Panesthia*、木蠊属*Salganea*、隐尾蠊属*Cryptcercus*，但隐尾蠊常被发现啃食同类尸体。也有极少数蜚蠊，如食菌蚁巢蠊*Attaphila fungicola*被报道取食真菌*Leucoagaricus gongylophorus*。澳大利亚分布的掘蠊属*Geoscapheus*将枯叶运回洞穴内储藏，以枯叶为食。也有一些种类在树干上活动，取食其他昆虫的分泌物，也有趴在植物花朵上访花取食的丘蠊属种类*Sorineuchora* spp.，小蠊属种类*Blattella* spp.。少数蜚蠊种类适应了寄居在人类居室内，随着人为的传播已经成为世界性分布的重要害虫（德国小蠊*Blattella germanica*、美洲大蠊*Periplaneta americana*）。尽管它们偏爱富含蛋白质的食物以及含糖的淀粉类食物，但它们也可取食书籍、头发，还有其他腐烂的东西。

◆ 姬蠊与蜡蝉"和睦相处" 邱鹭 摄

◆ 一种小蠊在访花取食 李昕然 摄

◆ 姬蠊取食甲虫尸体 邱鹭 摄

◆ 姬蠊取食凋落花蕊 李昕然 摄

◆ 美洲大蠊若虫取食蛇尸体 邱鹭 摄

◆ 姬蠊取食蛾类尸体 李昕然 摄

（三）求偶和交配

多数蜚蠊雄虫会和多个雌虫交配。有些蜚蠊的雌虫也会与多个雄虫进行交配，该类雌虫一年会多次产卵，但每次产卵之前仅交配1次；也有一些蜚蠊种类的雌虫会在产卵之前多次交配，雄虫繁衍后代就会面临精子竞争，如德国小蠊*Blattella germanica*。

蜚蠊雄虫用性激素吸引配偶，信息素释放于体表开口的腺体。雌虫也会利用性激素来传递求偶信息。一般来讲，多数种类是雄虫通过拱起身体或者抬高翅来释放性激素引诱附近的雌虫。少数蜚蠊种类则是雌虫释放性激素引诱雄虫。

◀ 图A　双斑乙蠊求偶
邱鹭　摄

◀ 图B　褶翅蠊求偶
李昕然　摄

◀ 图C　双纹小蠊求偶
邱鹭　摄

▲ 淡赤褐大蠊交配
李昕然 摄

▼ 卵生A型卵荚-姬蠊
李昕然 摄

蜚蠊交配前先用触角来识别对方，识别完成后，雄虫举起翅膀，露出腹部背面腺体，雌虫会爬上雄虫腹背，取食雄虫腺体的分泌物，随后雄虫拱起背部，将生殖器与雌虫生殖器结合在一起。这一过程完成，雌虫转体180°，雄虫的腹部也不再拱起。交配的时间长短因种而异，通常持续50~90分钟，较短的持续9~17分钟，长的超过24小时（Mackerras，1965）。

隐尾蠊是亚社会性昆虫，实行"一夫一妻"制的生活方式，并哺育后代，雌雄隐尾蠊有多次交配行为 (Nalepa, 1988)。

（四）生殖方式

蜚蠊主要进行两性生殖，极少数种类可以进行孤雌生殖，如苏里南蔗蠊*Pycnoscelus surinamensis*。两性生殖包括卵生A型、卵生B型、卵胎生A型、卵胎生B型、胎生。绝大多数蜚蠊所产的卵由卵荚包被，卵荚在母体腹末端形成（卵从卵巢排出后，进入输卵管，然后由产卵瓣将卵排列成两行，放置在由黏液腺分泌的未闭合的卵荚中）。形成后，直接产出卵荚的为卵生A型；旋转90°缩回孵化腔，仅从母体获得水分，发育成熟将卵荚产出的为卵生B型。卵荚不同程度退化或不完全发育，卵荚缩回孵化囊中，在母体

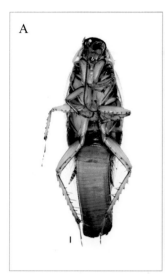

◀ 图A 双纹小蠊卵生B型

◀ 图B 郁原角蠊卵生A型 邱鹭 摄

◀ 图C 杜比亚蜚蠊卵胎生，卵荚形成即将缩回孵化囊

内携带，并完成发育；卵有足够的卵黄提供营养完成发育，水分必须从母体获得，在孵化前，也摄取水溶性的营养物质的方式为卵胎生A型。不形成卵荚，卵直接产在孵化囊内，无序排列，卵有足够的卵黄来供给营养，完成发育，必需的水分来自母体，也从母体摄取水溶性的营养物质的方式为卵胎生B型。卵荚非常小，其外围具不完全发育的膜，卵荚保留在孵化囊中，卵没有足够的卵黄提供营养，需要从母体获得水分和孵化囊壁分泌的非卵黄营养物质蛋白质的方式，为胎生型。

卵生A型蜚蠊大多将卵荚产在土壤中或各种缝隙中，如褶翅蠊卵荚很小，外壳颜色深红褐色，产在落叶下腐殖质中；澳蠊卵荚较小，外壳黑褐色至黑色，产在松软潮湿的土壤中；隐尾蠊将卵荚产在木头隧道中；家居型的大蠊类将卵荚产在阴暗的角落，分泌黏液将卵荚粘在墙壁的角落处或橱柜的后下方，或者在衣柜中的衣物、被褥里产卵荚。蜚蠊产卵过程中受到惊吓或威胁时可以产出小型的卵荚。

（五）捕食和寄生

在自然界的无脊椎动物中，蜚蠊最主要的捕食者是蜘蛛和蚂蚁，其次是其他捕食性昆虫以及蝎子。蜘蛛捕食蜚蠊是司空见惯的事情，有大量的文献报道；蜚蠊被行军蚁 *Eciton burchelli* 捕食，在热带地区也很常见。

除了无脊椎动物，小型脊椎动物如啮齿类动物、蜥蜴、鸟类、蟾蜍、青蛙、壁虎等也捕食蜚蠊。在特定环境下，蜚蠊是某些鸟类的主食。

蜚蠊的寄生天敌主要是膜翅目、双翅目以及鞘翅目的部分寄生性昆虫。国内外均有这些类群寄生蜚蠊的报道。主要寄生蜂有浅沟长尾啮小蜂 *Aprostocetus asthenogmus*、旗腹蜂 *Prosevania punctata*、绿长背泥蜂 *Ampulex compressa* 和 *Podium haematogastrum* 等。

双翅目寄生性昆虫主要有眼蝇科（Conopidae）和寄蝇科（Tachinidae）昆虫。

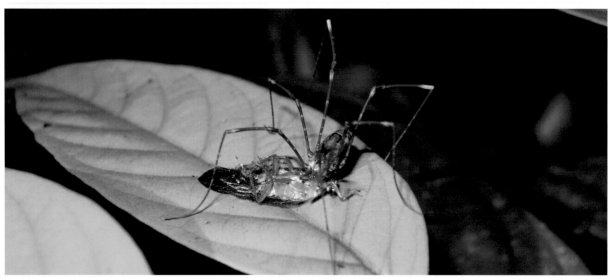

⌃ 一种盲蛛捕食蜚蠊 邱鹭 摄

⌃ 蜘蛛取食丽郝氏蠊 李昕然 摄

⌃ 蜘蛛取食丽郝氏蠊 李昕然 摄

⌃ 蜘蛛意欲捕食蜚蠊 李昕然 摄

（六）防御

危机四伏，蜚蠊如何应对威胁才能"偷生"？蜚蠊在长期演化过程中形成了多种技能来应对威胁：隐匿、逃避、保护色、化学防御、威吓、战斗。

多数蜚蠊反应敏锐，它们拥有发达的感觉器，稍有震动就迅速逃逸或藏匿；室内种类钻缝隙，室外种类隐匿在枯枝落叶中，或钻进土壤里。蜚蠊给人的印象是怕光，其实很多情况下不是怕光，而是震动影响到了它们，为了安全起见，隐匿起来躲避捕食者。

隐匿和逃避是多数蜚蠊种类的应对措施，如褶翅蠊 *Anaplecta* spp.，地鳖蠊 *Polyphaga* sp.，*Arenivaga* sp.（Hawke & Farley, 1973），蔗蠊 *Pycnoscelus* sp.（Reser, 1940），光蠊 *Epilampra* sp. 和掘蠊 *Geoscapheus* sp.（Tepper, 1893），硕蠊 *Blaberus* sp.（Gautier, 1974）等，它们常会钻到疏松土壤或腐殖质中来应对威胁，也会临时隐藏到卷曲的枯叶当中。一些硕蠊科光蠊亚科的蜚蠊可以栖息在溪流附近，王珍珍（2018）记录了我国大光蠊属 *Rhabdoblatta* sp. 的若虫在受到惊吓时会潜入水中来保护自己。

点刻甲蠊 *Diploptera punctata* 喷出化学物质防御蚂蚁 *Pogonomyrmex badius* 的攻

◀ 光蠊若虫受威胁而潜入水中 李昕然 摄

击；球蠊亚科Perisphaerinae球蠊属*Perisphaerus*的种类，雌虫和若虫在遇到威胁时会将身体卷成球状，防御威胁；有些种类的雌虫在卷成球状之前，还将若虫放在腹部一起卷起来；雄虫大多有翅，采取躲避方式来逃避危险。

隐尾蠊*Cryptcercus* spp. 在木头钻隧道并生活在里面，遇到威胁会将宽大前胸背板立于隧道口阻止捕食者进入。对于已经进入巢穴的入侵者，隐尾蠊成虫是具备战斗能力的，对于同种不同家庭成员之间则常常发生冲突和打斗。

马达加斯加发声蜚蠊在遇到威胁时，可以发出嘶嘶的声音，恐吓捕食者；一些硕蠊种类利用前胸背板和前翅摩擦发声威慑捕食者（Roth & Hartman, 1967）。

⊳ 球蠊雌虫
李昕然 摄

⊳ 球蠊雄虫
李昕然 摄

蜚蠊图鉴

COCKROACHES GALLERY

中国蜚蠊大图鉴
COCKROACHES OF CHINA

褶翅蠊科

ANAPLECTIDAE

褶翅蠊 邱鹭摄于贵州平塘

褶翅蠊科的前翅和后翅

　　该科体型较小，其后翅具较大的附属区，且在停息状态时可向上反折，雌虫下生殖板分瓣，主要栖居于落叶层、灌木或草丛中。

　　该科广布于亚洲、大洋洲、非洲以及南北美洲。全世界已知2属，其中褶翅蠊属 *Anaplecta* 种类多，较广布；而另一属 *Maraca* 目前仅知1种，仅分布在南美洲。

褶翅蠊属 *Anaplecta* Burmeister, 1838

雌雄近似，通常具翅。体黄褐色至黑色。复眼远离，分居头部两侧，单眼缺失，唇基明显，突出。前胸背板椭圆形，边缘常半透明。前翅窄，翅脉简单。前足腿节腹缘刺式B2型，跗垫缺失或仅出现在第4跗分节，爪通常简单，极少具齿，对称，具中垫。雄虫肛上板中部特化，具刚毛簇；下生殖板简单，尾刺较小。钩状阳茎在左侧；中阳茎复杂。

世界共记载94种，中国已知5种，本图鉴收录2种。主要分布在亚洲、大洋洲、非洲、北美洲和南美洲。

夜晚出来觅食的峨眉褶翅蠊 | 邱鹭摄于贵州平塘

本图鉴褶翅蠊属 *Anaplecta* 分种检索表

体均一的黄褐色 ·· 峨眉褶翅蠊 *Anaplecta omei*

体黄褐色，前翅基部具黑褐色斑 ·· 黑肩褶翅蠊 *Anaplecta basalis*

黑肩褶翅蠊 *Anaplecta basalis* Bey-Bienko, 1969

体连翅长5.8~6.3 mm。体黄褐色，前胸背板端半部稍具褐色，前翅基部黑褐色。

分布：云南（普洱、金平、西双版纳）。

黑肩褶翅蠊 | 陈尽摄于云南西双版纳

峨眉褶翅蠊 *Anaplecta omei* Bey-Bienko, 1958

体连翅长6.0~6.6 mm。通体黄褐色。该种分布较广，是国内最常见的蜚蠊种类之一。

分布：重庆（北碚、黔江），四川（峨眉山），福建（武夷山、太姥山），江苏（宝华山、南京紫金山），安徽（黄山），广西（桂平）。

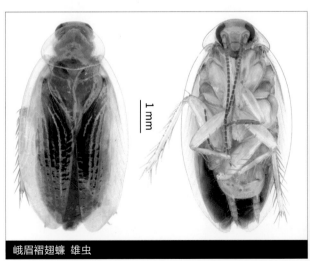

峨眉褶翅蠊 雄虫

峨眉褶翅蠊 | 邱鹭摄于重庆北碚

硕蠊科

BLABERIDAE

黄缘大光蠊 | 吴可量摄于海南

　　体型通常较大，体色和形态多变。雄虫阳茎结构简单，明显分为左、中、右3部分。卵胎生或胎生。

　　世界性分布，可见于多种生境。全世界已知近170属1200多种；中国记录19属116种（含亚种）。该科目前包含11个亚科，其中分布中国的亚科有6个，分别为甲蠊亚科Diplopterinae、光蠊亚科Epilamprinae、弯翅蠊亚科Panesthiinae、纹蠊亚科Paranauphoetinae、球蠊亚科Perisphaerinae及蔗蠊亚科 Pycnoscelinae。

甲蠊亚科 \ Diplopterinae

甲蠊亚科是一类拟态甲虫的蜚蠊。体迪常褐色，少数具斑纹。前翅强烈增厚，鞘质；后翅发达，网状，具特别的折叠方式：停息时，臀域首先形成扇状折叠（与其他蜚蠊类同），后沿臀褶纵折，再沿横褶横折，后翅完全隐于前翅下。甲蠊的臀褶与其他硕蠊不同，其端点位于翅的顶角而非外缘，而横褶为甲蠊独有。尾须分节，且仅有3节。胎生。可发现于植被良好的森林内，具趋光性。点刻甲蠊 Diploptera punctata 较为广布，被作为宠物饲养而风靡全球；除此以外，大部分种类较为罕见。

全世界仅1属8种，中国分布4种。主要分布在东洋区、澳洲区，以及美国夏威夷。

点刻甲蠊及其翅脉

光蠊亚科 \ Epilamprinae

光蠊亚科体中至大型。体色通常暗淡。卵胎生，卵荚形成后旋转90°再完全吸入腹中孵化。有些种类亲代有抚幼行为。常栖息于枯枝落叶下、灌木丛中，或森林内；也常见于溪流边，以水边腐烂的植被为食，受到惊吓时会潜入水中保护自己。该亚科因夜间喜向光飞行而得名"光蠊"。

全世界已知48属430余种，是硕蠊科最大的亚科之一，中国记录8属63种。主要分布在亚洲、大洋洲、非洲和南美洲。

光蠊 | 吴可量摄于广东

弯翅蠊亚科 \ Panesthiinae

弯翅蠊亚科又称硬蠊，或依据英文俗名wood roach称为木蜚蠊。体型通常较大，体壁坚硬，体通常棕色至黑色，少数色泽明亮具花纹。头圆，复眼远离；触角短，念珠状。前胸背板横阔，表面不平坦，通常具瘤突或凹陷；前缘通常向上折翘，有时呈角状突起。翅发育完全，有时退化成小翅芽或无，具大翅个体有断翅的

木蠊断翅态 | 邱鹭 摄　　木蠊全翅态 | 陈尽 摄

习性，断翅后通常还保留翅基部分，似披肩。足粗壮，具强刺，适于挖掘，缺中垫。绝大部分种类腹部第8节和第9节退化消失；背板第6节和第7节侧缘锯齿或平直，后侧角尖锐或钝圆。肛上板后缘通常呈锯齿状；尾须短，不分节。雄虫下生殖板退化，藏于第7腹板下，但后缘微露；雌虫腹板末节充当下生殖板，后缘圆弧形。成虫不具尾刺。该亚科是一类群居性食木蜚蠊，成虫和若虫共同栖居于朽木内。卵胎生。成虫具弱趋光性。

全世界已知11属170多种，中国分布4属20种（含亚种）。主要分布在澳洲区、东洋区和古北区。

纹蠊亚科 \ Paranauphoetinae

纹蠊亚科又称扁蠊，因其斑纹类似半翅目荆猎蝽属*Acanthaspis*昆虫，故英文名为Assassin Bug Cockroaches。体扁平，具光泽，通常黑色，具白色斑纹。头外露，触角端部有时白色。前胸背板扁平，稍不平整，光滑，横椭圆形，后缘稍平截。前后翅通常发育完全，有时翅缩短。雄虫肛上板半圆形，端缘中部微凹；尾须短粗，各分节愈合；雄虫下生殖板稍不对称；尾刺近似，短小。该亚科昆虫较为少见，通常栖居于朽木或树皮下，具趋光性。有些种类因具漂亮的花纹而成为热门宠物。

全世界已知1属22种，中国分布7种。主要分布在东洋区以及澳洲区西北部。

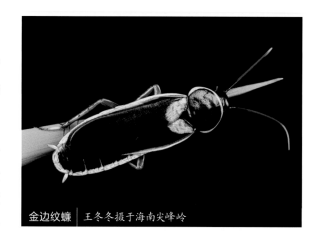

金边纹蠊 | 王冬冬摄于海南尖峰岭

球蠊亚科 \ Perisphaerinae

球蠊亚科雌雄异型。体通常为黑色或褐色，有时也具金属光泽。雄虫通常具翅，有时具短翅或无翅；雌虫无翅，幼态，似鼠妇。雄虫前胸背板硬化，下方具1对脊状突起，卡住头部两侧，称为枕侧脊。雌虫和若虫尾须短，愈合成一节。雌虫和若虫腹部背板第3至第7节两侧具沿着节间线排列的针扎状凹陷，称为背板臼。背板臼的数量可用于区分种类，称为臼式（如每节单侧具有3个孔，就称为臼式[3]；每节单侧孔数量不同，通常取最大值或一一列出）。卵胎生，刚出生的幼体靠雌虫的分泌物为食。雌虫和若虫较雄虫常见；雄虫具趋光性；雌虫和若虫通常集体躲避在树皮下、树洞中，或朽木缝内，有时会在夜晚爬行于叶片或树干表面，遇到危险时具有假死性。

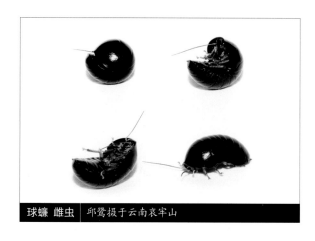

球蠊 雌虫 | 邱鹭摄于云南哀牢山

全世界已知20属170余种，中国分布4属18种（含亚种）。主要分布在东洋区、澳洲区以及非洲热带地区。

蔗蠊亚科 \ Pycnoscelinae

蔗蠊亚科又称潜蠊，是一种可营孤雌生殖的蜚蠊。大多营土栖生活，可发现于腐殖质、落叶层、灌木、树洞和朽木内，以及人居环境周围（花坛、杂物堆、牛棚等）。该亚科最著名的物种苏里南蔗蠊*Pycnoscelus surinamensis*，是一种广布热带地区的害虫，主要为害庭院植物和果蔬，也是一类传播家禽寄生虫的中间宿主。

全世界已知3属20余种，中国目前已记载1属3种。主要分布在热带地区。

苏里南蔗蠊 | 吴可量摄于广东中山

中国硕蠊科 Blaberidae 分亚科分属检索表

1 前翅加厚，鞘质，似甲虫；后翅网状，臀域外区域在停息时经两次折叠收敛于前翅下方 ·················· 甲蠊亚科 Diplopterinae

　　　甲蠊属 Diploptera

　　前翅正常，革质；后翅臀域以外区域不折叠 ··· 2

2 体壁坚硬，前胸背板增厚，强烈隆起，明显具许多大瘤突；足短粗，刺发达，适于挖掘；肛上板后缘通常呈锯齿状；雄虫下生殖 板退化，无尾刺 ··· 3 弯翅蠊亚科 Panesthiinae

　　体壁较薄；前胸背板通常较为单薄，无隆起，或仅简单的弧状隆起，无明显大瘤突；足细长或稍短粗，适于疾行或攀爬；肛上 板后缘无锯齿；雄虫下生殖板正常，具尾刺 ··· 6

3 成虫均为黑褐色 ·· 4

　　成虫具斑纹 ·· 彩蠊属 Caeparia

4 腹部第7背板侧缘呈锯齿状 ··· 木蠊属 Salganea

　　腹部第7背板侧缘无明显锯齿 ··· 5

5 腹部第6和第7背板后侧角特化成刺状；后足跗基节等于或长于其余各节之和 ····················· 米蠊属 Miopanesthia

　　腹部第6背板后侧角通常不特化，第7背板后侧角特化成刺状；后足跗基节短于其余各节之和 ············ 弯翅蠊属 Panesthia

6 前胸背板通常拱起，粗糙，具刻点，雄虫前胸背板下方具枕侧脊；雌虫保持幼态，无翅 ········· 7 球蠊亚科 Perisphaerinae

　　前胸背板通常扁平，或略微隆起呈屋脊状，雄虫不具枕侧脊；雌虫保持幼态或正常态，具翅或无 ··························· 10

7 体型较小，棒状或扁平 ·· 8

　　体型较大，体卵圆形，稍隆起或强烈隆起 ··· 9

8 体十分狭长，棒状；复眼较小，远离 ·· 笛蠊属 Frumentiforma

　　体十分扁平，片状；复眼较大，在头顶处靠近 ··· 宝蠊属 Achatiblatta

9 雄虫前胸背板隆起程度高；雌虫可卷成球状 ·· 球蠊属 Perisphaerus

　　雄虫前胸背板隆起程度低；雌虫不可卷成球状 ··· 冠蠊属 Pseudoglomeris

10 雄虫左尾刺短小或缺失，右尾刺异常增大 ···························· 蔗蠊亚科 Pycnoscelinae 蔗蠊属 Pycnoscelus

　　雄虫两尾刺近似，通常条状 ··· 11

11 体扁平，光泽，通常黑褐色，带各种白色的斑纹；尾须各分节合并，形似仅有1节 ·············· 纹蠊亚科 Paranauphoetinae

　　　纹蠊属 Paranauphoeta

　　体型多变，粗糙或光泽，通常褐色至黑色，具许多复杂的斑纹；尾须明显可见分节 ············ 12 光蠊亚科 Epilamprinae

12 后足跗基节跗垫占跗基节长度超过1/2 ··· 13

　　后足跗基节跗垫小且尖，占跗垫长度不超过1/2 ·· 15

13 雄虫前后翅发育完全，雌虫前后翅发育完全或不完全 ··· 14

　　雌雄虫前翅均为翅芽型，无后翅 ·· 水蠊属 Opisthoplatia

14 雌雄虫前胸背板表面明显粗糙，散布大刻点 ·· 异光蠊属 Anisolampra

　　雌雄虫前胸背板表面光滑 ··· 壮光蠊属 Morphna

15 后足跗基节腹缘具2列整齐排列的小刺 ·· 16

　　后足跗基节腹缘不具2列整齐排列的小刺 ··· 丽光蠊属 Calolamprodes

16 雄虫下生殖板后缘非强烈凸出，中部不具一三角形刺突 ··· 17

　　雄虫下生殖板后缘强烈凸出，中部具一三角形刺突 ·· 棒光蠊属 Rhabdoblattella

17 前胸背板完全遮住头部 ··· 18

　　前胸背板不完全遮住头部，头顶稍外露 ··· 大光蠊属 Rhabdoblatta

18 雄虫中阳茎L2D端部无延伸的条状附属骨片 ·· 短光蠊属 Brephallus

　　雄虫中阳茎L2D端部具延伸的条状附属骨片 ·· 拟光蠊属 Pseudophoraspis

甲蠊属 *Diploptera* Saussure, 1864

该属是甲蠊亚科Diplopterinae唯一的成员,其外形似甲虫,容易识别。

世界记录8种,中国分布4种,本图鉴收录4种。

点刻甲蠊 马泽豪摄于云南盈江

本图鉴甲蠊属 *Diploptera* 分种检索表

1 前胸背板近椭圆形, 无后侧角 ································· 圆背甲蠊 *Diploptera elliptica*

  前胸背板近半圆形或梯形, 后侧角明显 ·· 2

2 前胸背板中域黑色, 侧区为橙色宽带 ················· 墨斑甲蠊 *Diploptera naevus*

  前胸背板单色或具异色窄边 ··· 3

3 前胸背板棕色 ··························· 点刻甲蠊 *Diploptera punctata*

  前胸背板近黑色, 两侧具橙色窄边 ··· 4

4 头黑色 ····················· 暗色甲蠊指名亚种 *Diploptera nigrescens nigrescens*

  头棕红色 ····················· 暗色甲蠊赤面亚种 *Diploptera nigrescens guani*

圆背甲蠊 *Diploptera elliptica* Li et Wang, 2015

体型大，体长16~25 mm，雌虫通常较雄虫大。体深褐色至黑色，无斑纹。前胸背板近椭圆形，多毛，两侧各具1个开口向内的C形凹陷。前翅密布微毛和刻点。可发现于朽木树皮下，具趋光性。

分布：云南（普洱、西双版纳、盈江、临沧）。

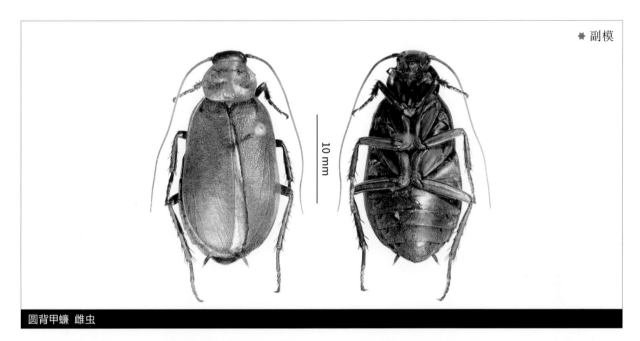

★ 副模

10 mm

圆背甲蠊　雌虫

墨斑甲蠊 *Diploptera naevus* Li et Wang, 2015

体型小，体长10 mm。整体橙褐色，前胸背板中部具一黑色大斑，腹面黑褐色。前胸背板近半圆形，多毛。前翅多毛多刻点。少见，目前仅知1头雄虫标本。

分布：西藏（墨脱）。

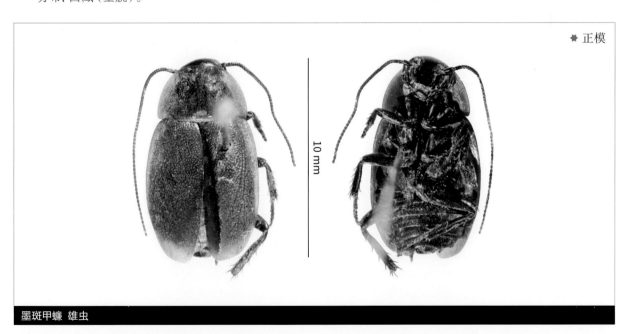

★ 正模

10 mm

墨斑甲蠊　雄虫

暗色甲蠊 *Diploptera nigrescens* Shiraki, 1931

体型较小，体长11~15 mm。体褐色至黑色，头棕红色至黑色，前胸背板前缘和侧缘色浅，足、尾刺和尾须棕黄色。前胸背板近半圆，多毛且具细密刻点。前翅密布刻点。该种有2个亚种，即分布于中国台湾的指名亚种 *Diploptera nigrescens nigrescens* 和分布中国大陆的赤面亚种 *Diploptera nigrescens guani* Li et Wang, 2015，前者头部黑色至深褐色，后者头部红棕色。可发现于树皮下。

分布：湖南（沅陵），广西（崇左、桂林），贵州（丹寨、铜仁），台湾（嘉义、台东、南投）。

暗色甲蠊指名亚种　雌虫

暗色甲蠊赤面亚种　雌虫

暗色甲蠊赤面亚种　邱鹭摄于贵州铜仁

点刻甲蠊 *Diploptera punctata* (Eschscholtz, 1822)

点刻甲蠊 雄虫 ｜ 邱鹭摄于广西弄岗

　　体型较大, 体长17~23 mm, 雌虫通常较雄虫大。体深褐色至黑色, 无斑纹。前胸背板近梯形, 多毛, 具明显后侧角。前翅多毛, 具小刻点。为广布种, 成虫具趋光性。

　　分布: 云南 (西双版纳、盈江), 广西 (十万大山、靖西、龙州), 海南 (尖峰岭、鹦哥岭、屯昌); 斯里兰卡, 缅甸, 越南, 泰国, 柬埔寨, 马来西亚, 印度尼西亚, 菲律宾, 澳大利亚, 萨摩亚, 美国 (夏威夷)。

异光蠊属 *Anisolampra* Bey-Bienko, 1969

雌雄异型明显。雄虫前后翅发育完全,超过腹部末端。雌虫翅发育不完全,前翅呈短小翅芽状,不具后翅。前胸背板表面粗糙,凹凸不平,密布大刻点;雄虫前胸背板卵圆形,雌虫前胸背板半圆形。跗节各分节均具爪垫,后足跗基节长度短于其余各节长度之和。雄虫下生殖板对称,后缘圆弧凸出,尾刺粗短。

该属隶属于光蠊亚科Epilamprinae,世界仅知1种,分布在中国和越南。

交配中的潘氏异光蠊 | 陈尽摄于云南西双版纳

潘氏异光蠊 *Anisolampra panfilovi* Bey-Bienko, 1969

体连翅长36.4~37 mm,深褐色。头密布刻点,触角红褐色,基部深褐色。雄虫前胸背板前缘白色,粗糙,横椭圆,具大刻点;雌虫半圆形,具不明显瘤突,凹凸不平,具大刻点,前缘两侧各具一白色斑。雄虫翅发育完全,前翅基部侧缘黄白色,其余褐色,褐色区布细小黄白色斑;雌虫前翅翅芽状,仅达后胸背板末端,无后翅。雌虫腹部背板各节两侧各具一黄白色斑。栖居于热带雨林内,可发现于灌木上,朽木中和泥洞内。

分布:云南(西双版纳);越南。

潘氏异光蠊 雄虫 | 邱鹭摄于云南西双版纳

潘氏异光蠊 雌虫 | 邱鹭摄于云南西双版纳

潘氏异光蠊 若虫 | 马泽豪摄于云南西双版纳

短光蠊属 *Brephallus* Wang, Wang et Che, 2018

体通常褐色，具细小麻点。雌雄近似，通常雄虫较雌虫更狭长。前胸背板光泽，完全盖住头顶，前缘弯曲，后缘稍突出。前后翅发育完全，超过腹端，端缘钝圆。后足跗基节短于其余几节之和，具2排整齐排列的小刺。雄虫肛上板和下生殖板后缘对称，中部具浅凹陷。该属与拟光蠊属*Pseudophoraspis*近似，主要区别在于雄性外生殖器中阳茎的L2D骨片端部较短，无明显延伸。若虫活跃于林下枯叶层，成虫可发现于灌木丛中。

隶属于光蠊亚科Epilamprinae，世界已知2种，中国分布2种，本图鉴收录2种。主要分布在中国（南方地区）和越南。

斑腹短光蠊｜陈尽摄于西双版纳

本图鉴短光蠊属 *Brephallus* 分种检索表

腹部腹板中部不具深褐色条带 ·· 福氏短光蠊 *Brephallus fruhstorferi*

腹部腹板中部具深褐色条带 ·· 斑腹短光蠊 *Brephallus tramlapensis*

福氏短光蠊 *Brephallus fruhstorferi* (Shelford, 1910)

体宽硕，体连翅长29.0~42.0 mm，雌虫稍短于雄虫，但身体隆起高于雄虫。体浅黄褐色或黄白色。额间具深褐色长形斑，两单眼下缘具一椭圆形斑。前胸背板近菱形，无刻点，具细小斑点，中域黄褐色，其余透明。前翅透明，具稀疏斑点，前翅径脉基部1/3处白色。腹部背板密布褐色小圆斑。雄性肛上板对称，中部凸出具浅凹，后侧缘平直；下生殖板对称，端部略方形，中部稍凸出。

分布：海南（尖峰岭、五指山、吊罗山、鹦哥岭、保亭、黎母山），广西（龙州）；越南。

福氏短光蠊 雄虫　　　　交配中的福氏短光蠊 ｜ 邱鹭摄于海南吊罗山

斑腹短光蠊 *Brephallus tramlapensis* (Anisyutkin, 1999)

体连翅长33.0~45.0 mm，雌虫略小于雄虫。体黄褐色。头部、前胸背板、前翅颜色和斑纹与福氏短光蠊相似，但其体色更深，呈半透明。前胸背板后缘具长条形竖斑纹，前翅具透明小斑点，径脉基部1/3处白色域更明显。足基节外侧和腿节前缘深褐色。腹部腹板中部具2条纵向深褐色条带，每腹节近侧缘处具深褐色圆斑，其余部位散布褐色小斑点。雄虫下生殖板具深褐色大斑，后缘中部具浅凹陷；雌虫腹面斑纹较雄虫稀疏。

分布：贵州（茂兰、江口、凯里），广西（大瑶山、大明山、十万大山、靖西、花坪），湖南（莽山），云南（西双版纳、大围山）；越南。

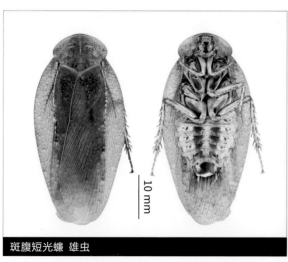

斑腹短光蠊 雄虫　　　　在叶片上活动的斑腹短光蠊 ｜ 邱鹭摄于贵州茂兰

丽光蠊属 *Calolamprodes* Bey-Bienko, 1969

体中型，雌雄异型明显。体红褐色至黑褐色，雌虫体明显具花斑。雄虫前后翅发育完全，长度超过腹部末端；雌虫前后翅退化，翅芽状，体光滑。雄虫前胸背板横阔，最宽处约在中部，侧缘凸出呈一角，后缘中部钝角凸出；雌虫前胸背板近半圆形。跗基节长度长于其余几节跗节之和，后足腹缘具1列小刺或具2排不整齐排列的小刺，跗垫小且尖。

该属隶属于光蠊亚科Epilamprinae，世界已知7种，中国分布1种。主要分布在中国（南方地区）、越南、缅甸、柬埔寨、泰国。

毕氏丽光蠊 雄虫 | 邱鹭摄于云南屏边

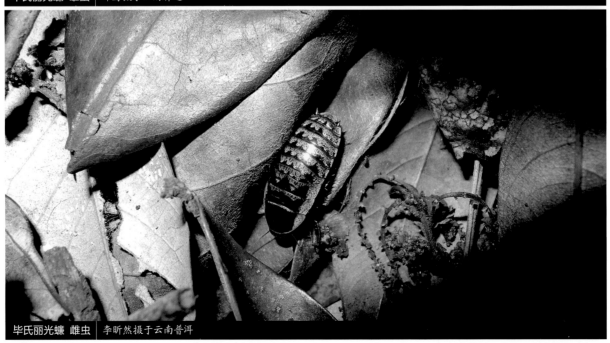

毕氏丽光蠊 雌虫 | 李昕然摄于云南普洱

毕氏丽光蠊 *Calolamprodes beybienkoi* Anisyutkin, 2006

　　雄虫体红褐色至黑褐色。复眼肾形且小，两复眼间距约等于触角窝间距。前胸背板红褐色至黑褐色，前缘和侧缘黄白色且散布细小褐色斑点，侧缘白色域较宽。前翅红棕色至深褐色，基部具小面积黄白色域。雄性肛上板横阔，后缘中部具浅凹，尾须长，深褐色。下生殖板后缘右侧具凹陷。雌虫前胸背板半圆形，前缘圆弧形，后缘近平直。前翅短小芽状，长度仅达中胸背板后缘，不具后翅。前胸、中胸和后胸背板中部红褐色至黑褐色，侧缘黄色，腹部背板密布细小黑褐色斑点，每节背板具1排三角形大斑，1—4节每节5个斑，中间的斑最小，两侧的斑最大，5—7节大斑逐渐变小消失，第7节仅见2个斑。尾须短小，圆锥形。该种在傍晚时分比较活跃，雄虫活动于灌木丛中，雌虫在落叶间爬行。

　　分布：云南（普洱、屏边、西双版纳），广西（花坪），贵州（茂兰）。

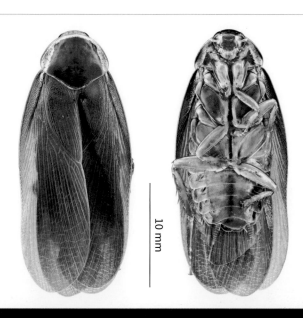

毕氏丽光蠊　雄虫

毕氏丽光蠊　雌虫

壮光蠊属 *Morphna* Shelford, 1910

体宽大，近椭圆，黄褐色至深褐色。前胸背板近菱形，前缘圆滑，完全盖住头部，侧缘呈一角，后缘钝圆突出，后侧角稍平截。前后翅发育完全，前翅宽大，停息态端部平截，每一节跗节腹缘无刺，跗垫大。

该属隶属于光蠊亚科Epilamprinae，全世界共计14种，中国分布1种。主要分布在中国、印度、泰国、马来西亚、越南、菲律宾、斯里兰卡、印度尼西亚。

宽翅壮光蠊 *Morphna amplipennis* (Walker, 1868)

体连翅长41.0 mm，体宽硕，椭圆，黄褐色。头顶密具小斑点。前胸背板密具小斑点，同时均匀分布一些较大的斑点，后缘具竖条斑。前翅宽短，端部斜截，顶端钝圆，密具小斑点；端半部具一些透明斑，靠近透明斑基部一侧颜色加深。足光裸无斑，足上刺基部深褐色。腹部密具小斑点，同时稀疏具有一些较大斑点，每节腹节后缘具1排狭长斑。下生殖板外露部分狭小，中部强烈凹陷。

分布：云南（高黎贡山）；孟加拉国。

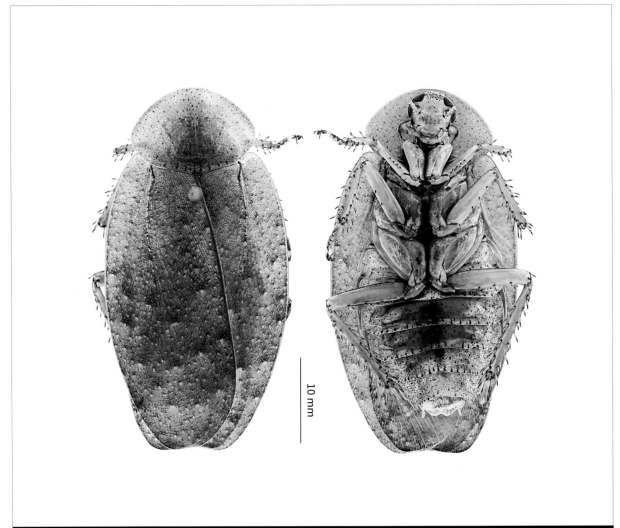

10 mm

宽翅壮光蠊　雄虫

水蠊属 *Opisthoplatia* Brunner von Wattenwy, 1865

体中至大型，雌雄近似。体红褐色，前胸背板侧缘和前缘黄白色。前胸背板半圆形，完全盖住头顶或稍露头顶。雌雄虫前后翅均退化，骨化程度大，接近鞘翅，呈叶片状，翅端部锐利。

该属隶属于光蠊亚科Epilamprinae，世界记录2种，中国分布1种。主要分布在中国（南方地区）、日本、印度、印度尼西亚、马来西亚、菲律宾。

东方水蠊 | 王冬冬摄于海南五指山

东方水蠊 *Opisthoplatia orientalis* (Burmeister, 1838)

体连翅长25.0~48.2 mm，雌虫显大于雄虫。整体深褐色，体侧缘明显红色。前胸背板半圆，前缘和侧缘具白边。雄性肛上板横阔，对称，两侧缘圆弧形，后缘中部凹陷。下生殖板简单，后缘对称，后缘弧形凸出，尾刺短小。栖居于湿润的林下枯枝落叶层，灌木上或石缝内。

分布：广东，福建，浙江，海南，台湾，云南，贵州，广西；印度，马来西亚，印度尼西亚，日本。

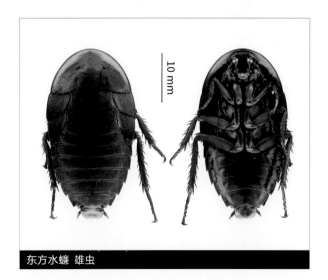

东方水蠊 雄虫

拟光蠊属 *Pseudophoraspis* Kirby, 1903

　　体中至大型，褐色，体表散布许多细碎的斑点。雌雄异型或者近似。头隐于前胸背板下面。前胸背板密布小斑点，具刻点或无；有些种类的雌虫保持幼态，体表多粗糙。雄虫具翅，超过腹端；保持幼态的雌虫仅具翅芽状前翅，不具后翅，而正常发育的雌虫与雄虫近似，具发育完全的翅。后足跗基节短于其余几节之和，具2排整齐排列的小刺。雄虫中阳茎L2D端部具延伸的骨片。常发现于灌木丛中。

　　该属隶属于光蠊亚科Epilamprinae，全世界记录约16种，中国分布4种，本图鉴收录3种。主要分布在中国南方地区以及东南亚地区。

弯顶拟光蠊 雄虫 ｜ *邱鹭摄于海南昌江*

弯顶拟光蠊 雌虫 | 邱鹭摄于海南三亚

本图鉴拟光蠊属 *Pseudophoraspis* 分种检索表

1 前胸背板光滑，无刻点和凹痕；雌虫具长翅，超过腹部末端 ···················· 凯氏拟光蠊 *Pseudophoraspis kabakovi*

  前胸背板粗糙，具刻点，中域具1对月牙形凹陷；雌虫保持幼态，前翅翅芽状，仅超过中胸背板，无后翅 ······················ 2

2 前翅斑纹杂乱；雄虫中阳茎端骨片短棒状，细直 ······················ 小棒拟光蠊 *Pseudophoraspis clavellata*

  前翅斑纹呈散布的圆点状；中阳茎端骨片凸出弯曲 ···················· 弯顶拟光蠊 *Pseudophoraspis recurvata*

小棒拟光蠊 *Pseudophoraspis clavellata* Wang, Wu et Che, 2013

体连翅长雄虫 31.0~34.5 mm，雌虫28.1 mm，雌雄异型明显。雄虫体黄色，近似弯顶拟光蠊，但头顶颜色更深，腹部斑点更稀疏，足胫节和跗节颜色浅。雌虫若虫态，与弯顶拟光蠊的雌虫相似，但体型比弯顶拟光蠊大；体色较浅，偏红褐色；前翅狭长，超过中胸背板，达后胸背板一半。

分布：云南（西双版纳、普洱）。

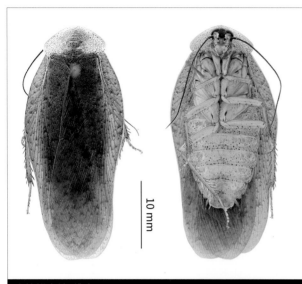

小棒拟光蠊 雄虫

小棒拟光蠊 雌虫

小棒拟光蠊 │ 邱鹭摄于云南普洱

凯氏拟光蠊 *Pseudophoraspis kabakovi* Anisyutkin, 1999

体连翅长雄虫36.5~38.5 mm，雌虫32.1~32.2 mm。雄虫体浅黄褐色，面部浅黄色，触角除基部其余深褐色。前胸背板近菱形，前缘钝圆，后缘突出，表面光滑无刻点，密布褐色小斑，中后侧浅黄褐色，其余区域透明（干标本透明域消失）。前翅褐黄色，表面散布褐色大斑。足褐黄色。腹部腹板表面稀疏具褐色小斑点，每节两侧各具一狭长褐色斑。肛上板中部凹陷较浅，下生殖板对称，后缘中部具弧形浅凹陷。雌虫近似雄虫，具翅，但体明显宽硕。

分布：云南（西双版纳）；越南。

凯氏拟光蠊 雄虫 | 邱鹭摄于云南西双版纳

凯氏拟光蠊 雌虫 | 邱鹭摄于云南西双版纳

弯顶拟光蠊 *Pseudophoraspis recurvata* Wang, Wu et Che, 2013

　　体连翅长雄虫26.0~27.5 mm，雌虫20.0~22.2 mm，雌雄异型明显。雄虫黄褐色。复眼突出，复眼间距小于单眼间距。复眼间和单眼间区域褐色，触角黑褐色。前胸背板近菱形，半透明，前缘稍钝圆，后缘突出，表面密布褐色斑点和小刻点，中域具2个对称的月牙形凹陷。前翅表面散布黑褐色斑点，斑点由翅基部向翅端部逐渐变大，翅末端圆弧形。足黄褐色，胫节和跗节深褐色。腹部腹板表面密布深褐色斑点。雌虫若虫形态，体褐色，密布黑褐色小斑点。前翅翅芽宽大，稍超过中胸背板末端，端部钝圆。体表具许多微小的瘤突，背面观每节后缘皆具1排较大突起。

　　分布：海南（保亭、三亚、昌江），广西（龙州）。

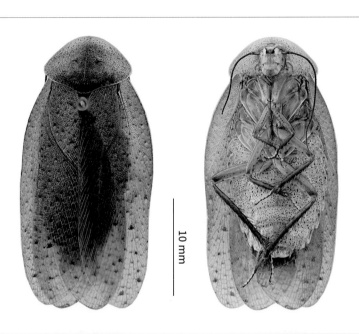

10 mm

弯顶拟光蠊　雄虫

10 mm

弯顶拟光蠊　雌虫

大光蠊属 *Rhabdoblatta* Kirby, 1903

体中至大型，雌雄稍异型或近似，雌虫体型通常较雄虫大。体通常具许多斑点，也有体色较均一的种类。头顶外露。前胸背板椭圆，宽大于长，后角常凸出。前后翅通常均超过腹部末端，有时翅端部截形或圆形凸出。后足跗基节等于或稍长于其余跗节长度，跗基节腹缘着生2排几乎对称的小刺，跗垫小且尖，着生于跗节端部，中垫发达，跗垫上没有微刺，2—4节跗垫小。

该属隶属于光蠊亚科Epilamprinae，全世界已知150多种，中国已记载约51种，本图鉴收录35种。栖居于潮湿的森林内、灌木丛、落叶层或溪流边，许多种类具趋光性。主要分布在亚洲、非洲和大洋洲。

黑带大光蠊 雌虫 ｜ 邱鹭摄于四川峨眉山

本图鉴大光蠊属 *Rhabdoblatta* 分种检索表

本图鉴大光蠊属 *Rhabdoblatta* 分种检索表

本图鉴大光蠊属 *Rhabdoblatta* 分种检索表

褐带大光蠊 *Rhabdoblatta abdominalis* (Kirby, 1903)

体连翅长31.0~33.0 mm。体深褐色，雌雄近似。面部褐色，触角深褐色。前胸背板黄褐色至红褐色，均匀地散布细密小黑斑，其中亦均匀地散布若干较大黑斑，后缘具1排条状斑。翅黑褐色，稀疏，具有一些黄褐色大斑和小斑。足基节和腿节黄褐色，胫节和跗节褐色。腹部褐色。雄虫肛上板横阔，近梯形，后缘凹陷；下生殖板后缘不对称，左侧具浅隆起，右侧隆起高于左侧。

分布：广西（金秀、龙州、大明山）；越南。

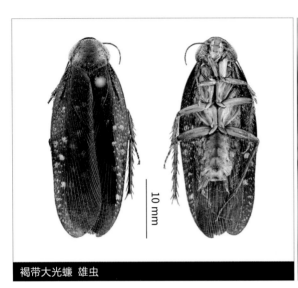

褐带大光蠊 雄虫

褐带大光蠊 邱鹭摄于广西金秀

前大光蠊 *Rhabdoblatta antecedens* Anisyutkin, 2000

体连翅长40.0 mm。雌雄近似，红棕色和黄色相间，雌虫体色通常更深。雄虫头顶至单眼下缘区域黑褐色，单眼下缘至唇基上缘红棕色，唇基端部黑褐色，上唇红棕色，触角深褐色。前胸背板和前翅红棕色。足基节，转节和下生殖板深红褐色，足其余部分和腹部其余部分黄色。雄虫肛上板横阔，后缘对称，后缘中部具1个小缺刻；下生殖板对称，呈圆弧状凸出。

分布：贵州（赤水）；越南。

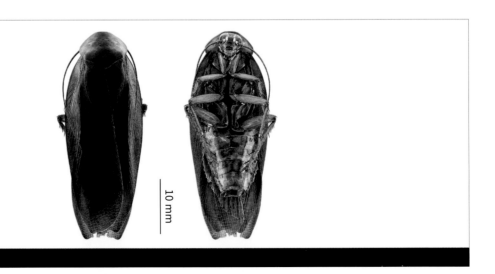

前大光蠊 雄虫

三刺大光蠊 *Rhabdoblatta atra* Bey-Bienko, 1970

体连翅长28.0~33.0 mm。雌雄近似，黄褐色。头褐色至黑褐色；单眼下缘通常具两个黑斑；触角柄节和梗节黄色，鞭节深褐色，向端部颜色变浅。前胸背板密被细小黑斑，其中夹杂一些较大黑斑，后缘具长条黑斑。翅黑褐色，翅脉黄褐色，散布一些黄褐色斑点。足和腹部黄褐色，腹部散布黑色小斑。雄虫肛上板横阔，近梯形，左右对称，后缘中部呈弧形凹陷；下生殖板后缘不对称，后缘具3个齿状突起。

分布：广西（龙州、大青山、大瑶山、桂平），云南（蒙自、陇川）；越南。

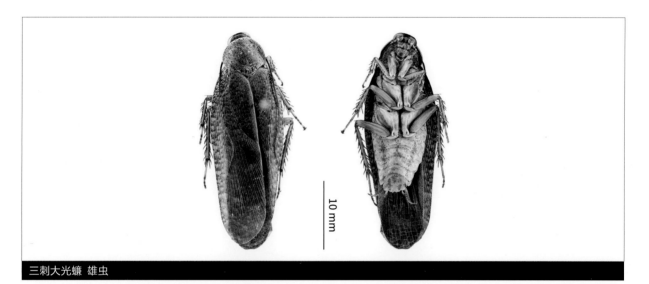

10 mm

三刺大光蠊　雄虫

毕氏大光蠊 *Rhabdoblatta beybienkoi* Anisyutkin, 2003

体连翅长38.5~40.0 mm。雄虫体黄棕色，雌虫不详。雄虫面部和触角褐色。前胸背板密具大小不一的斑点，中域具一对称的斑纹。翅深褐色，饰有黄褐色大小不一的斑点。足和腹部黄褐色。雄虫肛上板横阔，近梯形，左右对称，后缘中部具凹陷；下生殖板后缘稍对称，近平直。

分布：云南（金平、哀牢山）。

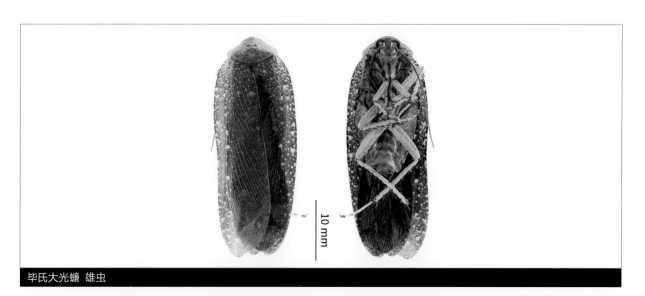

10 mm

毕氏大光蠊　雄虫

双色大光蠊 *Rhabdoblatta bicolor* (Guo, Liu et Li, 2011)

体连翅长16~23 mm。雌雄近似，黑褐色。头黑褐色；口器及周围黄色；触角基部黄色，其余黑褐色。前胸背板近菱形；前缘稍平截，侧缘突出，稍圆，后缘突出；除侧缘具窄白边外，其余部分黑褐色。翅均色，深褐色，向端部颜色变浅。足除基节褐色外其余黄色。腹部黄色。雄虫肛上板横阔，对称，后缘稍凸出；尾须较长；下生殖板后缘呈钝角微微凸出。雌虫腹部膨大，翅较短。

分布：浙江（天目山、雁荡山、江山），安徽（黄山）。

双色大光蠊 雄虫　　双色大光蠊 雌虫

别氏大光蠊 *Rhabdoblatta bielawskii* Bey-Bienko, 1970

体连翅长29.0~30.5 mm。雄虫体黄褐相间，雌虫不详。雄虫头顶至单眼下缘区域深褐色，其余区域黄色。前胸背板密具大小不一的深褐色疹状斑点。前翅深褐色。足和腹部黄色，下生殖板稍具褐色。雄虫肛上板横阔，近半圆形，后缘中部具半圆形凹陷；下生殖板不对称，尾刺间后缘中部具2个三角形凸出，两侧缘圆弧形。

分布：广西（花坪、金秀），广东（惠州），海南（五指山）；越南。

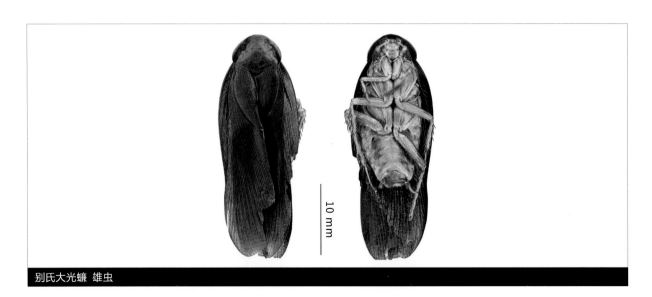

别氏大光蠊 雄虫

牙大光蠊 *Rhabdoblatta chaulformis* Yang, Wang, Zhou, Wang et Che, 2019

体连翅长30.0~31.0 mm。雄虫体黄黑相间,雌虫不详。雄虫头深褐色;口器部分黄色;触角除柄节黄色外,其余黑褐色。前胸背板黄白色,密被细小的黑色斑点,其中散布许多黑色大斑,后缘具一些长条形斑点。翅黑褐色,翅脉黄褐色。足和腹部黄色,略呈污浊的褐色。雄虫肛上板横阔,呈两瓣状凸出,后缘中部具浅凹陷;下生殖板后缘不对称,中部具深凹,凹陷中部具1小突起;凹陷两侧两尾刺间凸出,左侧凸出程度小于右侧。

分布:重庆(万州)。

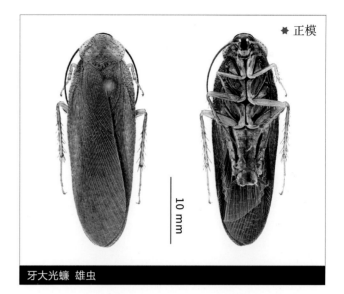

★ 正模

10 mm

牙大光蠊 雄虫

稠斑大光蠊 *Rhabdoblatta densimaculata* Yang, Wang, Zhou, Wang et Che, 2019

体连翅长39.0~43.0 mm。雌雄近似,黑褐色。头近黑色。前胸背板密布稠密的斑点,使整个背板近黑色。前翅底色褐色,密被稠密斑点,使整个翅呈黑褐色。足黑褐色。雄虫腹部布稠密小斑点,黑褐色,中部颜色较浅;雌虫腹部黑褐色,中部红褐色。雄虫肛上板横阔,对称,后缘中部具浅凹陷;下生殖板对称,后缘浅弧形凸出。

分布:云南(云龙、哀牢山、腾冲、贡山、盈江),四川(荥经、崇州),西藏(墨脱)。

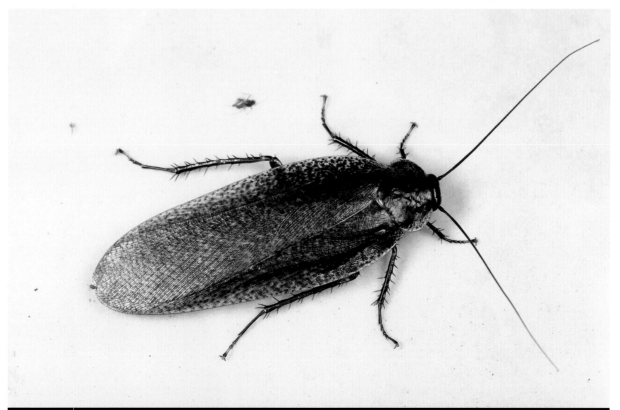

稠斑大光蠊 | 邱鹭摄于云南盈江

缓缘大光蠊 *Rhabdoblatta ecarinata* Yang, Wang, Zhou, Wang et Che, 2019

体连翅长26.0~38.0 mm。雌雄近似，体黄白色至黄褐色。头顶散布大小不等的褐色斑点。前胸背板表面密布细小的褐色斑点，后缘具1排纵条斑。前翅表面散布黑褐色小斑点，其中稀疏地散布若干黑色大斑块，有时大斑块消失。足黄白色。腹部黄白色，散布小斑点，每节腹板具1排长条形斑点。雄虫肛上板横阔，中部凹陷，两侧圆弧状。下生殖板稍不对称，后缘弧状凸出。

分布：海南（鹦哥岭、吊罗山）。

缓缘大光蠊 | 邱鹭摄于海南鹦哥岭

缓缘大光蠊 | 吴可量摄于海南

横带大光蠊 *Rhabdoblatta elegans* Anisyutkin, 2000

体连翅长31.5~37.0 mm。雌雄异型（差异主要在体型和体色上）。雄虫头顶，触角，足胫节和跗节黑褐色；前胸背板和前翅深红褐色；腹部腹板各节端缘黑褐色，呈横带状，除上述部分以外的区域为黄色。雌虫身体各部分的配色与雄虫近似，不同之处在于雄虫黑褐色或者深红褐色的部位对应在雌虫身上为红褐色，雌虫腹部横带较雄虫窄。雄虫肛上板横阔，后缘左右对称，后缘中部具浅凹陷，两侧缘弧形；下生殖板后缘对称，稍凸出。

分布：云南（西双版纳、元江、金平、临沧、保山），江西（抚州），广西（金钟山），广东（南岭）。

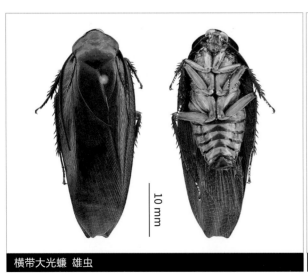

横带大光蠊 雄虫

横带大光蠊 雌虫

环大光蠊 *Rhabdoblatta gyroflexa* Yang, Wang, Zhou, Wang et Che, 2019

体连翅长44.5~46.0 mm。雄虫体黄褐相间，雌虫不详。雄虫头顶深褐色，面部褐色，口器部分黄褐色。前胸背板黄色，边缘褐色，中域具一对称的红褐色大斑。前翅红褐色。足胫节和跗节褐色，其余黄色。腹部黄色，稍具褐色。雄虫肛上板横阔，两后侧缘半圆状凸出，中部凹陷；下生殖板后缘平直，中部稍凹。

分布：广西（凭祥）。

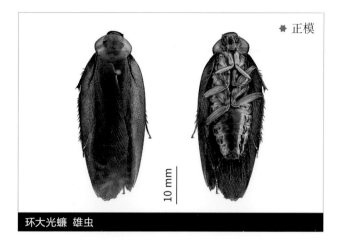

★ 正模

环大光蠊 雄虫

女皇大光蠊 *Rhabdoblatta imperatrix* (Kirby, 1903)

体连翅长48.0~56.0 mm。雌雄近似，体特大型，宽硕，黄褐色，雌虫体型明显大于雄虫。面部稍具斑点。前胸背板黄褐色，中域具1个硕大的黑斑；横阔，最宽处位于中部。翅宽大，具黑褐色污斑。足褐色，刺深褐色。雄虫肛上板横阔，后缘中部凹陷，两后侧缘钝圆凸出，侧缘弧形；下生殖板后缘对称，浅弧形凸出。该种体型十分壮硕，前胸背板具1个大黑斑，容易识别。

分布：福建（古山），广东（韶关、封开），海南（琼海）；越南。

女皇大光蠊 麦祖奇摄于广东韶关

凹缘大光蠊 *Rhabdoblatta incisa* Bey-Bienko, 1969

体连翅长30.0~33.2 mm。雌雄近似，黄褐色。面部具深褐色斑块，触角基部深褐色，其余部分黄褐色。前胸背板和前翅密布细小的深褐色疹状斑点。足黄褐色。腹部黄褐色，具细小的黑褐色斑点，其中夹杂些许较大的斑点。雄虫肛上板近梯形，中部稍凹，下生殖板两尾刺间弧形凸出。

分布：云南（哀牢山、大围山），贵州（望谟）。

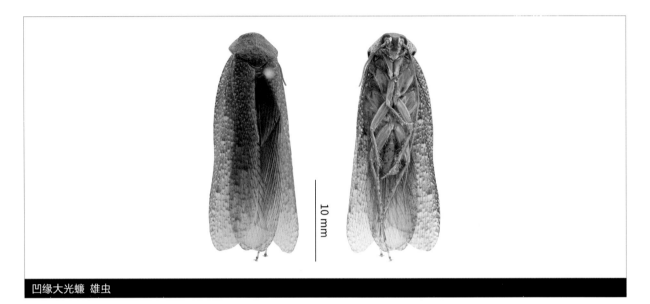

10 mm

凹缘大光蠊 雄虫

卡氏大光蠊 *Rhabdoblatta krasnovi* (Bey-Bienko, 1969)

体连翅长28.0~33.0 mm。雄虫黄褐色，雌虫不详。雄虫头具模糊的黑色斑纹，触角深褐色。前胸背板表面密布黑色刻点。前翅黄褐色，密布浅色斑和褐色疹状斑点。足和腹部黄褐色，腹部散布一些褐色小斑点。雄虫肛上板横阔，对称，后缘具3个突出部分；下生殖板对称，后缘呈半圆形凸出，尾刺长。

分布：云南（勐腊、金平），广西（花坪），湖北（宣恩），重庆（江津）。

10 mm

卡氏大光蠊 雄虫

斑翅大光蠊 *Rhabdoblatta maculata* Yang, Wang, Zhou, Wang et Che, 2019

体连翅长41.7~43.5 mm。雄虫黄褐色，光亮，雌虫不详。雄虫面部黑色，触角黑褐色。前胸背板中部具1对称黑色斑纹，周围饰有大小不一的黑色斑点。前翅密具黑褐色团状疹状斑点。中胸和后胸腹板，足基节以及腹部黑褐色，足其余部分黄褐色，略泛褐色。雄虫肛上板横阔；下生殖板后缘横阔，中部稍凹，并具不明显的小突起。

分布：贵州（雷公山）。

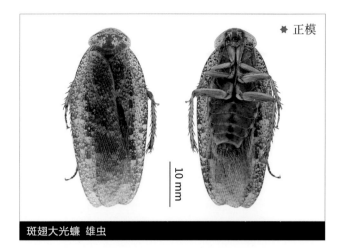

★ 正模

10 mm

斑翅大光蠊 雄虫

黄缘大光蠊 *Rhabdoblatta marginata* Bey-Bienko, 1969

体连翅长27.5~34.0 mm。雌雄近似，体型均短宽，红褐色。面部和触角红褐色。前胸背板近五边形，前缘钝圆，后角钝角凸出；红褐色，侧缘黄白色，黄白色域散布若干褐色小斑。前翅短宽，红褐色，散布黄白色斑点，通常较为稀疏。足和腹部黄褐色至红褐色。雄虫肛上板近半圆，中部具凹陷；下生殖板近钝角形，中部微凹。

分布：广东（鼎湖山、流溪河），海南（尖峰岭、黎母山、吊罗山、五指山、霸王岭、鹦哥岭、保亭），广西（圣堂山、十万大山）；越南。

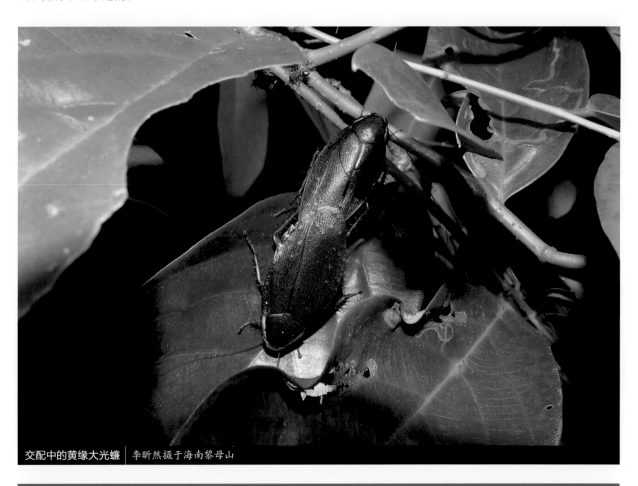

交配中的黄缘大光蠊 | 李昕然摄于海南黎母山

玛大光蠊 *Rhabdoblatta mascifera* Bey-Bienko, 1969

体连翅长31.0 mm。雄虫黄褐色，雌虫不详。雄虫面部黄褐色，具污浊褐斑；单眼下方具1对椭圆形黑色污斑；触角基部黑色，端部黄褐色。前胸背板密布黑色小斑点，其间散布一些较大的黑色斑点，后缘具若干长条形斑点。前翅密布大小不一的褐色斑块。足和腹部黄褐色。雄虫肛上板近半圆形，对称，后缘中部凹陷；下生殖板不对称，后缘具1个凹陷，朝向右侧；尾刺扁平，较长。

分布：云南（西双版纳）。

玛大光蠊 | 陈尽摄于西双版纳望天树

黑褐大光蠊 *Rhabdoblatta melancholica* (Bey-Bienko, 1954)

体连翅长20.0~25.0 mm。雌雄近似，体光亮，体色多变，通常黄褐色至黑色，有时体色为均色，有时前胸背板及前翅的颜色和腹面（包括足和腹部）存在差异。前胸背板前缘通常白色，表面具稀疏的刻点。雄虫肛上板横阔，近矩形，对称，后缘中部稍凹陷，侧缘平直；下生殖板左侧凹陷，右侧稍凸出。该种在我国为广布种类，其体型和体色存在较大变异。若虫通常栖居于溪流边的鹅卵石下，具有一定聚集性。

分布：福建（永安、武夷山、沙县、建阳、崇安、武平），广西（金秀、防城港），广东（梅州、南昆山），贵州（赤水、宽阔水、道真、茂兰），重庆（四面山、酉阳、金佛山），四川（都江堰、泸州、荥经），江西（井冈山、庐山），陕西（佛坪），甘肃（康县），湖南（衡山），湖北（大别山、神农架），浙江（天目山、四明山、莫干山），安徽（黄山），云南（沧源），海南（吊罗山）。

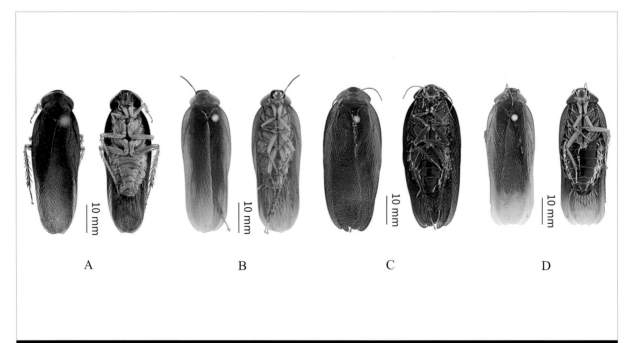

A　　　　　　B　　　　　　C　　　　　　D

不同体色的黑褐大光蠊（A、B雄虫，C、D雌虫）

伪大光蠊 *Rhabdoblatta mentiens* Anisyutkin, 2000

体连翅长33.4~38.3 mm。雄虫深褐色、黄色相间,雌虫不详。雄虫头部褐色;口器部分色浅,黄色。前胸背板和前翅深红褐色,前翅散布若干大斑。足和腹部黄色,足上的刺红褐色。雄虫肛上板横阔,后缘左右对称,中部呈弧形凹陷,两侧角呈圆弧形凸出;下生殖板对称,后缘弧形凸出。

分布:广东(鼎湖山、黑石岭),广西(金秀),江西(庐山),福建(武平、武夷山),浙江(天目山、西湖、江山、景宁),湖南(莽山);越南。

伪大光蠊 雄虫

单色大光蠊 *Rhabdoblatta monochroma* Anisyutkin, 2000

体连翅长34.0~43.0 mm。雌雄近似,近黑色。头、前胸背板、前翅、足基节和腿节,以及腹部均一的黑褐色,触角、唇基、口器部分、足腿节端部、转节、胫节和跗节黄褐色(后足胫节颜色较深,呈红褐色)。雄虫肛上板对称,横阔,后缘中部具1个浅凹陷;下生殖板对称,后缘稍圆弧形凸出,不具凹陷。

分布:云南(盈江、金平);越南。

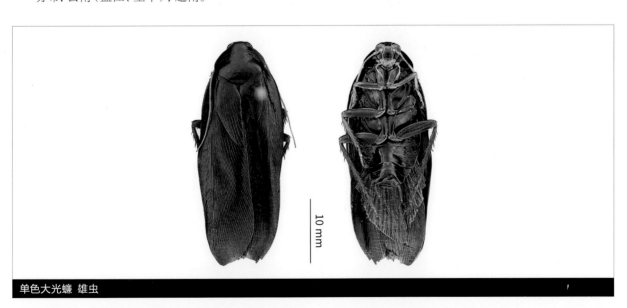

单色大光蠊 雄虫

丘大光蠊 *Rhabdoblatta monticola* (Kirby, 1903)

体连翅长28.6~40.5 mm。雌雄近似，黄褐色。头黄褐色，头顶褐色，面部具一些褐色小斑。前胸背板黄褐色，表面具黑褐色小斑点，其中散布若干大斑，后缘具1排棕色纵条斑，侧缘透明。前翅黄褐色，散布褐色小斑点，并稀疏地具有一些不规则的大斑，前翅侧缘基部透明，亚前缘脉白色。足和腹部黄褐色。雄虫肛上板近矩形，对称，两侧角钝圆，中部凹陷，凹陷部分平坦；下生殖板后缘稍不对称，后缘中部具浅凹陷。

分布：广东（肇庆、茂名、潮州），广西（金秀、十万大山）；越南。

丘大光蠊 | 吴可量摄于广西

黑带大光蠊 *Rhabdoblatta nigrovittata* Bey-Bienko, 1954

体连翅长35.0~45.0 mm。雌雄异型（主要表现在体色和体型上）。雄虫整体黑色，腹部除中部黑色外其余部分黄色，下生殖板黑色；雌虫浅褐色，头、前胸背板、前翅端部稍具红褐色，触角和胫节颜色较深，腹部黄色，中部黑色。雄虫肛上板横阔，近对称，后侧缘钝圆，后缘中部具小凹；下生殖板对称，后缘近平直。

分布：贵州（宽阔水），广西（金秀、大明山），广东（南岭），四川（峨眉山、盐源、泸州），湖南（南岳、莽山），湖北（恩施、利川），浙江（天目山），重庆（四面山、金佛山、丰都）。

黑带大光蠊 雄虫

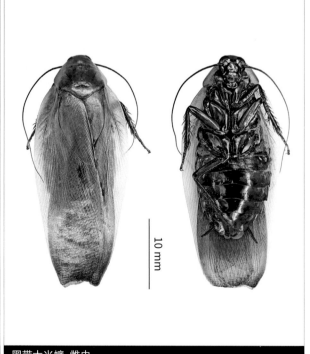

黑带大光蠊 雌虫

峨眉大光蠊 *Rhabdoblatta omei* Bey-Bienko, 1958

体连翅长40.5~50.0 mm。雌雄近似，黄褐色。面部和触角褐色。前胸背板黄褐色，中域具条状斑纹组成的对称图斑，周围饰有点状小斑点，后缘饰有条状斑点。前翅黄褐色，具大小不一的疹状斑点。足黄褐色，基节深褐色。腹部黄褐色，稍具斑点。雄虫肛上板横阔，后缘中部弧形凹陷；下生殖板后缘不对称，后缘中部具2个小突起。

分布：四川（峨眉山、崇州、泸州、攀枝花），重庆（四面山、缙云山），云南（盈江、大围山）。

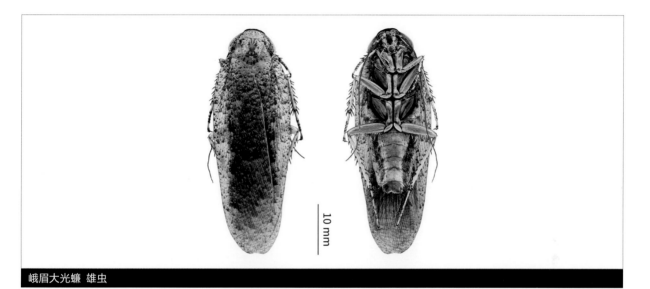

峨眉大光蠊 雄虫

奥氏大光蠊 *Rhabdoblatta orlovi* Anisyutkin, 2000

体连翅长47.4~54.4 mm。雌雄近似，浅黄褐色。面部具深褐色斑，触角褐色，基部颜色加深。前胸背板具稀疏黑褐色斑，中域通常具1对称的大斑纹。前翅斑稀疏，有时散布若干较大斑点。中胸和后胸腹板黑褐色。足黄褐色，中足和后足基节黑褐色。腹部浅黄褐色。雄虫肛上板横阔，后缘中部弧形凹陷；下生殖板不对称，后缘中部具1个小突，小突右侧具1个大凹陷。

分布：云南（金平）；越南。

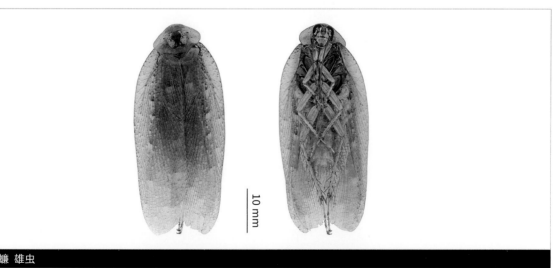

奥氏大光蠊 雄虫

黄腹大光蠊 *Rhabdoblatta parvula* Bey-Bienko, 1958

体连翅长30.0~31.0 mm。雄虫黑色，雌虫不详。雄虫除腹部黄色，足上的刺红褐色，前翅散布褐色小斑，身体其余部分均为黑色。雄虫肛上板横阔，对称，后缘稍凸出；下生殖板不对称，后缘弧形凸出，边缘圆滑。

分布：重庆（缙云山、四面山、綦江）、贵州（道真）。

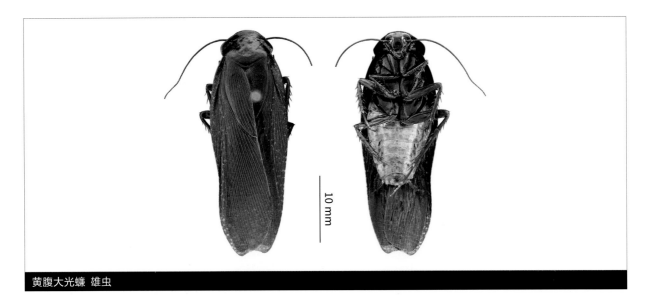

黄腹大光蠊 雄虫

黄斑大光蠊 *Rhabdoblatta puncticulosa* Anisyutkin, 2000

体连翅长30.0~35.0 mm。雄虫体黑褐相间，雌虫不详。雄虫头顶褐色；面部黄褐色；单眼内侧缘褐色，下缘各具1个黑褐色的椭圆斑，椭圆斑间具1条褐色条纹；额唇基沟深褐色；触角黑褐色。前胸背板密布细密的深褐色斑点，其间夹杂一些较大黑褐色圆斑，中域至后侧具1对称的大黑色斑污。前翅黑褐色，散布大小不等的黄白色斑点，斑点清晰分明。足黄褐色，具深褐色斑污，基节黄褐相间。腹部黄褐相间。雄虫肛上板横阔，后缘中部呈弧形凹陷；下生殖板后缘不对称，左侧具浅隆起，右侧隆起高于左侧，中部凹陷。

分布：云南（蒙自、河口）；越南。

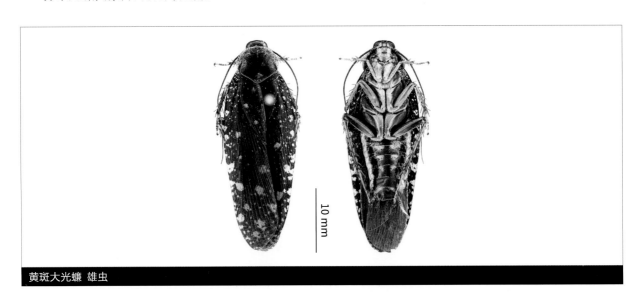

黄斑大光蠊 雄虫

藤大光蠊 *Rhabdoblatta rattanakiriensis* Anisyutkin, 1999

体连翅长24.9~29.0 mm。雌雄近似，黄褐色至黑褐色。头顶到面部中央褐色至黑褐色，其余黄色；触角褐色至黑褐色。前胸背板黄褐色，密被小黑斑，其中夹杂若干较大黑斑，后缘具若干条状斑点。翅黄褐色，具小疹状斑点。足和腹部黄褐色，腹部具褐色小斑，有时略泛褐色。雄虫肛上板圆弧状凸出，后缘中部具大凹；下生殖板不对称，中部具大凹，凹陷处具2个小刺突。

分布：海南（尖峰岭、五指山、黎母山、保亭、吊罗山）；柬埔寨。

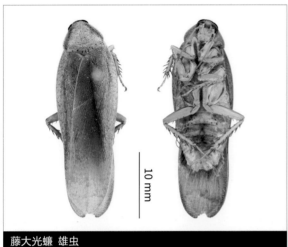

藤大光蠊 雄虫

藤大光蠊　邱鹭攝于海南吊罗山

叉突大光蠊 *Rhabdoblatta ridleyi* (Kirby, 1903)

体连翅长47.0~52.0 mm。雄虫黄褐色，雌虫不详。雄虫头黄褐色，略带褐色浊斑；触角褐色，基部颜色加深。前胸背板黄褐色，散布稀疏的褐色小斑点，中域具1个褐色对称斑块。前翅黄褐色，具稀疏的污斑。足黄褐色。腹部黄褐色，每节腹板两侧各具1个较大褐色斑点，并散布稀疏小斑。雄虫肛上板横阔，近方形，后缘中部弧形凹陷；下生殖板后缘不对称，后缘中线左侧具1个突起，突起的端部分裂呈二叉，突起右侧内凹。

分布：西藏（墨脱、聂拉木），云南（哀牢山、保山）；印度，缅甸，马来西亚，新加坡。

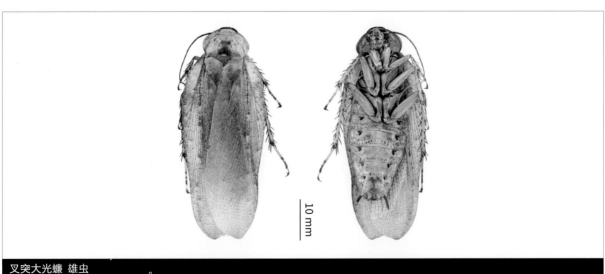

叉突大光蠊 雄虫

萨氏大光蠊 *Rhabdoblatta saussurei* (Kirby, 1903)

体连翅长30.0~43.0 mm。雌雄近似,体褐色。头黄褐色,具黑褐色斑点;触角褐色。前胸背板横阔,后缘明显凸出;表面密布圆形黑色小刻点。前翅污浊的褐色,表面散布浅色斑点。足黄褐色。腹部黄褐色,稍具小黑斑。雄虫肛上板对称,后缘两侧圆弧状凸出,中部凹陷;下生殖板对称,横阔,后缘近平截。

分布:广西(南宁、花坪),广东(惠州、番禺、清远),云南(西双版纳、镇沅、小黑江、蒙自),贵州(望谟);越南,泰国。

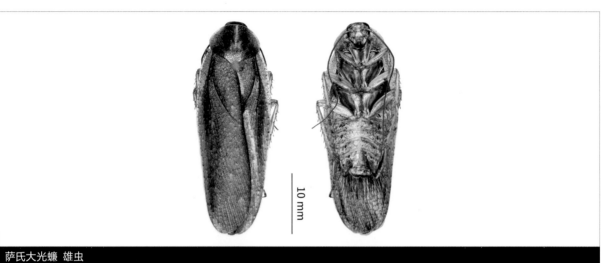

萨氏大光蠊 雄虫

斑缘大光蠊 *Rhabdoblatta segregata* Anisyutkin, 2000

体连翅长29~30 mm。雌雄近似,体黄色。头顶至单眼下缘黑褐色;触角褐色,其余部分黄色。前胸背板具十分稠密的黑色斑,使整个前胸背板呈近乎均一的黑色,仅边缘和中线能观察到小部分浅色区域。前翅黑褐色,散布稀疏的小黄斑,部分翅脉亦呈黄褐色。足黄色。腹部黄色,散布细小斑点以及若干较大斑点。雄虫肛上板对称,近梯形,后缘呈浅弧形凹陷;下生殖板后缘中部具2个小齿。

分布:云南(西双版纳)。

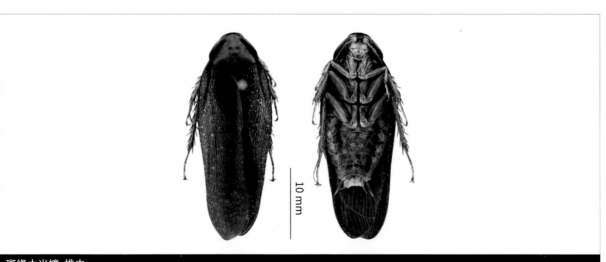

斑缘大光蠊 雄虫

拟钩口大光蠊 *Rhabdoblatta similsinuata* Yang, Wang, Zhou, Wang et Che, 2019

体连翅长雄虫29.8~30.2 mm，雌虫21.9~22.4 mm。雌雄异型，但体色近似；雄虫瘦长，前胸背板小，翅发育完全；雌虫短宽，前胸背板宽大，翅稍退化，仅达腹部第5背板后缘。头黑色，口器部分黄褐色，触角黑褐色。前胸背板密被黑色小斑点，其中夹杂若干较大斑点。前翅散布黑色小斑点。足和腹部黄褐色，腹部中部具1条黑色纵线。雄虫肛上板对称，近梯形，后缘中部具V形凹陷；下生殖板后缘不对称，中部具凹陷，凹陷左侧凸出，近左尾刺内缘具凹陷。

分布：云南（哀牢山）。

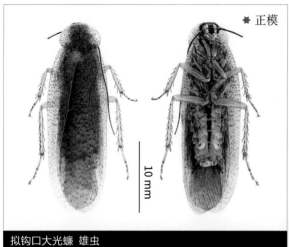

拟钩口大光蠊 雄虫

拟钩口大光蠊 雌虫 　邱鹭摄于云南哀牢山

相似大光蠊 *Rhabdoblatta simulans* Anisyutkin, 2000

体连翅长33.0~36.0 mm。雄虫体黑黄相间，雌虫不详。雄虫头顶黑褐色，其余部分黄色；触角基半部黑褐色，端半部黄色。前胸背板和前翅均一的黑褐色。足除胫节黑褐色外，其余黄色。腹部黄色。雄虫肛上板横阔，左右对称，后缘中部具1个浅凹陷；下生殖板后缘稍不对称，后缘中部具浅凹陷，右侧较左侧凸出。

分布：西藏（墨脱），云南（保山、芒市、陇川、瑞丽、盈江）。

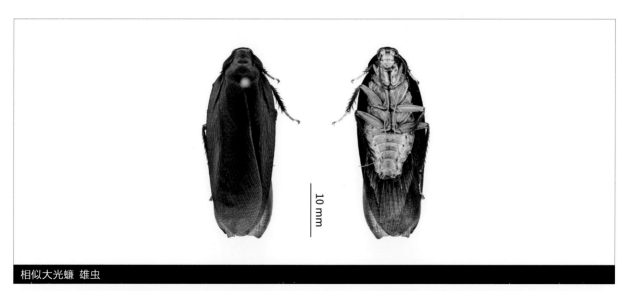

相似大光蠊 雄虫

小钩口大光蠊 *Rhabdoblatta sinuata* Bey-Bienko, 1958

体连翅长30.5~36.0 mm。雌雄近似，黄褐色。头顶褐色，其余部分黄色；触角黄色。前胸背板黄白色，表面密布深褐色小斑点，其中夹杂若干较大斑点。前翅浅黄褐色，散布一些褐色小斑块，斑块大多沿翅脉分布，而被翅脉分割为两部分。足和腹部近黄色。雄虫肛上板对称，近梯形，后缘中部具V形凹陷；下生殖板后缘不对称，后缘中部具U形凹陷，凹陷左缘缓弧形，右缘呈瓣状凸出。

分布：云南（金平、师宗、福贡、哀牢山），四川（攀枝花、雅安、乐山、峨眉山、青城后山），广东（南岭）。

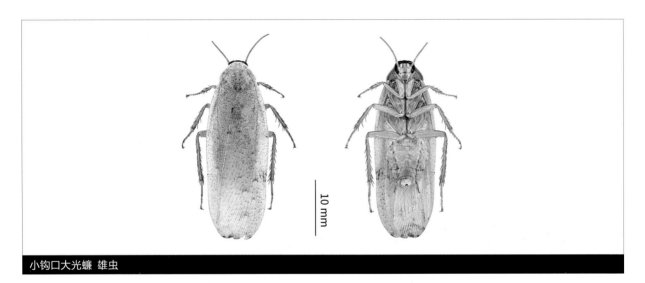

10 mm

小钩口大光蠊 雄虫

拟褐带大光蠊 *Rhabdoblatta vietica* Anisyutkin, 2000

体连翅长30.0~32.0 mm。雄虫黄褐色，雌虫不详。头黄褐色，面部具2团横向的斑纹，一团位于单眼间，一团位于唇基基部。前胸背板密被细小的黑色斑点，其中夹杂一些较大黑斑。前翅黄褐色，密被褐色疹状斑点。足和腹部黄褐色，腹部中部具不明显的褐色纵条，腹板每节两侧各具一黑色斑，黑斑周围散布一些细小的黑斑。雄虫肛上板横阔，近梯形，后缘中部具宽凹；下生殖板不对称，后缘中部具2个不等的突起。

分布：广东（鼎湖山）；越南。

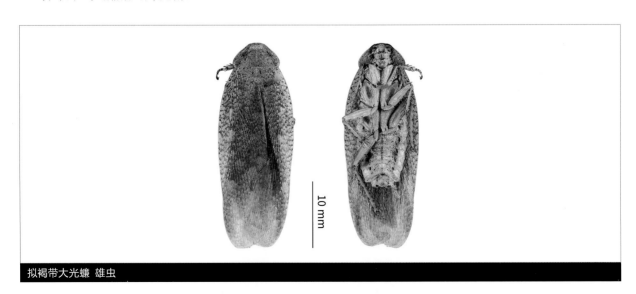

10 mm

拟褐带大光蠊 雄虫

夏氏大光蠊 *Rhabdoblatta xiai* Liu et Zhu, 2001

体连翅长38.0~40.5 mm。体具光泽，雌雄近似，主要区别在体色和体型上。雄虫体褐色，前胸背板后缘具条状斑点。雄虫肛上板横阔，近梯形，左右对称，后缘呈浅凹陷，两侧缘弧形；下生殖板后缘对称，后缘中部具弧形凹陷。雌虫明显较雄虫短宽，褐色或黑褐色。

分布：浙江（天目山），福建（武夷山）。

夏氏大光蠊 雄虫　　10 mm

夏氏大光蠊 雌虫，褐色型　马泽豪摄于浙江天目山

夏氏大光蠊 雌虫，黑色型　张嘉致摄于浙江天目山

棒光蠊属 *Rhabdoblattella* Anisyutkin, 2000

    雌雄异型不明显,体褐黄色,体型较小。头顶稍外露。头顶和前胸背板表面密布褐色小斑。前胸背板近五边形,前缘钝圆,后缘凸出,表面光滑无刻点。前后翅发育完全,长度超过腹部末端,翅端部边缘钝圆,不具凹陷,前翅脉纹通常白色。后足跗基节长度超过其余各节跗节长度之和,每节跗节内缘具2列排列整齐的小刺。腹部背板有时特化。肛上板长度超过下生殖板,后缘中部具V形凹陷。下生殖板后缘不对称,强烈凸出,后缘中部具突起。该属栖居于灌木丛中。

    该属隶属于光蠊亚科Epilamprinae,全世界已知6种,国内分布2种,本图鉴收录2种。主要分布在中国、越南、柬埔寨。

海南棒光蠊 ┃ 吴可量摄于海南

本图鉴棒光蠊属 *Rhabdoblattella* 分种检索表

雄虫腹部背板具背腺 ·· 异棒光蠊 *Rhabdoblattella disparis*

雄虫腹部背板不具背腺 ·· 海南棒光蠊 *Rhabdoblattella hainanensis*

异棒光蠊 *Rhabdoblattella disparis* Wang, Wang et Che, 2017

　　体连翅长20.2~22.7 mm，体黄褐色。头顶密布褐色小斑点，触角浅黄褐色。前胸背板前缘圆弧状，侧缘倾斜，后缘明显凸出；表面光滑无刻点，密布褐色小斑点。前翅褐黄色，密具污浊的褐色斑点，翅脉白色。足黄白色。腹部黄白色，雄虫第1—7节背板特化，每节背板中间都有乳状的腺体；雌虫每节腹板边缘具一些浅色小斑点，后缘具1排浅色大斑。雄性肛上板近半圆形，长度超过下生殖板，后缘中部具V形缺刻。下生殖板不对称，左侧后缘凹陷，后缘中部具1个向上的三角形突起。

　　分布：云南（盈江）。

异棒光蠊 ｜ 邱鹭摄于云南盈江

海南棒光蠊 *Rhabdoblattella hainanensis* Wang, Wang et Che, 2017

　　体连翅长20.0~20.5 mm，体黄色。头白色，头顶密布黑褐色小斑点，触角褐色。前胸背板褐色，近五边形，最宽处在中点之后，前缘圆弧形，后缘中部钝角凸出；表面光滑无刻点，密布黑褐色小斑点。前翅黄褐色，脉纹白色，表面具褐色斑点由翅基部向翅端部逐渐变大，由密至疏。足黄白色。腹部黄白色，背板不特化，每节腹板后缘具1列深褐色斑点。尾须黄白色，端部黑褐色。雄性肛上板近半圆形，长度超过下生殖板，后缘中部具V形缺刻；下生殖板不对称，后缘中部具突起。

　　分布：海南（海口、儋州、黎母山、保亭）。

海南棒光蠊 ｜ 陈尽摄于海南海口

彩蠊属 *Caeparia* Stål, 1877

体明显具花纹。背板表面明显粗糙,具刻点。前后翅均发育完全,达腹部末端。前足腿节腹缘不具刺。腹部背板第7节侧缘锯齿状。腹部末几节背板后缘具1排瘤突,背板末节瘤突最大。肛上板表面不具瘤突,前缘完整,不具缺刻;后缘U形,两后侧角明显突出,指向后侧方。右阳茎明显退化,非钩状。

该属隶属于弯翅蠊亚科Panesthiinae,世界已知5种,中国分布1种。主要分布在东洋区。

毛彩蠊 | 董志巍摄于云南屏边大围山

毛彩蠊 *Caeparia donskoffi* Roth, 1979

体中型,体连翅长25~29 mm,具明显斑纹,黑黄相间,明显与国内弯翅蠊亚科其他种类相区别。前胸背板前缘平截,两侧缘圆弧状,后缘中部微凹陷,中央具U形凹槽;表面密布黄色长毛。前翅和后翅均发育完全。第4—7背板后缘两侧各具2个突起,且逐渐增大;第6背板侧缘平直;第7背板后缘的突起呈脊状,向上延伸,侧缘具2个齿,两侧后角向尾向延伸。第7腹板后缘平截或微凹陷。

分布:云南(大围山、盈江、普洱);老挝、越南、泰国。

10 mm

毛彩蠊

米蠊属 *Miopanesthia* Saussure, 1895

体型相对较小，雌雄异型明显。雄虫头顶通常不具凹刻，外露。前胸背部前缘通常不具缺刻。雄性翅通常发育完全，中胸和后胸多毛；雌性通常无翅。腹部背板第6节后侧角通常延伸或弯曲；第7节后侧角通常特化成尖锐的刺。肛上板后缘通常完整。雄性外生殖器骨化程度不明显，左阳茎L2D退化消失，右阳茎钩状或消失。

该属隶属于弯翅蠊亚科Panesthiinae，世界已知8种，中国分布1种。主要分布在东洋区。

中华米蠊 *Miopanesthia sinica* Bey-Bienko, 1969

体型小，体连翅长20~23 mm，黑褐色。前胸背板圆四方形，具稀疏刻点，前缘和后缘平直，背板上有V形沟；雄虫沟后有1对瘤突，雌虫背板瘤突缺。雄虫前后翅发育完全。腹部背板后侧角第1—6节轻微的向后伸出，呈锐状；第7节尖锐明显。肛上板后缘完整。尾须三角形，顶端尖锐。

分布：云南（西双版纳）。

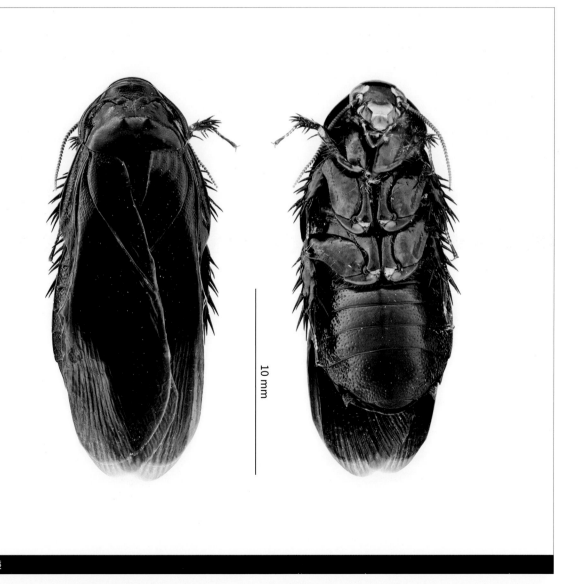

10 mm

中华米蠊

弯翅蠊属 *Panesthia* Serville, 1831

雄虫头顶通常具凹陷，雌虫正常。前胸背板前缘突出，向上折翘，或中部内凹，两侧呈角突状；前侧缘通常完整，无明显内凹。第7背板侧缘平直，不呈锯齿状，后角通常尖锐，向后笔直突出。肛上板后缘通常呈弱锯齿状，两侧通常各具一较大的齿。若虫中胸和后胸背板可具黄斑。

该属隶属于弯翅蠊亚科Panesthiinae，世界已知近60种，中国记录9种，本图鉴收录7种。主要分布在东洋区和澳洲区。

弯翅蠊属 若虫 | 许浩摄于重庆四面山

本图鉴弯翅蠊属 *Panesthia* 分种检索表

大弯翅蠊 *Panesthia angustipennis* (Illiger, 1801)

体大型，体连翅长28~50 mm，体深红棕色或黑色。前后翅均发育完全。肛上板后缘弱锯齿状（阔斑亚种），或波浪状，近全缘（拟大亚种）。若虫具一阔大的黄色斑块占据中胸及后胸背板中部（阔斑亚种），或仅具1对三角状小斑块，占据中胸背板中央两侧（拟大亚种）。该种分布较广，且存在复杂的变异，被分为许多亚种，在我国分布2个亚种，其中阔斑亚种*Panesthia angustipennis cognata*（Bey-Bienko, 1969）分布在大陆南部地区，拟大亚种*Panesthia angustipennis spadica*（Shiraki, 1906）分布在台湾。

分布：西藏（察隅、墨脱），海南（尖峰岭、鹦哥岭、霸王岭），云南（西双版纳、盈江），广西（河池），贵州（黎平），台湾（高雄）；印度，不丹，缅甸，老挝，越南，泰国。

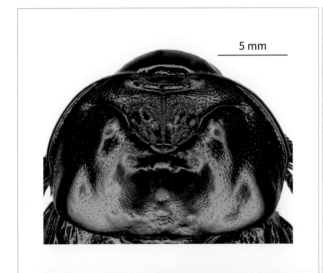

大弯翅蠊阔斑亚种　前胸背板

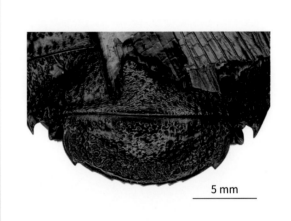

大弯翅蠊阔斑亚种　肛上板

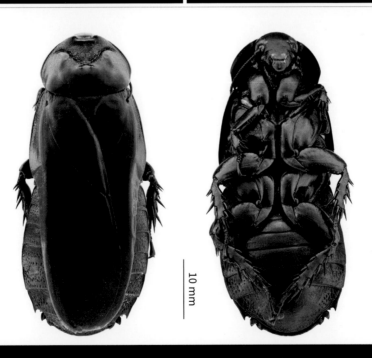

大弯翅蠊阔斑亚种

黄角弯翅蠊 *Panesthia antennata* Brunner von Wattenwyl, 1893

体中型，体连翅长29~32 mm，体黑色或深红棕色。具长短翅型。肛上板刻点粗糙且密集，后缘弱锯齿状。若虫中胸背板具1对黄色斑块。

分布：云南（腾冲、龙陵、南涧、陇川、丽江、保山）；缅甸。

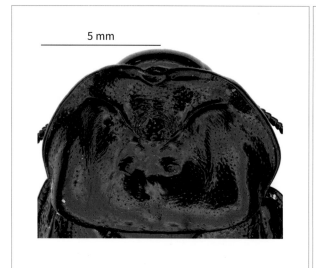

5 mm

黄角弯翅蠊　前胸背板

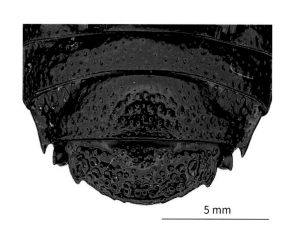

5 mm

黄角弯翅蠊　肛上板

10 mm

黄角弯翅蠊

小弯翅蠊 *Panesthia birmanica* Brunner von Wattenwyl, 1893

体小型，体连翅长23~25 mm，体红棕色至黑色，较光滑。前胸背板较平坦，隆起弱。前后翅均发育完全。肛上板后缘弧形，齿不显著，但侧缘大齿尖锐。若虫与成虫近似，无黄斑。

分布：海南（尖峰岭），云南（西双版纳）；缅甸，印度，越南，泰国。

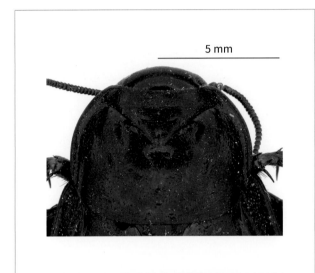

5 mm

小弯翅蠊 前胸背板

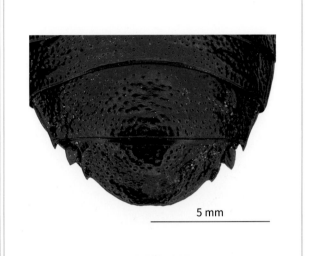

5 mm

小弯翅蠊 肛上板

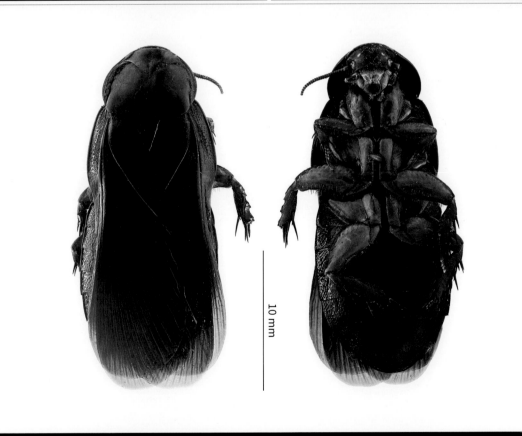

10 mm

小弯翅蠊

贵州弯翅蠊 *Panesthia guizhouensis* Wang, Wang et Che, 2014

体小型，体连翅长24~27 mm，体深棕色或黑色。雄虫头顶具不明显的凹痕。前后翅均发育完全。肛上板后缘圆弧状，偶见不明显的钝齿。若虫中胸背板具1对黄色斑块。

分布：重庆（四面山），贵州（遵义），四川（古蔺）。

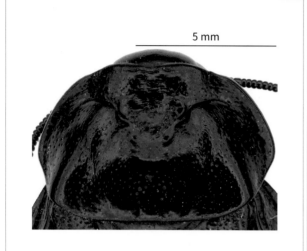

5 mm

贵州弯翅蠊 前胸背板

5 mm

贵州弯翅蠊 肛上板

10 mm

贵州弯翅蠊

波形弯翅蠊 *Panesthia sinuata* Saussure, 1895

体中小型，体连翅长29~31 mm，体深红棕色。前后翅发育完全，但末端仅及腹部第7背板后缘。腹部第5—7背板前缘具一横向凹槽，表面近侧缘处各具一凹陷区域，凹陷处不具刻点；第6背板后侧角微向后延伸；第7背板后侧角特化，向后延伸，端部尖锐。肛上板横阔，后缘圆弧形，微呈波浪状，中央具5个端部钝圆的突起；后侧角大于其间的突起，端部稍尖锐。

分布：云南（西双版纳、腾冲），海南（尖峰岭、霸王岭）；越南，老挝，马来西亚。

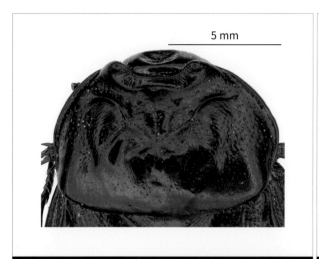

波形弯翅蠊 前胸背板

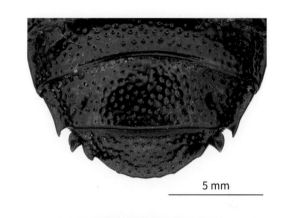

波形弯翅蠊 肛上板

波形弯翅蠊

星弯翅蠊 *Panesthia stellata* Saussure 1895

体中型，体连翅长27~33 mm，体黑色。前后翅均发育完全。肛上板表面极粗糙，后缘具8~10个较锐利的齿。该种国内分布的亚种为凹斑亚种*Panesthia stellata concava* Wang, Wang et Che, 2014，该亚种若虫中、后胸背板具横阔的黄色大斑，斑块后缘凹陷。

分布：西藏（察隅）。

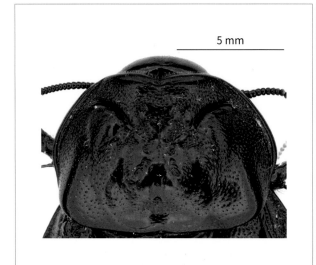

星弯翅蠊凹斑亚种 前胸背板

星弯翅蠊凹斑亚种 肛上板

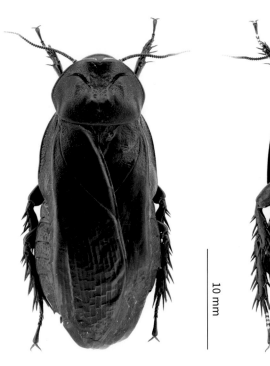

星弯翅蠊凹斑亚种

芽弯翅蠊 *Panesthia strelkovi* Bey-Bienko, 1969

体中型, 体长29~37 mm, 体黑色。前翅退化呈翅芽状, 微超过中胸背板后缘; 后翅消失。肛上板后缘中部具5~7个较尖锐的齿, 侧缘大齿尖锐, 大于其间所有的齿; 尾须稍长, 端部极尖锐。若虫与成虫相似, 深褐色。

分布: 海南 (吊罗山、五指山)。

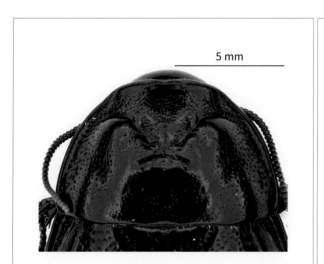

芽弯翅蠊 前胸背板

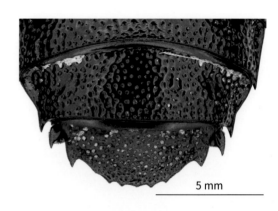

芽弯翅蠊 肛上板

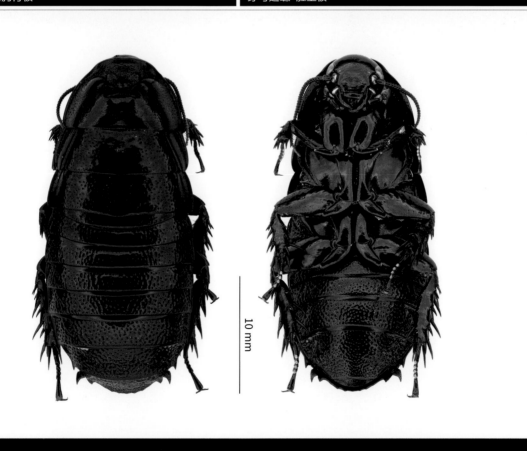

芽弯翅蠊

木蠊属 *Salganea* Stål, 1877

第6背板侧缘平直，后侧角特化或不特化；第7背板侧缘通常锯齿状，很少近平直，后侧角特化向后方或侧后方延伸。通常第6和第7背板前侧角具洞状凹陷，有时第3、4、5背板前侧角也具凹陷，洞口可能会有小刚毛。腹部腹板第7节后缘雄虫具凹刻，雌虫全缘，有些种类均全缘。肛侧板着生1个背向弯曲的指状突起。尾须短，圆锥形。右阳茎背面观向右侧弯曲，有时退化为棒状，或消失。

该属隶属于弯翅蠊亚科Panesthiinae，全世界已知50余种，中国分布8种，本图鉴收录6种。主要分布在东洋区和古北区。

木蠊属 若虫 ｜ 邱鹭摄，人工饲育品

本图鉴木蠊属 *Salganea* 分种检索表

双翅木蠊 *Salganea biglumis* (Saussure, 1895)

体长24~31 mm；体深褐色。前翅退化成翅芽状；后翅退化，缩短，藏于前翅下方，端部稍外露。肛上板表面极粗糙，密布刻点，具褶皱；后缘锯齿状，具9~12个大小不等的小锯齿（有些齿相互融合）；后侧角宽大，圆弧形或端部稍尖锐。

分布：云南（屏边）；印度，菲律宾。

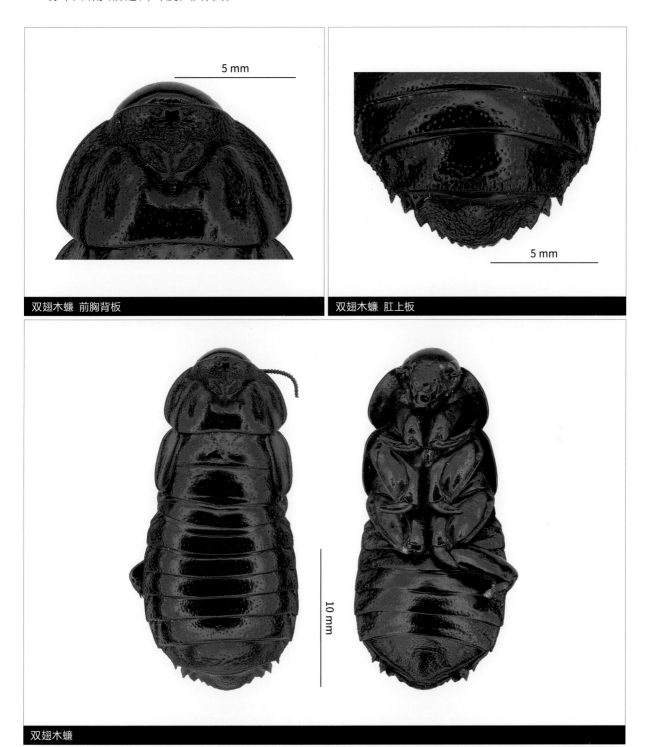

双翅木蠊 前胸背板

双翅木蠊 肛上板

双翅木蠊

弯尾木蠊 *Salganea flexibilis* Wang, Wang et Che, 2014

体长32.2 mm；体黑色。肛上板密布粗糙圆形刻点，密布细小刚毛；后缘锯齿状，中间具8个大小不一、端部平截的三角形齿；两后侧角的齿与中间最大的齿大小相等。

分布：云南（怒江）。

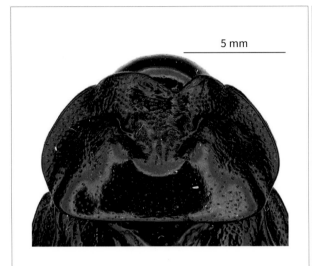

弯尾木蠊　前胸背板

弯尾木蠊　肛上板

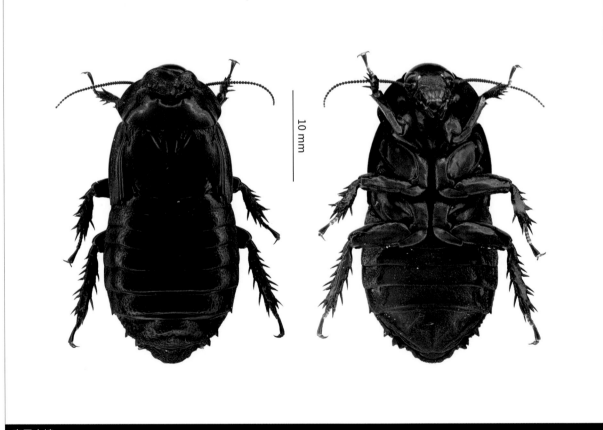

弯尾木蠊

未木蠊 *Salganea incerta* (Brunner von Wattenwyl, 1893)

体长17.7~27.0 mm；体红棕色，至尾部逐渐加深。前后翅发育完全。肛上板后缘具9~13个连接紧密的大小相近的三角形锯齿。若虫体棕色，复眼黑色。其他外部形态特征均与成虫相同。

分布：四川（瓦屋山），重庆（四面山），云南（盈江）；泰国，缅甸。

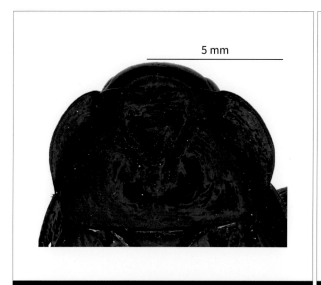

未木蠊 前胸背板

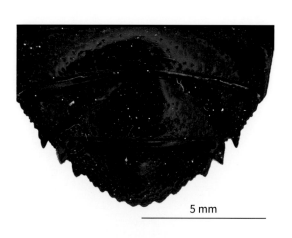

未木蠊 肛上板

未木蠊

五齿木蠊 *Salganea quinquedentata* Wang, Wang et Che, 2014

体长26.0~29.5 mm；体深红棕色，至尾部逐渐加深，或黑色。翅发育完全，超过腹部末端。肛上板密布刻点，且比背板粗糙；后缘通常腹面观中央具5个端部尖锐相对细长的间隔明显的齿，正中间的齿最大，边缘圆滑或着生小突起；两后侧角的齿均大于它们之间的齿。

分布：海南（五指山、吊罗山）。

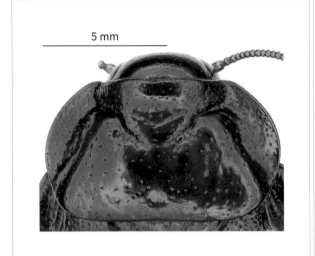

五齿木蠊 前胸背板

五齿木蠊 肛上板

五齿木蠊

爪木蠊 *Salganea raggei* Roth, 1979

体长39.2~40.6 mm；体深红棕色，至尾部逐渐加深，或黑色。前后翅发育完全，超过腹部末端。肛上板背面密布粗糙刻点；后缘具8~16个齿状突起，中间的齿钝圆，两侧的齿尖锐，两端的齿大于中间的齿。

分布：西藏（墨脱），云南（西双版纳、盈江），海南（尖峰岭、五指山）。

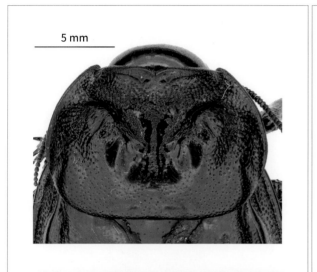

爪木蠊 前胸背板

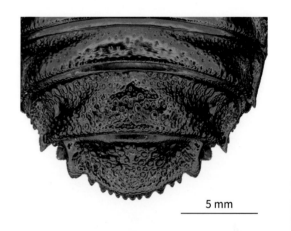

爪木蠊 肛上板

爪木蠊

台湾木蠊 *Salganea taiwanensis* Roth, 1979

体长24.0~30.5 mm；体深红棕色，至尾部逐渐加深，或黑色。前后翅均发育完全，超过腹部末端。肛上板密布刻点；后缘具8~13个几乎相等的齿，大多数10个，齿基部宽阔，有些端部钝圆或者两三个拼接在一起，两后侧角同它们之间最大的齿等大。初龄若虫红棕色，末龄若虫黑色。

分布：江西（九连山、黎川），福建（武夷山），台湾（南投），广东（梅州），广西（花坪、金秀），贵州（册亨）；日本，越南。

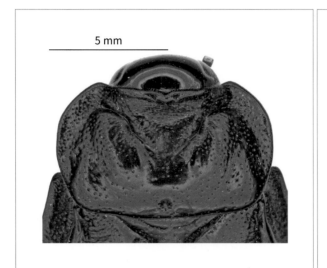

台湾木蠊 前胸背板

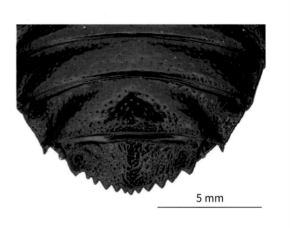

台湾木蠊 肛上板

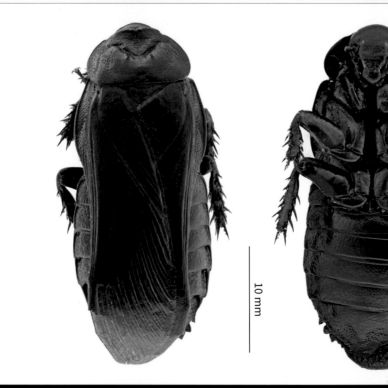

台湾木蠊

纹蠊属 *Paranauphoeta* Brunner von Wattenwyl, 1865

该属是纹蠊亚科Paranauphoetinae唯一的1个属，其体扁平，常具有黄白色斑纹，容易识别。

该属全世界已知22种，中国分布7种，本图鉴收录5种。主要分布在东洋区和澳洲区西北部。

黑纹蠊 若虫　*邱鹭摄于云南盈江*

本图鉴纹蠊属 *Paranauphoeta* 分种检索表

1 前翅中部至少具1个淡色斑 ·· 斑翅纹蠊 *Paranauphoeta sinica*

　前翅中部无斑 ··· 2

2 前胸背板前缘和侧缘具窄黄白边；雌虫翅发育完全，达到或超过腹端 ····························· 4

　前胸背板近均色，侧缘有时色稍浅；雌虫短翅 ··············· 短翅纹蠊 *Paranauphoeta brachyptera*

4 足黄白色 ·· 金边纹蠊 *Paranauphoeta anulata*

　足深褐色或具浅黄色斑 ··· 5

6 触角窝间具黄白色带 ·· 金丝纹蠊 *Paranauphoeta lineola*

　触角窝间不具黄白色带或斑 ··· 黑纹蠊 *Paranauphoeta nigra*

金边纹蠊 *Paranauphoeta anulata* Li et Wang, 2017

体长23.0~28.5 mm，雌雄近似。雌虫体型较大，翅仅达或稍微短于腹端。体黑褐色；头顶和面部褐色，其余白色（标本颜色变黄），触角端部白色；前胸背板近横椭圆，前缘和侧缘白色；翅基部有时白色，侧缘具白色边；足黄褐色，腹部边缘白色，中域黄色，中域与边缘白色域之间具一环状褐色带。

分布：海南（尖峰岭、霸王岭），广西（金秀）。

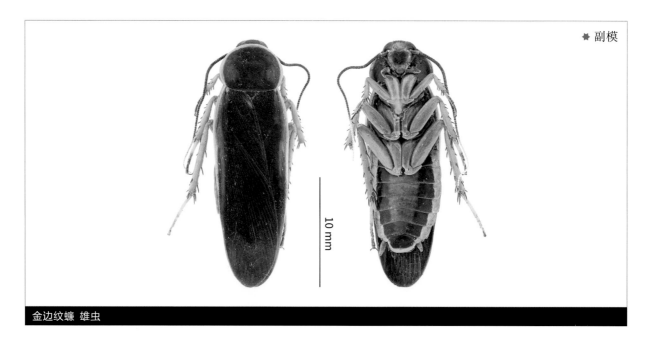

★ 副模

10 mm

金边纹蠊 雄虫

短翅纹蠊 *Paranauphoeta brachyptera* Li et Wang, 2017

体长雄虫21.8~25.8 mm，雌虫21.0~25.5 mm，雌雄稍异型。雄虫瘦长，翅发育完全；雌虫宽短，翅短小，不及腹部末端。雄虫体黑褐色，触角端部白色，腹部侧缘具不明显斑点；雌虫前胸背板较雄虫扩大，侧缘色浅，前翅基部白色，足基部和腹部基部中央色浅，腹部背板和腹板具浅色斑点。可发现于朽木内。

分布：云南（盈江、泸水）。

短翅纹蠊 雄虫　邱鹭摄，云南盈江产

短翅纹蠊 雌虫　邱鹭摄，云南盈江产

金丝纹蠊 *Paranauphoeta lineola* Li et Wang, 2017

雌虫体长23.5~25.0 mm，翅仅达腹端，雄虫不详。体褐色（标本）；头顶具两黄色斑纹，触角窝间有黄色条带连接；前胸背板近椭圆，褐色，边缘区除后缘外皆为黄色；前翅基部黄白色，侧缘基半部黄白色；足基节、转节及腿节具一些黄色斑；腹部侧缘具黄色斑，下生殖板边缘具黄色宽边。

分布：云南（盈江、孟连）。

★ 副模

10 mm

金丝纹蠊 雌虫

黑纹蠊 *Paranauphoeta nigra* Bey-Bienko, 1969

体长21.5~25.0 mm，雌雄近似，但雌虫翅较短，未达腹端。体深黑色，触角端部、前胸背板前缘和侧缘、前翅内侧基部白色，腹部各节侧缘（包括背板和腹板）具白斑。可发现于朽木内。

分布：云南（瑞丽、盈江）。

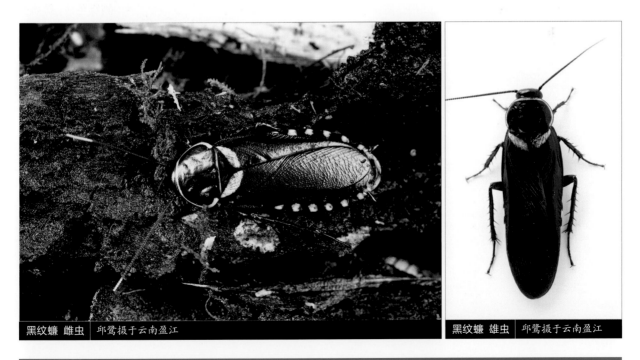

黑纹蠊 雌虫　邱鹭摄于云南盈江

黑纹蠊 雄虫　邱鹭摄于云南盈江

斑翅纹蠊 *Paranauphoeta sinica* Bey-Bienko, 1958

体长21.6~27.0 mm，雌雄近似，但雌虫体型明显较雄虫大，且翅仅达腹端。体褐色。头顶黄色，具2个褐色斑，有时愈合为1个。面部褐色，触角窝下方具黄色斑，触角端部白色。前胸背板侧缘具黄边，且从前缘到后侧角逐渐变宽，中域有时具对称的黄色斑纹。前翅具多个斑点，通常基部具2个小斑，中部具2个斑（常相连），端部具1个大斑，右前翅端部具透明域（与左前翅重叠处）。足基部具黄色斑纹，中足和后足胫节和跗节为浅褐色，前足和中后足腿节褐色。腹部基部中央色浅，每节侧缘具黄斑。可发现于朽木内，亦有上灯的记录，为国内最广布的纹蠊种类。

分布：云南（普洱、西双版纳），广西（上思），海南（万宁、吊罗山、尖峰岭、霸王岭、黎母山、鹦哥岭）。

受灯光吸引而来的斑翅纹蠊｜李昕然摄于海南黎母山

宝蠊属 *Achatiblatta* Li, Wang et Wang, 2018

雌雄异型。体小型，相当扁平。雌虫背板延展，明显超过腹板并且盖住身体，形态近似溪泥甲的幼虫；足短小，中后足腿节后背缘不具刺；腹部背板无臼，尾刺隐藏。雄虫具翅，前胸背板宽大，近三角形，顶角和侧角钝圆。

该属隶属于球蠊亚科Perisphaerinae，其体型较小，隐蔽性强，不易采获。目前仅知1种，分布在中国。

模宝蠊 雄若虫 ｜ 王冬冬摄于海南

模宝蠊 *Achatiblatta achates* Li, Wang et Wang, 2018

雌虫体长9.6~10.0 mm，雄虫体连翅长8.9~9.2 mm。体污浊的黄褐色，具黑色的小刻点。雄虫翅褐色，前胸背板前缘两侧色浅。

分布：海南（鹦哥岭、尖峰岭、保亭）。

★ 副模

5 mm

模宝蠊 雄虫

★ 副模

5 mm

模宝蠊 雌虫

笛蠊属 *Frumentiforma* Li, Wang et Wang, 2018

体小型，雌雄异型。雌虫体狭长，筒状；头较大，复眼远离；中后足腿节后背缘不具刺，尾刺相当短小。雄虫具翅，体狭长，复眼远离；前胸背板稍拱起，盖住头部。

该属隶属于球蠊亚科Perisphaerinae，其体型小，较为罕有。目前仅知1种，分布在中国。

模笛蠊 *Frumentiforma frumentiformis* Li, Wang et Wang, 2018

雌虫体长7.0~7.7 mm，雄虫体连翅长7.2~7.3 mm。雌虫体褐色，下颚须、腿节端部、胫节、跗节黄色，腹部背板臼式[1]。雄虫褐色，头红棕色，触角黑褐色，面部具皱和刻点，腹面黄色。

分布：海南（尖峰岭、鹦哥岭、黎母山、霸王岭），广西（猫儿山）。

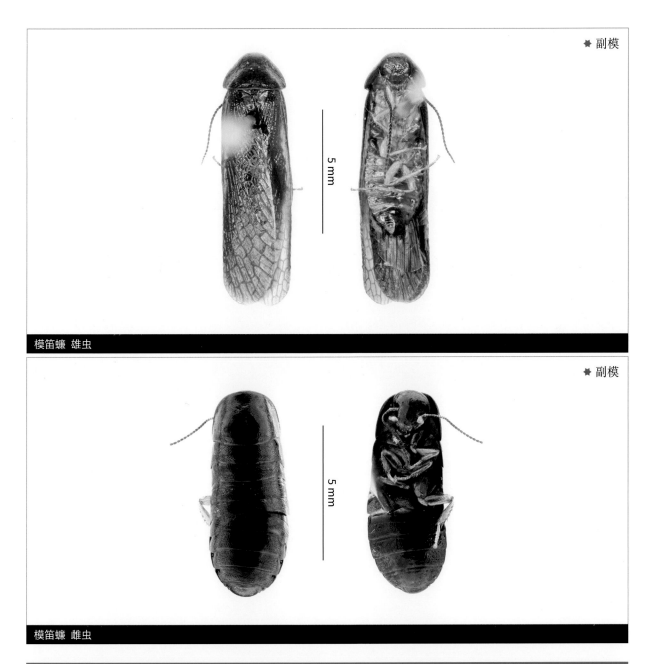

★ 副模

模笛蠊 雄虫

★ 副模

模笛蠊 雌虫

球蠊属 *Perisphaerus* Audinet-Serville, 1831

体中小型，雄虫具翅，若虫和雌虫身体强烈隆起，可将身体蜷缩成球状。头隐藏于背板下，复眼发达，近乎于头顶部相接。雄虫前胸背板强烈隆起，前胸背板后侧角下沉，紧贴前翅基部。中后足腿节后背缘不具刺。雌虫和若虫不活动时通常隐藏在树皮下和腐殖质内，夜晚在树干表面和灌木丛中活动，取食树液、枯叶、落果和真菌，受惊吓时会卷成球状从停息处掉落。雄虫罕见，可上灯。

该属隶属于球蠊亚科Perisphaerinae，世界已知18种，中国记录2种，本图鉴收录1种。主要分布在东洋区。

球蠊 雌虫 | 李昕然摄于云南

球蠊 雄虫 | 邱鹭摄于云南西双版纳望天树

刻点球蠊 *Perisphaerus punctatus* Bey-Bienko, 1969

雌虫体长12.5~13.0 mm，黑色；身体相当隆起，明显具许多刻点，足和触角黄色；额明显具弧形凹陷，腹部背板白式[2]，下生殖板明显被许多黄毛。若虫近似雌虫，体色稍浅。雄虫不详。

分布：云南（河口），海南（吊罗山、尖峰岭、鹦哥岭、七仙岭、五指山、三亚、保亭）；越南。

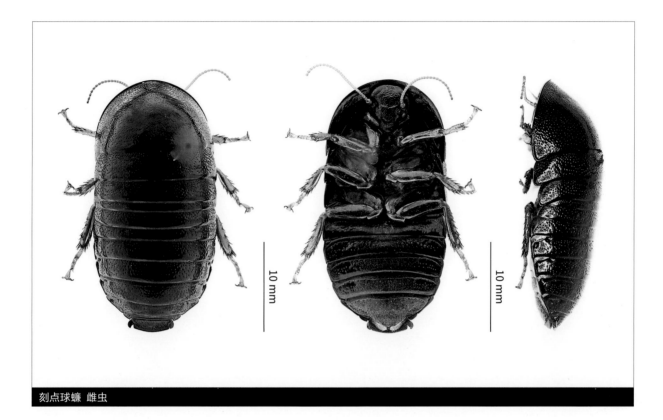

刻点球蠊 雌虫

冠蠊属 *Pseudoglomeris* Brunner von Wattenwyl, 1865

体小至中型。雄虫具长翅，短翅，或无翅；若虫和雌虫身体较扁平，椭圆形，不可将身体蜷缩成球状。前胸背板半圆形，后角向后突出，头隐于背板下。雄虫前胸背板通常不如球蠊属拱起。中后足腿节后背缘至少中部具一刺，多数基部也具一刺。雌虫和若虫习性类似球蠊属，不活动时常躲藏于树皮下或朽木内，夜晚在树干表面和灌木丛中活动，受惊吓时会从停息处假死掉落；雄虫较雌虫少见，具趋光性。

该属隶属于球蠊亚科Perisphaerinae，世界已知24种，中国记录14种，本图鉴收录12种。主要分布在东洋区和古北区。

冠蠊—雌虫及其若虫 ｜ 邱鹭摄，四川西部产

本图鉴冠蠊属 *Pseudoglomeris* 分种检索表

本图鉴冠蠊属 *Pseudoglomeris* 分种检索表

4 雌虫臼式[3]及以上 ·· 5

  雌虫臼式[2]及以下 ·· 7

5 体铜绿或偏蓝，金属光泽较强，雌虫臼式[4-6] ····························· 丽冠蠊 *Pseudoglomeris magnifica*

  体黑色，无金属光泽，雌虫臼式[3] ·· 6

6 雌虫下生殖板无毛 ································· 三孔冠蠊小亚种 *Pseudoglomeris valida moderata*

  雌虫下生殖板明显被毛 ······························ 麻冠蠊 *Pseudoglomeris planiuscula*

7 雌虫臼式最多达到[2] ·· 8

  雌虫臼式均为[1] ··· 9

8 雌虫体红棕色，具暗金属光泽，臼式[1-1-1-2-2] ····················· 赤胸冠蠊 *Pseudoglomeris montshadskii*

  雌虫体暗金属绿色，表面具深刻点，臼式[2] ····················· 山冠蠊 *Pseudoglomeris montana*

9 雄虫翅短，不达腹端 ·· 10

  雄虫翅发育完全，超过腹端 ·· 11

10 雄虫下生殖板右侧不具深裂 ····························· 半翅冠蠊 *Pseudoglomeris angustifolia*

   雄虫下生殖板右侧具深裂 ································· 裂板冠蠊 *Pseudoglomeris semisulcata*

11 具绿色金属光泽，雌虫刻点较大 ······················· 贝氏冠蠊 *Pseudoglomeris beybienkoi*

   具暗金属光泽，雌虫刻点较小 ······························ 迷冠蠊 *Pseudoglomeris dubia*

镜斑冠蠊 *Pseudoglomeris aerea* (Bey-Bienko, 1958)

    雌虫体长15.0~17.0 mm，雄虫体长17.0~18.0 mm。雌虫体暗金属绿色，被小刻点，体表（尤其在体侧）被白色短毛；触角、下颚须和跗节黄色，腿节、胫节和尾刺红棕色；腹部背板臼式[2-3]。雄虫体色与雌虫近似，前胸背板较小，被短绒毛，翅狭长，前翅棕色。

    分布：云南（大理、腾冲、保山、永德、沧源）。

镜斑冠蠊 雄虫

镜斑冠蠊 雌虫　邱鹭摄于云南高黎贡山

半翅冠蠊 *Pseudoglomeris angustifolia* (Wang et Che, 2011)

雌虫体长17.0~18.5 mm，雄虫体长15.0~20.0 mm。该种近似裂板冠蠊*Pseudoglomeris semisulcata*，雌虫较难区别，臼式皆为[1]，雄虫下生殖板右侧不具深裂。

分布: 云南（大理、昆明、昭通、玉溪）。

半翅冠蠊 雌虫 ｜ 邱鹭摄，云南大理产

半翅冠蠊 雄虫 ｜ 邱鹭摄，云南大理产

贝氏冠蠊 *Pseudoglomeris beybienkoi* (Anisyutkin, 2003)

雌虫体长18.0 mm，雄虫体连翅长17.0~19.3 mm。雌虫体暗金属绿色，光滑，体表具粗大刻点（体侧尤甚）；触角和足红棕色，尾刺黄色；腹部背板臼式[1]。雄虫背板金属绿色，光亮，具粗大刻点；翅狭长，棕色。

分布：云南（景东、景谷、新平）。

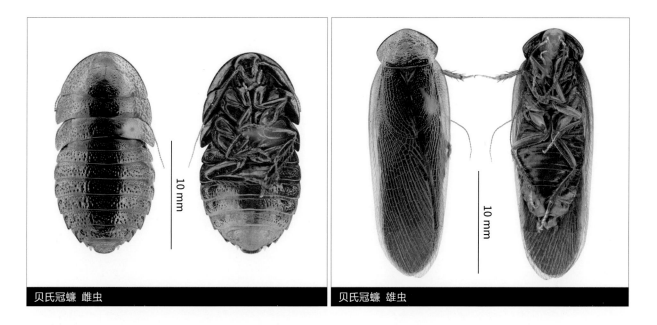

贝氏冠蠊 雌虫　　　贝氏冠蠊 雄虫

迷冠蠊 *Pseudoglomeris dubia* Hanitsch, 1924

雌虫体长15.9~17.1 mm。体深褐色，稍具金属光，被细小刻点；足除跗节外红棕色，触角基部，跗节，尾刺近黄色；腹部背板臼式[1]。雄虫不详。

分布：云南（大理、香格里拉）。

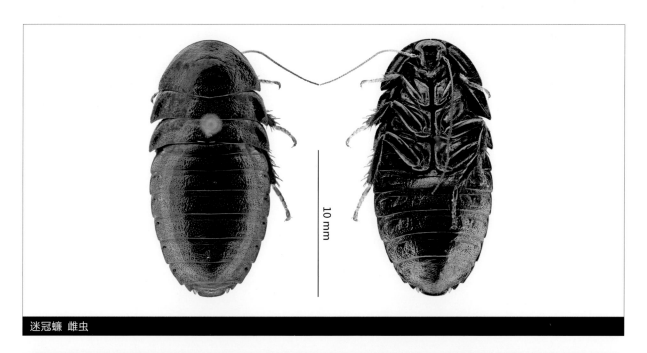

迷冠蠊 雌虫

丽冠蠊 *Pseudoglomeris magnifica* Shelford, 1907

雌虫体长21.5~23.0 mm，雄虫体连翅长21.5~24.5 mm。雌虫腹部背板臼式[4-6]，雄虫具翅。该种雌雄虫背面皆具强烈绿色金属光泽，且雌虫背面和雄虫前胸背板明显具有粗大的刻点，为该属中体色较为艳丽的种类，因此易于和同属其他种类区别。雌虫和若虫通常躲藏于树皮下或树洞中，夜晚出来活动。

分布：云南（屏边、个旧），广西（那坡、龙陵、十万大山、金秀），江西（九连山）；越南。

丽冠蠊 雌虫 ｜ 陈尽摄于云南个旧　　丽冠蠊 雄虫 ｜ 陈尽摄于云南个旧

山冠蠊 *Pseudoglomeris montana* Li, Wang et Wang, 2018

雌虫体长12.8~15.0 mm，雄虫体连翅长16.5~18.5 mm。雌虫暗金属绿色，体表光滑不被毛，具细小刻点；触角和下颚须暗黄色，足红棕色，尾刺黄色；腹部背板臼式[2]。雄虫褐色，稍具金属光泽，触角基部，下颚须，足和尾须黄色；翅狭长。该种可发现于壳斗林内，晚上在树上或周围的地上爬行活动。

分布：西藏（波密、察隅）。

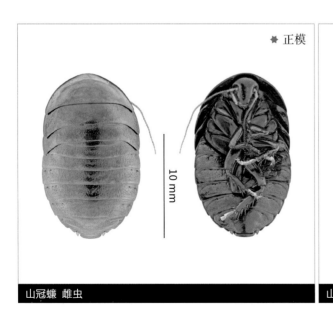
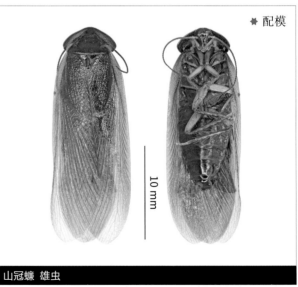

山冠蠊 雌虫　　山冠蠊 雄虫

赤胸冠蠊 *Pseudoglomeris montshadskii* (Bey-Bienko, 1969)

雌虫体长13.0~16.5 mm，雄虫体连翅长14.5~16.5 mm。雌虫体红棕色，具暗金属光泽，体表较光滑，具浅刻点；触角，跗节和尾刺棕黄色，腹部背板臼式[2]（排列1-1-1-2-2）。雄虫体棕色，稍泛金属光泽，触角基部、下颚须、足和尾须黄色，翅狭长。

分布：云南（普洱、怒江、大理）。

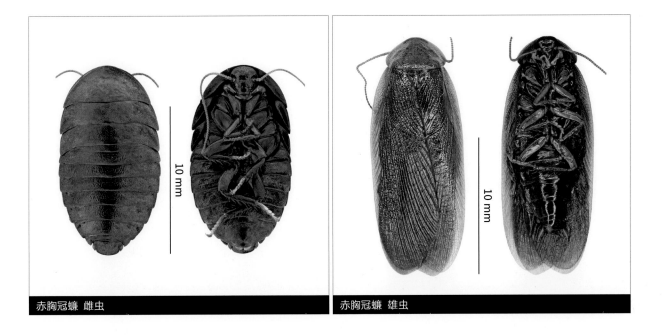

赤胸冠蠊 雌虫　　　　赤胸冠蠊 雄虫

麻冠蠊 *Pseudoglomeris planiuscula* Brunner von Wattenwyl, 1893

雌虫体长18.5~20.0 mm，雄虫体连翅长19.0 mm。雌虫体黑色，触角、跗节、尾刺近黄色；体密被浅刻点，每个刻点着生1根短白毛，下生殖板密被黄色毛；腹部背板臼式[3]。雄虫具翅，体较宽，体色近似雌虫。

分布：云南（西双版纳、普洱）；缅甸。

麻冠蠊 雌虫　陈尽摄于云南西双版纳望天树　　　麻冠蠊 雄虫

琢冠蠊 *Pseudoglomeris sculpta* (Bey-Bienko, 1958)

雌虫体长18.0~21.0 mm。体暗黑色，体表明显粗糙，具刻点且密被极短棕黄色毛；触角、下颚须和跗节黄棕色；腹部背板臼式[5-7]。雄虫不详。该种雌虫和若虫可见于叶片表面活动。

分布：云南（西双版纳、普洱）。

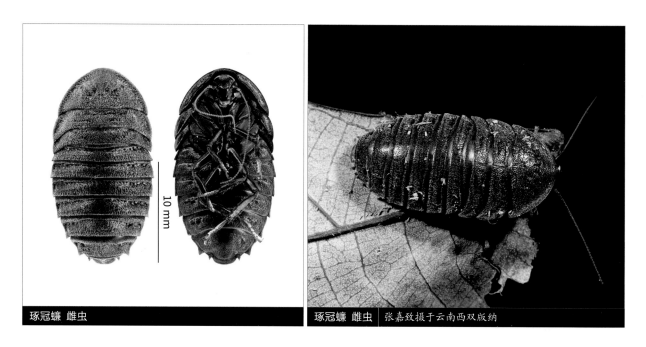

琢冠蠊 雌虫　　　琢冠蠊 雌虫　张嘉致摄于云南西双版纳

裂板冠蠊 *Pseudoglomeris semisulcata* Hanitsch, 1924

雌虫体长17.3~17.8 mm，雄虫体长17.7 mm，雌雄虫近似，不同之处在于雄虫具缩短的翅。体褐色（标本），具细小刻点；下颚须和尾刺黄色；雌虫臼式[1]；雄虫下生殖板向右侧突出，右侧基部具深裂。

分布：云南（剑川、维西、香格里拉、兰坪、丽江、德钦）。

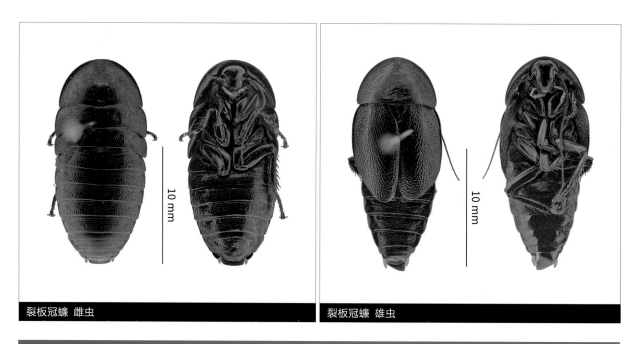

裂板冠蠊 雌虫　　　裂板冠蠊 雄虫

缺翅冠蠊 *Pseudoglomeris tibetana* (Bey-Bienko, 1938)

雌虫体长17.4~19.0 mm，雄虫体长20.0 mm。雌虫臼式[2]。该种雌雄均无翅。

分布：西藏（八宿）。

缺翅冠蠊 雌虫

缺翅冠蠊 雄虫

三孔冠蠊小亚种 *Pseudoglomeris valida moderata* (Bey-Bienko, 1969)

雌虫体长21.5~24.5 mm。体亮黑色，触角、跗节和尾刺黄褐色；腹部背板臼式[3]。雄虫不详。该种雌虫和若虫栖息于树皮下，夜晚在灌木上爬行。

分布：云南（西双版纳、屏边），广西（十万大山、崇左），海南（尖峰岭），贵州（雷山、榕江），湖南（宜章）。

三孔冠蠊小亚种 雌虫 ｜ 陈尽摄于云南西双版纳

蔗蠊属 *Pycnoscelus* Scudder, 1862

　　体小至中型，体长11~22 mm。通常黑色至褐色，少数体色分界明显。前胸背板光滑，具稀疏而明显的刻点，前缘通常具白边，侧缘倾斜，后缘通常呈钝三角形凸出。翅发育完全，或缩短退化或仅保留翅芽态。肛上板弧形突出。下生殖板特化，右侧角常具一巨大缺口，并呈钩状延伸；左尾刺短小或缺失，右尾刺通常异常膨大。若虫腹部端半部具磨砂质感。

　　该属隶属于蔗蠊亚科Pycnoscelinae，世界已知16种，中国分布3种，本图鉴收录2种。主要分布：中国、印度、南亚、东南亚、澳大利亚、非洲。中国多分布于热带地区，常出没于人居环境周围。

蔗蠊若虫，示其粗糙的腹部端半部 | 陈尽摄于海南琼海

本图鉴蔗蠊属 *Pycnoscelus* 分种检索表

前翅黑色 ··· 黑蔗蠊 *Pycnoscelus nigra*

前翅褐色 ·· 苏里南蔗蠊 *Pycnoscelus surinamensis*

黑蔗蠊 *Pycnoscelus nigra* (Brunner von Wattenwyl, 1865)

体中型,通常狭长,体连翅长15~22 mm。体深褐色至黑色。前胸背板黑色,前缘具模糊白边,不甚明显;表面具光泽,布稀疏刻点。翅发育完全,超过腹部末端;前翅完全黑色。足雄虫黄褐色,雌虫深褐色。腹部黑色。通常栖居在灌木上或落叶层,可上灯。

分布:云南(普洱、西双版纳),广西(崇左);缅甸,印度,新几内亚,菲律宾,斯里兰卡,泰国,马来西亚,印度尼西亚,越南。

黑蔗蠊 雄虫 | 陈尽摄于西双版纳

黑蔗蠊 雌虫 | 陈尽摄于西双版纳

苏里南蔗蠊 *Pycnoscelus surinamensis* (Linnaeus, 1758)

体小至中型,体连翅长15~20 mm,雌雄近似。体褐色至深褐色。前胸背板黑色,前缘具白色边,白边向两侧逐渐变窄,有时白边缩减,仅前缘两侧较明显;表面具光泽,布稀疏刻点。翅发育完全,超过腹部末端,雌虫常缩短;前翅黄褐色至褐色,径脉基半部通常深褐色。足黄褐色。腹部背板两侧具黄色斑。本种土栖性,雌虫营孤雌生殖。本种与印度蔗蠊*Pycnoscelus indicus* (Fabricius, 1775)关系尚不明确,需进一步研究确认。

分布:热带地区;在中国主要分布在云南、四川、广西、广东、福建、海南、台湾等。

苏里南蔗蠊 | 陈尽摄于西双版纳

姬蠊科

ECTOBIIDAE

姬蠊 雄虫（右）露出腹部的背腺，利用背腺分泌的物质吸引雌虫（左）｜邱鹭摄于贵州平塘

　　体型通常较小，黄褐色至黑色，也有色彩艳丽的种类。唇基不加厚，与额间没有明显界线。前后翅通常发育完全，部分种类翅退化为翅芽状，具完全翅的个体后翅臀域通常折叠成扇状，翅顶三角区有或无，有时翅端缘具附属区。前足腿节腹缘刺式A型、B型或C型。雄虫腹部背板第1节、第7节或第8节若特化，具1对腺体或毛簇，少数第9节特化，向后延伸呈刺状，或腹缘具齿；下生殖板特化或不特化。阳茎分为左、中、右3部分，有些具附属结构。姬蠊科是蜚蠊目最大的一个科，广布世界各大洲（除南极），种类十分丰富，近缘种也很多，鉴定较为困难。常出没于草丛、灌木，落叶层和树林内，尤以热带地区的森林内种类和数量最多，部分种类具趋光性。该科十分常见的种类，如德国小蠊*Blattella germanica*是世界广布的卫生害虫，已经高度适应人居环境。该科全世界已知220余属2 400多种；国内分布23属194种（含亚种）。

　　该科目前已知4个亚科（Blattellinae，Pseudophyllodromiinae，Ectobiinae，Nyctiborinae），也有60余属为亚科未定属。我国正式报道的亚科有2个，即姬蠊亚科Blattellinae和拟叶蠊亚科Pseudophyllodromiinae。

姬蠊亚科 \ Blattellinae

　　姬蠊亚科体型在姬蠊科中通常较大，也有小型种类，体色通常较为单一，黄褐色或黑褐色，部分种类色彩较为艳丽；钩状阳茎在左侧。雌虫产出卵荚前有旋转卵荚的行为。世界共记录77属1 000多种，我国分布有16属（其中华蠊属*Sinablatta*为存疑属）近134种（含亚科）。

姬蠊亚科 未定属｜邱鹭摄于云南哀牢山

拟叶蠊亚科 \ Pseudophyllodromiinae

　　拟叶蠊亚科也称作伪姬蠊亚科，体型通常较小，半透明，体表常具有精致的斑纹；钩状阳茎在右侧。雌虫产出卵荚前无旋转卵荚的行为。世界共记录61属近900种，我国已知7属60种。

拟叶蠊亚科 玛蠊属｜邱鹭摄于云南镇沅

中国姬蠊科分亚科分属检索表

1 雄虫钩状阳茎在下生殖板右侧，卵荚于产出前不旋转 ·········· 2 拟叶蠊亚科 Pseudophyllodromiinae

　雄虫钩状阳茎在下生殖板左侧，卵荚在产出前旋转 ·········· 7 姬蠊亚科 Blattellinae

2 爪不对称 ·········· 3

　爪对称 ·········· 4

3 后翅顶三角区明显 ·········· 丘蠊属 Sorineuchora

　后翅顶三角区不明显 ·········· 巴蠊属 Balta

4 仅第4跗节具跗垫 ·········· 全蠊属 Allacta

　第1—4跗节均具跗垫 ·········· 5

5 爪特化不明显，腹部第8节背板通常特化 ·········· 玛蠊属 Margattea

　爪特化明显，腹部背板通常不特化 ·········· 6

6 复眼较小，互相远离 ·········· 锯爪蠊属 Chorisoserrata

　复眼较大，互相靠近 ·········· 拟刺蠊属 Shelfordina

7 后翅端部具附属区 ·········· 8

　后翅端部无附属区 ·········· 10

8 肛上板具对称或不对称的裂叶 ·········· 微蠊属 Anaplectella

　肛上板无裂叶 ·········· 9

9 后翅CuA具4~8条伪完全脉与不完全脉 ·········· 卷翅蠊属 Anaplectoidea

　后翅CuA具0~4条伪完全脉与不完全脉 ·········· 玛拉蠊属 Malaccina

10 雄虫下生殖板无尾刺 ·········· 11

　雄虫下生殖板具尾刺 ·········· 12

11 前足腿节腹缘刺式B型 ·········· 毡蠊属 Jacobsonina

　前足腿节腹缘刺式A型 ·········· 新叶蠊属 Neoloboptera

12 爪对称，明显特化 ·········· 齿爪蠊属 Symplocodes

　爪对称，不特化 ·········· 13

13 雄虫尾刺长圆柱形，腹部背板均不特化 ·········· 亚蠊属 Asiablatta

　雄虫尾刺形状多样，背板通常特化 ·········· 14

14 下生殖板左侧缘端部不加厚上卷 ·········· 15

　下生殖板左侧缘端部加厚上卷 ·········· 拟歪尾蠊属 Episymploce

15 前足腿节腹缘刺式B型 ·········· 16

　前足腿节腹缘刺式A型 ·········· 17

16 下生殖板两尾刺间无明显突起 ·········· 刺板蠊属 Scalida

　下生殖板两尾刺间具明显突起 ·········· 乙蠊属 Sigmella

17 下生殖板形状复杂，后缘通常具许多复杂的突起和毛簇 ·········· 拟截尾蠊属 Hemithyrsocera

　下生殖板简单，无明显突起或毛簇 ·········· 18

18 肛上板尾须内侧各具一突起 ·········· 波板蠊属 Halposymploce

　肛上板尾须内侧不具突起 ·········· 19

19 体型通常较小，腹部第1背板总不特化，尾刺较小 ·········· 小蠊属 Blattella

　体型通常较大，腹部背板特化情况多变，尾刺较大 ·········· 歪尾蠊属 Symploce

微蠊属 *Anaplectella* Hanitsch, 1928

体小型,前后翅发育完全,极少种类退化,前翅M、CuA斜向,后翅CuA通常具1条伪完全脉,极少种类具2或3条,附属区较大。前足腿节腹缘刺式B2型,跗节具跗垫,爪对称,特化,明显呈锯齿状,具中垫。雄虫第7背板特化。雄虫肛上板后缘深裂;下生殖板对称或稍不对称,两尾刺长相同,或稍不相同。钩状阳茎位于下生殖板左侧。

该属隶属于姬蠊亚科Blattellinae,世界已知18种,中国分布2种,本图鉴收录1种。主要分布在东洋区。

马来微蠊 *Anaplectella lompatensis* Roth, 1996

雌虫体连翅长8.0 mm,褐色。头部浅红褐色。单眼区不明显。触角及下颚须黄褐色。前胸背板中域红褐色,两侧区透明。前翅黄褐色;后翅烟褐色。头顶两复眼间距约等于触角窝间距。下颚须第3节明显长于第4、第5节,后两者约等长。该种为中国新记录种。

分布:广西(龙州);马来西亚。

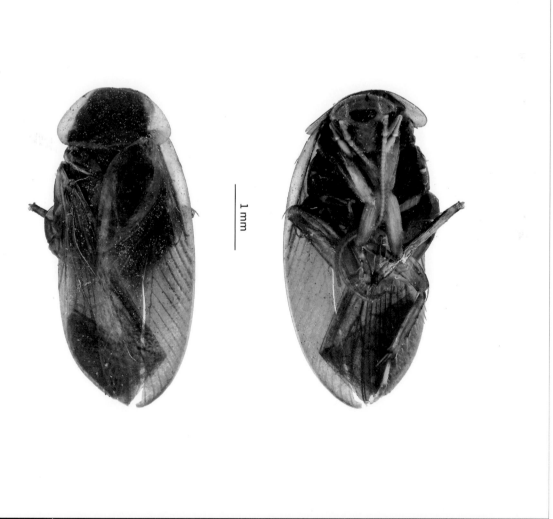

马来微蠊 雌虫

卷翅蠊属 *Anaplectoidea* Shelford, 1906

体小型，雌雄近似。前后翅发育正常，附属区域占后翅长的25%~31%，休息时反折叠，可见翅近端部具一横折。前足腿节腹缘刺式A3型；第1—4跗分节具跗垫；爪对称，特化具齿，具中垫。雄性第7背板特化。钩状阳茎位于下生殖板左侧。雌性下生殖板简单。多栖居于灌木丛中。

该属隶属于姬蠊亚科Blattellinae，世界已知13种，中国分布4种，本图鉴收录3种。主要分布在东洋区。

异卷翅蠊 | 李昕然摄于江西九江

本图鉴卷翅蠊属 *Anaplectoidea* 分种检索表

1 两尾刺圆柱形，端部钝圆，左尾刺明显长于右尾刺 ·········· 圆突卷翅蠊 *Anaplectoidea cylindrica*

 两尾刺端部尖锐，约等长，或右尾刺长于左尾刺 ··· 2

2 两尾刺圆锥状，端部尖锐，明显短于右尾刺 ·········· 异卷翅蠊 *Anaplectoidea varia*

 两尾刺相似，刺状，端部尖锐，约等长 ·········· 锥刺卷翅蠊 *Anaplectoidea spinea*

圆突卷翅蠊 *Anaplectoidea cylindrica* Wang et Feng, 2006

体连翅长12.5 mm，深褐色。前胸背板中域深褐色，两侧透明，翅深褐色，两侧近透明，足黄白色，腹部浅褐色。头顶复眼间距略短于触角窝间距。前胸背板近椭圆形，前后缘直，最宽处在中点之后。雄虫腹部背板第7节特化，背板中部具小窝，内着生少许刚毛。肛上板钝圆状突出，下生殖板不对称，尾刺不等大，左尾刺较长。

分布：重庆（万县），云南（景洪）。

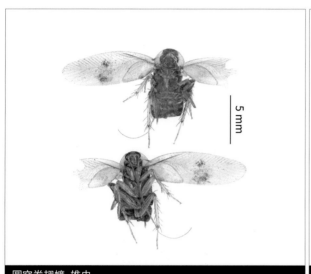

5 mm

0.5 mm

A   B

| 圆突卷翅蠊 雄虫 | 圆突卷翅蠊 雄虫肛上板（A）和下生殖板（B） |

锥刺卷翅蠊 *Anaplectoidea spinea* Wang et Feng, 2006

体连翅长10.5~11.0 mm，黄褐色。头褐色，前胸背板中域褐色，边缘浅色透明，翅褐色，侧缘白色透明，足黄白色，腹部褐色，侧缘深褐色。头顶复眼间距稍短于触角窝间距。前胸背板近椭圆形，前后缘直。雄虫腹部第7背板特化，中部具2个小窝，窝内具细毛。肛上板钝圆状突出，下生殖板稍不对称，两尾刺刺状，较小。

分布：云南（西双版纳）。

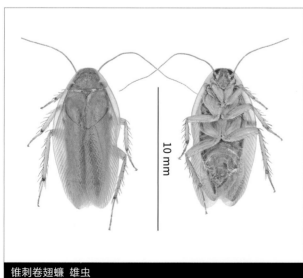

10 mm

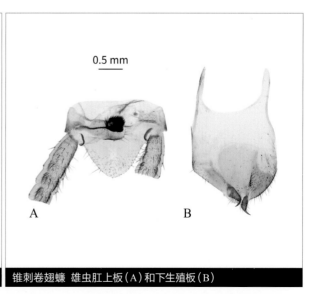

0.5 mm

A   B

| 锥刺卷翅蠊 雄虫 | 锥刺卷翅蠊 雄虫肛上板（A）和下生殖板（B） |

异卷翅蠊 *Anaplectoidea varia* Bey-Bienko, 1958

体连翅长6.9~10.0 mm，黄褐色。前胸背板中域具1对不明显的相距较远的小圆斑，两侧区域透明。中胸和后胸背板黑褐色；腹板黄褐色至，两侧黑褐色。足黄褐色。头顶复眼间距小于触角窝间距。前胸背板近梯形，前后缘近平截，后侧角稍圆。雄虫腹部第7背板中部具一半圆形凹陷，前缘具1簇细长刚毛。肛上板后缘中部半圆形，下生殖板不对称，两尾刺刺状，不等大。该种分布较广，为国内最常见的卷翅蠊种类。

分布：四川（峨眉山），重庆（长寿、北碚、璧山），江西（九连山），广西（龙州、花坪），浙江（杭州），湖南（大庸、南岳），贵州（茂兰、望谟），海南（保亭、尖峰岭、五指山），福建（沙县），云南（普洱）。

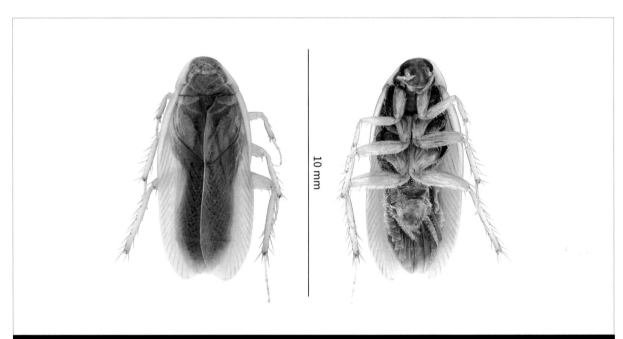

异卷翅蠊 雄虫

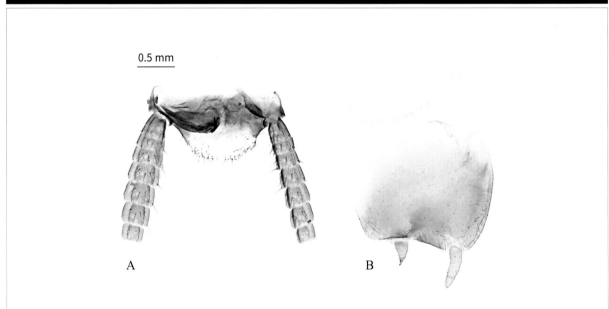

异卷翅蠊 雄虫肛上板（A）和下生殖板（B）

亚蠊属 *Asiablatta* Asahina, 1985

亚蠊属隶属于姬蠊亚科Blattellinae，具体特征详见京都亚蠊。该属全世界仅知1种，主要分布在中国、韩国和日本。

京都亚蠊 *Asiablatta kyotensis* (Asahina, 1976)

体连翅长13.3~19.1 mm，雄虫体细长，雌虫体粗短。暗黄褐色。头顶复眼间距窄于单眼间距，与触角窝间距约等长，颜面深褐色，头顶复眼间具横纹。前胸背板近椭圆，中域黑褐色，雄虫两侧缘浅色。前翅褐色，后翅黄色，后缘无色透明。足浅棕色，基节边缘褐色。腹部黑褐色。前足腿节腹缘刺式B3型，第1—4跗分节具跗垫，爪对称，不特化，具中垫。腹部背板不特化。雄虫肛上板较短，后缘弧形。下生殖板对称，后缘近平直，稍内凹，两侧各着生1个圆柱形尾刺。雌虫下生殖板后缘阔，钝圆。

分布：辽宁（营口），山东（青岛），陕西（周至），江苏（南京），上海（上海），浙江（天目山）；韩国，日本。

京都亚蠊 雄虫

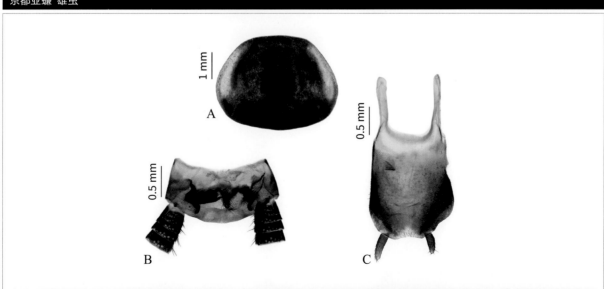

京都亚蠊 雄虫前胸背板（A），肛上板（B）和下生殖板（C）

小蠊属 *Blattella* Caudell, 1903

　　雌雄近似。头顶复眼间距短于或约等于触角窝间距。前胸背板近椭圆形，大部分种类具有两条纵向的平行条带。前后翅通常发育正常。前足腿节腹缘刺式多数A型，极少数B型，跗爪不特化，对称，极少种类爪稍特化。雄虫腹部通常第7、第8节背板特化或仅第7节特化。雄虫肛上板简单，通常呈舌状凸出；下生殖板不对称，尾刺形状多样，但结构简单，极少数种类仅具1个尾刺；钩状阳茎在左侧。雌虫下生殖板通常凸出，后缘横截或呈圆形。该属常栖居于灌木丛中，其中德国小蠊*B. germanica*是十分常见的卫生害虫，常出没于人居环境，通常无法适应纯野外环境，而我国野外常见的小蠊种类为双纹小蠊*B. bisignata*和日本小蠊*B. nipponica*。

　　该属隶属于姬蠊亚科Blattellinae，世界性分布，全世界已知超过50种，中国记录13种，本图鉴收录11种。

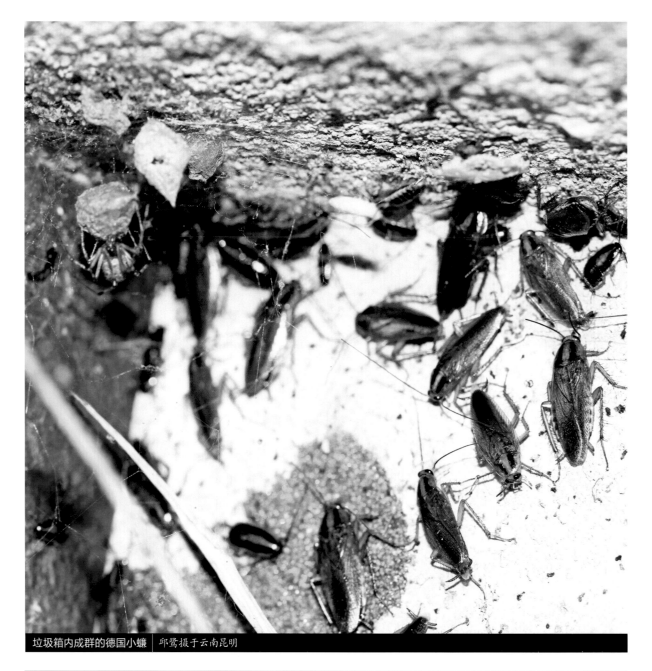

垃圾箱内成群的德国小蠊　邱鹭摄于云南昆明

本图鉴小蠊属 *Blattella* 分种检索表

1 下生殖板仅具一尾刺 ·· 独尾小蠊 *Blattella parilis*

　下生殖板具两尾刺 ··· 2

2 雄虫腹部第7、第8背板特化 ·· 4

　雄虫腹部仅第7背板特化 ··· 8

3 钩状阳茎钩状部分内缘具齿突 ································· 拟德国小蠊 *Blattella lituricollis*

　钩状阳茎钩状部分内缘光滑 ··· 5

4 雄虫腹部第8背板中部两凹槽间具一纵向窝，或具一窝痕迹，或不具窝 ·············· 6

　雄虫腹部第8背板中部具一纵向的隆突，或具一窄的纵向的中脊 ····················· 7

5 雄虫腹部第8背板中部纵向窝明显，解剖后可见窝延伸至凹槽下方，或多或少呈圆形，或椭圆形 ·········

　·· 德国小蠊 *Blattella germanica*

　雄虫腹部第8背板中部纵向窝缺，或不明显；若有窝，未在凹槽间延伸，很少会有1个微凸出的、窄的中间突起。背腺窝近矩

　形，向两侧延伸，后缘内侧向前弯曲 ································ 朝氏小蠊 *Blattella asahinai*

6 雄虫腹部第8背板两腺体窝前缘倾斜度小，近直线 ··················· 日本小蠊 *Blattella nipponica*

　雄虫腹部第8背板两腺体窝前缘倾斜度大 ······················· 双纹小蠊 *Blattella bisignata*

7 前后翅稍短，未超过或仅达腹部末端，两尾刺长短差异明显 ························ 9

　前后翅正常，明显超过腹部末端，两尾刺长度近相等 ····························· 10

8 后翅超过腹部末端 ·· 卡氏小蠊 *Blattella karnyi*

　后翅退化，仅达腹部第3背板 ································ 台湾小蠊 *Blattella formosana*

9 两尾刺圆柱状，端部钝圆 ··· 11

　两尾刺刺状，端部渐尖 ···································· 长刺小蠊 *Blattella confusa*

10 肛上板后缘两侧各具1~2个小刺 ······························ 缘刺小蠊 *Blattella radicifera*

　　肛上板后缘无小刺 ······································ 毛背小蠊 *Blattella sauteri*

朝氏小蠊 *Blattella asahinai* Mizukubo, 1981

体连翅长11.0~15.2 mm，黄褐色。头顶两复眼间距窄于两触角窝间距，头顶复眼间通常具一黑褐色的横带。前胸背板中域具2条纵向较窄的黑褐色条纹。腹部背板第7、第8节均特化。雄虫肛上板对称，舌状突出，端部伸过下生殖板末端。下生殖板左侧后角具L形缺刻；左尾刺着生在缺刻端部，尾刺上通常具3个小刺，排成1列；右尾刺小，近圆形；下生殖板右侧角钝圆。

分布：云南（普洱、盈江、景洪、勐腊、瑞丽），西藏（墨脱）；日本，印度，缅甸，泰国，斯里兰卡。

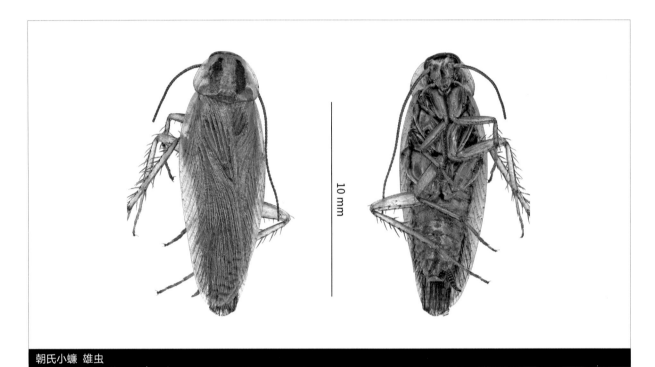

朝氏小蠊 雄虫

10 mm

朝氏小蠊 雄虫腹部第7、第8背板（A），肛上板（B）和下生殖板（C）

双纹小蠊 *Blattella bisignata* (Brunner von Wattenwyl, 1893)

体连翅长12.5~15.0 mm, 栗褐色。复眼间距与单眼区间距约等长, 窄于触角窝间距。头顶黄褐色, 面部无斑纹或具褐色斑块或在面部形成T形、Y形、I形浅红褐色或黑褐色斑纹, 两复眼之间具黑褐色横纹。前胸背板黄褐色, 通常具2条纵向的黑褐色平行条带。雄虫腹部第7、第8背板特化。雄虫肛上板对称, 舌状; 下生殖板较宽, 右侧角钝圆, 左侧角L形缺刻不明显, 左尾刺较大, 上着生1~4个小刺, 右尾刺极小, 球状。

分布: 中国(南方地区)广布; 印度, 缅甸, 泰国。

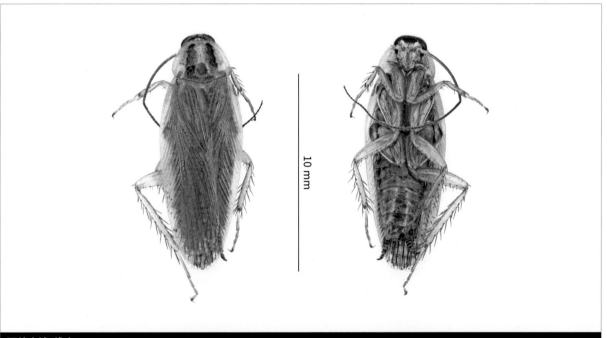

双纹小蠊 雄虫

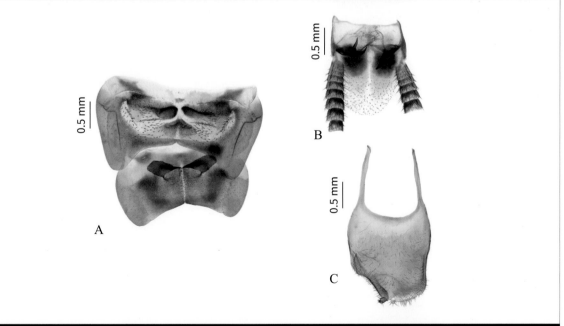

双纹小蠊 雄虫腹部第7、第8背板(A), 肛上板(B)和下生殖板(C)

长刺小蠊 *Blattella confusa* Princis, 1950

体连翅长13.2~16.5 mm。体中小型，黄褐色。头顶复眼间距明显小于触角窝间距。头完全黑色或头顶颜色稍淡于面部其他区域，两复眼之间具红褐色斑块或无斑块。前胸背板中域具2条纵向黑色斑纹。腹部仅第7背板特化。雄虫肛上板对称，舌形。下生殖板不对称，左侧内凹，右侧突出，尾刺长刺状。

分布：云南（腾冲），西藏（墨脱）；缅甸。

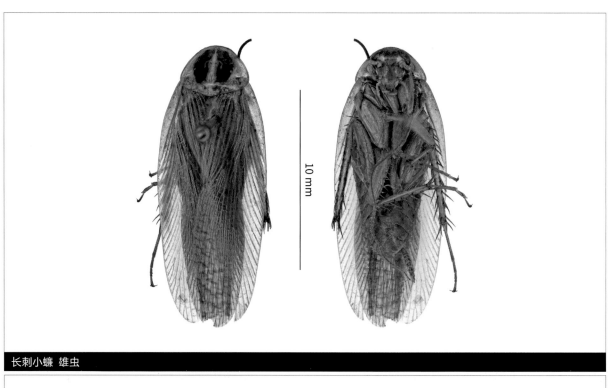

长刺小蠊 雄虫

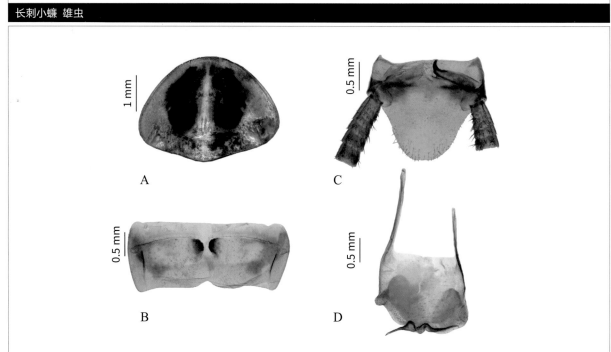

长刺小蠊 雄虫前胸背板（A），腹部第7背板（B），肛上板（C）和下生殖板（D）

台湾小蠊 *Blattella formosana* (Karny, 1915)

体连翅长7.9~8.9 mm。体小型,棕褐色或黑褐色。头顶两复眼间距略窄于或等于触角窝间距。头顶黄褐色,头顶中部具2~3个浅黄色斑纹。面部褐色,唇基及下唇黄褐色。前胸背板黑褐色,侧缘黄白色。前翅仅达腹部末端,后翅退化,达腹部第3背板。腹部黑褐色,腹部第7背板特化,两侧具2个窝。肛上板对称,后缘钝圆,达到或稍超过下生殖板后缘;下生殖板不对称,左右侧内凹,左尾刺粗大,端部具微刺,右尾刺较小。

分布:台湾(台东)。

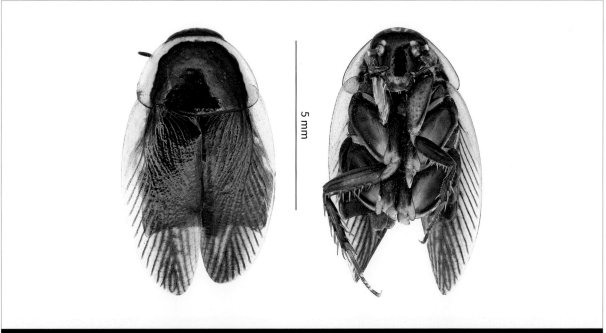

台湾小蠊 雄虫

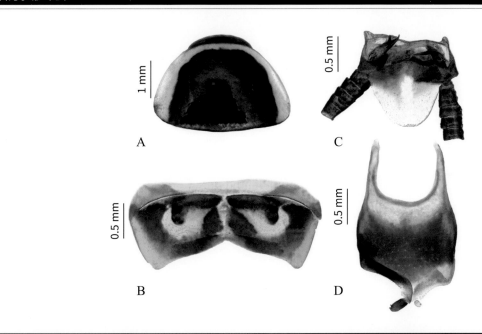

台湾小蠊 雄虫前胸背板(A),腹部第7背板(B),肛上板(C)和下生殖板(D)

德国小蠊 *Blattella germanica* (Linnaeus, 1767)

体连翅长10.0~15.0 mm。体小型，栗褐色。头顶两复眼间距略小于触角窝间距，具棕色的斑块。前胸背板中域具2条纵向的黑褐色斑纹。雄虫腹部第7、第8背板特化。雄性肛上板对称，舌状，常向腹面卷曲，端部钝圆，明显长于下生殖板。下生殖板端部平截，左侧角具近直角缺刻，左尾刺较大，位于缺刻端部，端部着生几个小刺；右尾刺较小，圆形。该种为世界广布的卫生害虫，通常出没于人居环境。

分布：世界广布。

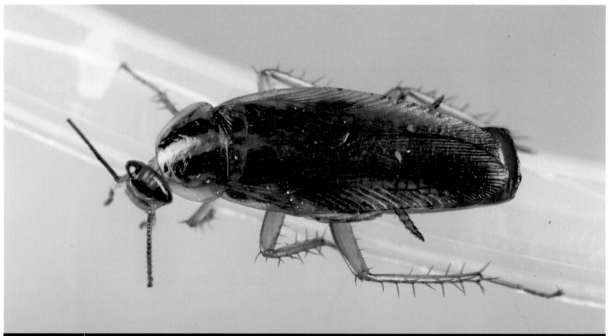

德国小蠊 雌虫 ｜ 邱鹭摄于重庆北碚

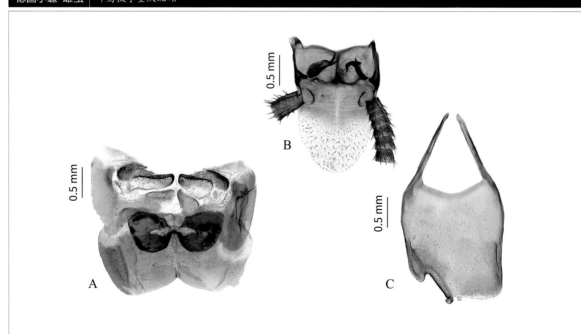

德国小蠊 雄虫腹部第7、第8背板（A），肛上板（B）和下生殖板（C）

卡氏小蠊 *Blattella karnyi* Princis, 1969

体连翅长12.9~14.0 mm。体小型,黑褐色。头顶两复眼间距略窄于或等于触角窝间距。头顶黄褐色。前胸背板具两条宽大的纵向黑色条纹。雄虫腹部仅第7背板特化;肛上板对称,凸出程度稍小,达到或稍超过下生殖板后缘;下生殖板不对称,左后缘向内凹陷,左尾刺粗大,右尾刺小,球形。

分布:台湾(高雄);菲律宾。

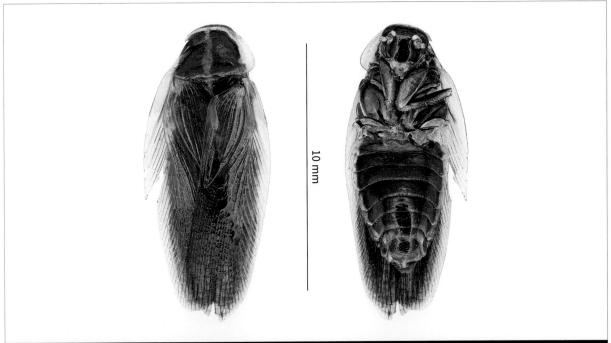

卡氏小蠊 雄虫

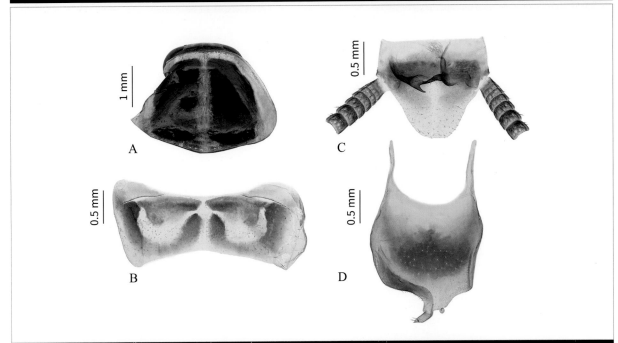

卡氏小蠊 雄虫前胸背板(A),腹部第7背板(B),肛上板(C)和下生殖板(D)

拟德国小蠊 *Blattella lituricollis* (Walker, 1868)

体连翅长11.0~13.2 mm。体小型，栗褐色。头顶两复眼间距窄于触角窝间距。面部黄褐色，或具浅棕色Y形斑纹；两复眼之间具黑褐色至棕褐色横带。前胸背板中域具两黑色细长纵纹。雄虫腹部第7、第8背板特化；肛上板舌形；下生殖板左后缘内凹，右后缘稍呈直角凸出；左尾刺较大，着生于缺刻端部，右尾刺极小（图中丢失）。

分布：江西（赣州），福建（厦门、霞浦、惠安），台湾，广东（湛江），海南（尖峰岭、霸王岭、吊罗山），广西（南宁），云南（小黑江、勐仑、普洱）；日本，缅甸，菲律宾。

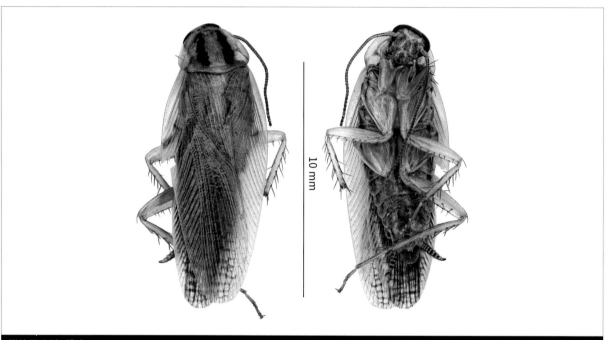

拟德国小蠊 雄虫

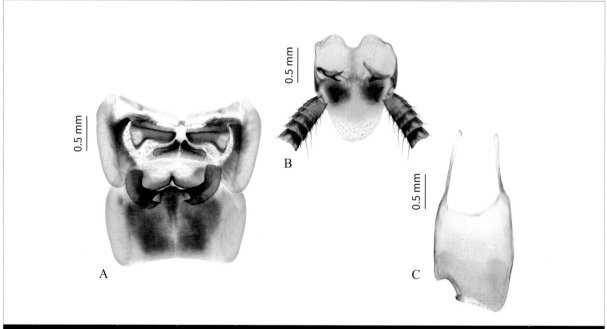

拟德国小蠊 雄虫腹部第7、第8背板（A），肛上板（B）和下生殖板（C）

日本小蠊 *Blattella nipponica* Asahina, 1963

体连翅长13.2~15.0 mm。体小型，栗褐色。复眼间距与单眼区间距相等，或长于单眼间距，均窄于触角窝间距。头顶黄褐色；面部褐色，具褐色T形、Y形、或I形斑纹。前胸背板中域具两条纵向平行的条纹。雄虫腹部第7、第8背板特化；肛上板舌状（图中卷曲），明显超过下生殖板；下生殖板较宽，左后缘内凹，右后缘呈直角向右侧凸出；左尾刺近球形，右尾刺微小。

分布：山东（威海），河南（桐柏、遂平），江苏（宝华山、南京），安徽（黄山），湖北（大别山、长阳），重庆（北碚、酉阳、黔江、江津），四川（瓦屋山），贵州（雷山、宽阔水）；日本。

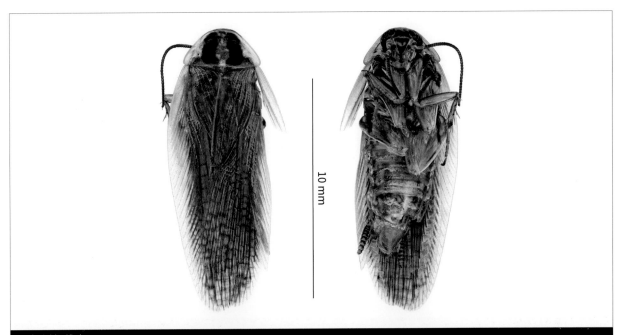

10 mm

日本小蠊 雄虫

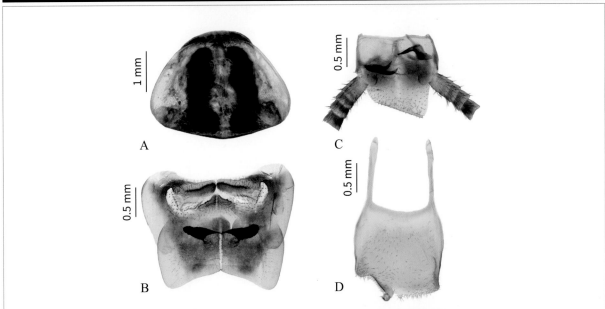

日本小蠊 雄虫前胸背板（A），腹部第7、第8背板（B），肛上板（C）和下生殖板（D）

独尾小蠊 *Blattella parilis* (Walker, 1868)

体连翅长7.8~9.2 mm。体小型,红褐色或黑褐色。两复眼间距略窄于触角窝间距。头顶具黄白色横带。面部褐色。前胸背板近梯形,前后缘近平截,中域黑色,侧缘和前缘黄白色。前翅深褐色,侧缘黄白色;腹面褐色,两侧边缘白色。雄虫腹部第7、第8背板均特化;肛上板对称,近舌状,腹面具许多小刺;下生殖板左侧角具斜的L形缺刻,右侧角钝圆,后缘仅具1个指状尾刺,上着生几个小刺,位于左侧L形缺刻端部。

分布:福建(漳州、厦门),海南(三亚、保亭),香港;阿富汗,印度,缅甸。

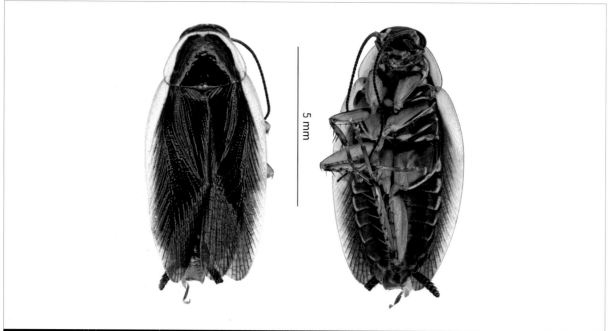

独尾小蠊 雄虫

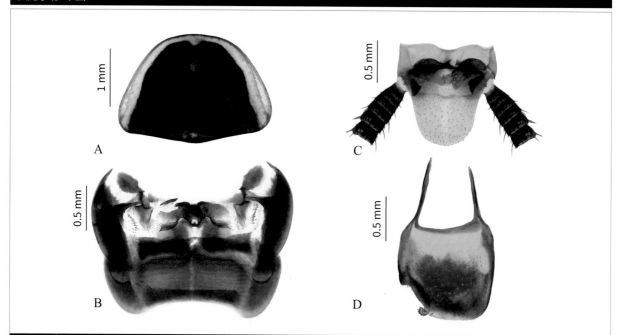

独尾小蠊 雄虫前胸背板(A),腹部第7、第8背板(B),肛上板(C)和下生殖板(D)

缘刺小蠊 *Blattella radicifera* (Hanitsch, 1928)

体连翅长14.0~16.0 mm。体中小型，黄褐色。头顶复眼间距窄于两触角窝间距，明显宽于单眼间距。复眼间具褐色横带。前胸背板中域具2个对称的Y形褐色斑纹。雄虫腹部仅第7背板特化；肛上板对称，后缘中部略呈梯形，中部凹陷，凹陷两侧各具1~2个小刺；下生殖板不对称，两侧向内收敛，左侧略凹陷，右侧略鼓出；两尾刺近似，稍细长。

分布：云南（勐仑、景洪、小黑江）；苏门答腊岛，婆罗洲岛。

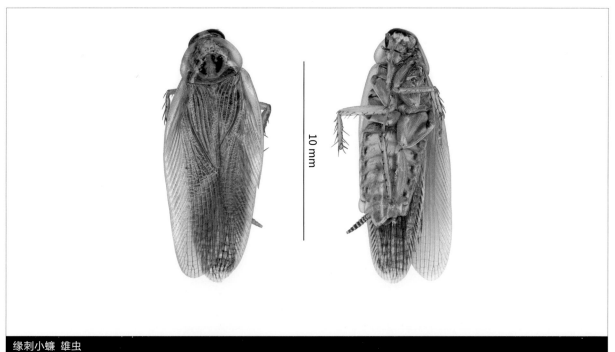

缘刺小蠊 雄虫

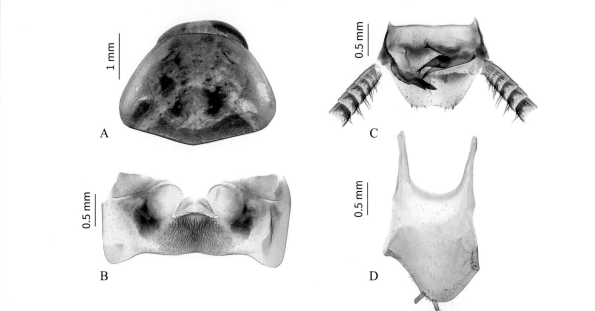

缘刺小蠊 雄虫前胸背板（A），腹部第7背板（B），肛上板（C）和下生殖板（D）

毛背小蠊 *Blattella sauteri* (Karny, 1915)

体连翅长13.5~16.0 mm。体中小型，栗褐色。头顶复眼间距窄于两触角窝间距。头顶黄褐色。面部黄褐色无斑纹，有时中域具T形斑纹。前胸背板中域具褐色不规则左右对称斑纹。雄虫腹部仅第7背板特化；肛上板对称，后缘中部内凹；下生殖板不对称，左右两侧沿端部向内收敛，两尾刺近似。

分布：安徽（黄山），福建（福清、福鼎、莆田），广东（象头山），贵州（道真），台湾（屏东、嘉义、台南）；印度尼西亚。

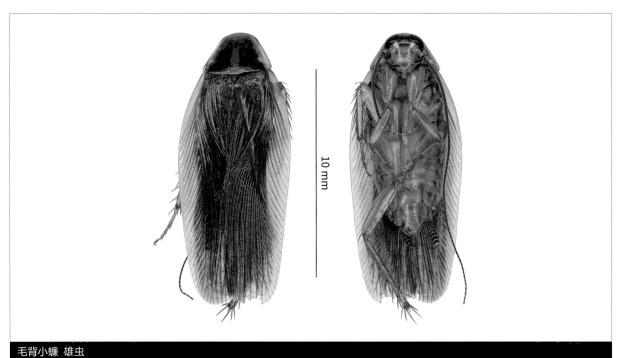

毛背小蠊 雄虫

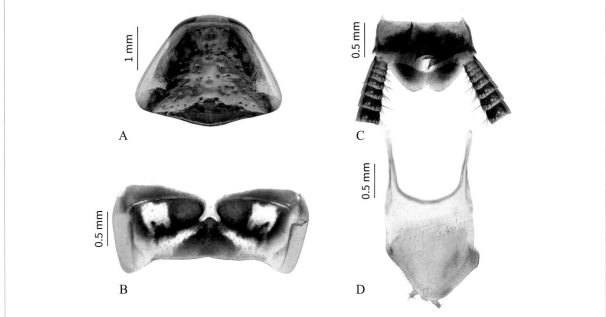

毛背小蠊 雄虫前胸背板（A），腹部第7背板（B），肛上板（C）和下生殖板（D）

拟歪尾蠊属 *Episymploce* Bey-Bienko, 1950

　　雌雄近似，通常黄褐色，部分种类具有较分明的体色。前后翅发育完全，少数退化。前足腿节腹缘刺式通常A3，部分种类B3，极少数为B4，或介于A型和B型之间。多数种类雄虫腹部第1背板特化，具1簇刚毛，少数种类不特化；部分种类腹部第2、第3或第6背板特化，具刚毛；腹部第7背板特化；腹部第9背板向腹面弯曲成刺状或钝圆。雄虫肛上板通常不对称，后缘具缺刻，有时具对称或不对称的突起；下生殖板不对称，多数左后缘加厚，两侧缘具侧刺；钩状阳茎位于下生殖板左侧；中阳茎棒状。该属野外常见，数量较多，种类也多，外部形态上不仅种间近似，而且容易与其他属的姬蠊混淆，是鉴定较为困难的蜚蠊类群。

　　该属隶属于姬蠊亚科Blattellinae，主要栖居于灌木丛或落叶层中，世界已知超过80种，中国记录51种（含亚种），本图鉴收录20种。主要分布在东洋区、古北区和澳洲区。

拟歪尾蠊 邱鹭摄于云南盈江铜壁关

本图鉴拟歪尾蠊属 *Episymploce* 分种检索表

1 体色为黄褐色为主 ⋯⋯⋯⋯⋯⋯⋯⋯⋯⋯⋯⋯⋯⋯⋯⋯⋯⋯⋯⋯⋯⋯⋯⋯⋯⋯⋯⋯⋯⋯⋯⋯⋯⋯⋯⋯⋯ 5

  体色除黄褐色外, 明显具黑色或黑褐色 ⋯⋯⋯⋯⋯⋯⋯⋯⋯⋯⋯⋯⋯⋯⋯⋯⋯⋯⋯⋯⋯⋯⋯ 2

2 前胸背板黑褐色, 侧缘和后缘黄色 ⋯⋯⋯⋯⋯⋯⋯⋯⋯⋯⋯⋯⋯⋯⋯⋯⋯⋯⋯⋯⋯⋯⋯⋯⋯⋯⋯ 3

  前胸背板呈均一的红褐色、黑褐色、黄褐色或者中域颜色深, 侧缘较浅 ⋯⋯⋯⋯⋯⋯⋯ 4

3 头顶红褐色 ⋯⋯⋯⋯⋯⋯⋯⋯⋯⋯⋯⋯⋯⋯⋯⋯⋯ 丹顶拟歪尾蠊 *Episymploce rubroverticis*

  头顶黑色 ⋯⋯⋯⋯⋯⋯⋯⋯⋯⋯⋯⋯⋯⋯⋯⋯⋯ 湖南拟歪尾蠊 *Episymploce hunanensis*

4 前翅红褐色, 端部黑色 ⋯⋯⋯⋯⋯⋯⋯⋯⋯⋯⋯⋯ 中华拟歪尾蠊 *Episymploce sinensis*

  前翅均一的黑褐色 ⋯⋯⋯⋯⋯⋯⋯⋯⋯⋯⋯⋯⋯ 红斑拟歪尾蠊 *Episymploce splendens*

5 雄虫肛上板后缘具2个长突起, 端部刺状 ⋯⋯⋯⋯⋯⋯⋯⋯⋯⋯⋯⋯⋯⋯⋯⋯⋯⋯⋯⋯⋯⋯⋯⋯ 6

  非上述特征 ⋯⋯⋯⋯⋯⋯⋯⋯⋯⋯⋯⋯⋯⋯⋯⋯⋯⋯⋯⋯⋯⋯⋯⋯⋯⋯⋯⋯⋯⋯⋯⋯⋯⋯⋯⋯⋯⋯ 12

6 雄虫肛上板后缘2个长突起位于中部 ⋯⋯⋯⋯⋯⋯⋯⋯⋯⋯⋯⋯⋯⋯⋯⋯⋯⋯⋯⋯⋯⋯⋯⋯⋯⋯ 7

  雄虫肛上板后缘2个长突起, 一个位于中部, 一个位于右侧 ⋯ 拟双刺拟歪尾蠊 *Episymploce tertia*

7 雄虫肛上板后缘2长突起钳状, 端部指向内侧, 两长突起间另具有一小刺突 ⋯⋯⋯⋯⋯ 三刺拟歪尾蠊 *Episymploce tridens*

  非上述特征 ⋯⋯⋯⋯⋯⋯⋯⋯⋯⋯⋯⋯⋯⋯⋯⋯⋯⋯⋯⋯⋯⋯⋯⋯⋯⋯⋯⋯⋯⋯⋯⋯⋯⋯⋯⋯⋯⋯ 8

8 雄虫肛上板后缘两长突起分叉, 端部指向两侧, 两突起间不具深裂 ⋯ 双刺拟歪尾蠊 *Episymploce prima*

  非上述特征 ⋯⋯⋯⋯⋯⋯⋯⋯⋯⋯⋯⋯⋯⋯⋯⋯⋯⋯⋯⋯⋯⋯⋯⋯⋯⋯⋯⋯⋯⋯⋯⋯⋯⋯⋯⋯⋯⋯ 9

9 雄虫肛上板后缘两长突起呈弯钩状, 均弯向左侧, 左侧另具一长刺突 ⋯ 长突拟歪尾蠊 *Episymploce longiloba*

  非上述特征 ⋯⋯⋯⋯⋯⋯⋯⋯⋯⋯⋯⋯⋯⋯⋯⋯⋯⋯⋯⋯⋯⋯⋯⋯⋯⋯⋯⋯⋯⋯⋯⋯⋯⋯⋯⋯⋯ 10

10 雄虫肛上板后缘两长突起相互交织 ⋯⋯⋯⋯⋯⋯⋯⋯⋯⋯⋯⋯ 普氏拟歪尾蠊 *Episymploce princisi*

  非上述特征 ⋯⋯⋯⋯⋯⋯⋯⋯⋯⋯⋯⋯⋯⋯⋯⋯⋯⋯⋯⋯⋯⋯⋯⋯⋯⋯⋯⋯⋯⋯⋯⋯⋯⋯⋯⋯⋯ 11

11 雄虫肛上板后缘两长突起分叉, 中间具深裂 ⋯⋯⋯⋯⋯⋯⋯ 北越拟歪尾蠊 *Episymploce bispina*

  雄虫肛上板后缘中部具一突起和一片状延伸物, 延伸物端部具刺突 ⋯ 隐刺拟歪尾蠊 *Episymploce quarta*

12 雄虫下生殖板后侧缘具侧刺 ⋯⋯⋯⋯⋯⋯⋯⋯⋯⋯⋯⋯⋯⋯⋯⋯⋯⋯⋯⋯⋯⋯⋯⋯⋯⋯⋯⋯⋯ 14

  雄虫下生殖板后侧缘不具侧刺 ⋯⋯⋯⋯⋯⋯⋯⋯⋯⋯⋯⋯⋯⋯⋯⋯⋯⋯⋯⋯⋯⋯⋯⋯⋯⋯⋯ 13

13 雄虫肛上板后缘中部具深裂, 端部稍平截 ⋯⋯⋯⋯⋯⋯⋯⋯ 陈氏拟歪尾蠊 *Episymploce cheni*

  雄虫肛上板后缘中部具深裂, 深裂两侧具小刺突 ⋯⋯⋯⋯ 昆明拟歪尾蠊 *Episymploce kunmingi*

14 雄虫下生殖板尾刺相当延长, 明显超出腹端 ⋯⋯⋯⋯⋯⋯⋯ 钳刺拟歪尾蠊 *Episymploce forficula*

  雄虫下生殖板尾刺较小 ⋯⋯⋯⋯⋯⋯⋯⋯⋯⋯⋯⋯⋯⋯⋯⋯⋯⋯⋯⋯⋯⋯⋯⋯⋯⋯⋯⋯⋯⋯ 15

15 雄虫腹部第9背板侧后缘至少有一侧明显刺状 ⋯⋯⋯⋯⋯⋯⋯⋯⋯⋯⋯⋯⋯⋯⋯⋯⋯⋯⋯⋯ 16

  雄虫腹部第9背板侧后缘均钝圆 ⋯⋯⋯⋯⋯⋯⋯⋯⋯⋯⋯⋯⋯⋯⋯⋯⋯⋯⋯⋯⋯⋯⋯⋯⋯⋯ 17

16 雄虫腹部第9背板左侧后缘相当凸出, 刺状, 右侧钝圆 ⋯⋯ 卓拟歪尾蠊 *Episymploce conspicua*

  雄虫腹部第9背板两侧后缘不甚凸出, 但均刺状 ⋯⋯⋯⋯⋯ 晶拟歪尾蠊 *Episymploce vicina*

17 雄虫肛上板后缘中部具深裂 ⋯⋯⋯⋯⋯⋯⋯⋯⋯⋯⋯⋯⋯⋯⋯⋯⋯⋯⋯⋯⋯⋯⋯⋯⋯⋯⋯⋯⋯ 18

  雄虫肛上板后缘中部具浅凹 ⋯⋯⋯⋯⋯⋯⋯⋯⋯⋯⋯⋯⋯⋯ 切板拟歪尾蠊 *Episymploce sundaica*

18 雄虫肛上板深裂较宽, 深裂两侧无刺突 ⋯⋯⋯⋯⋯⋯⋯⋯⋯ 波塔宁拟歪尾蠊 *Episymploce potanini*

  雄虫肛上板深裂较窄, 深裂两侧具刺突 ⋯⋯⋯⋯⋯⋯⋯⋯⋯⋯⋯⋯⋯⋯⋯⋯⋯⋯⋯⋯⋯⋯⋯ 19

19 雄虫腹部第9背板左侧后缘凸出, 明显大于右侧后缘 ⋯⋯⋯ 道真拟歪尾蠊 *Episymploce daozheni*

  雄虫腹部第9背板侧后缘凸出程度近似, 均较短 ⋯⋯⋯⋯ 裂板拟歪尾蠊 *Episymploce kryzhanovshii*

北越拟歪尾蠊 *Episymploce bispina* (Bey-Bienko, 1970)

体连翅长20.0~22.0 mm。体黄褐色。前足腿节腹缘刺式B3型。雄中腹部第1和第7背板特化；第9背板左右侧背片相似，宽阔，后缘平截，后侧角钝圆；肛上板稍不对称，后缘中部具一深裂，深裂两侧各具一叶状突起；下生殖板不对称，两侧各具一刺状突起，左侧刺突较短，右侧刺突相当延长；左端缘上卷，呈筒状，密布刚毛；右端稍上翻，不呈筒状；尾刺细长，尖锐，基部均弯曲。

分布：浙江（金华），福建（厦门），广东（鼎湖山），广西（桂平、防城港）；越南。

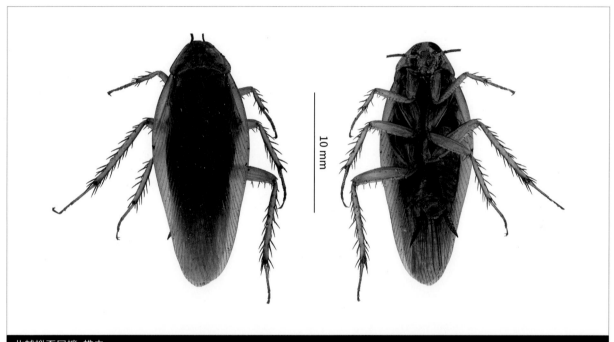

北越拟歪尾蠊 雄虫

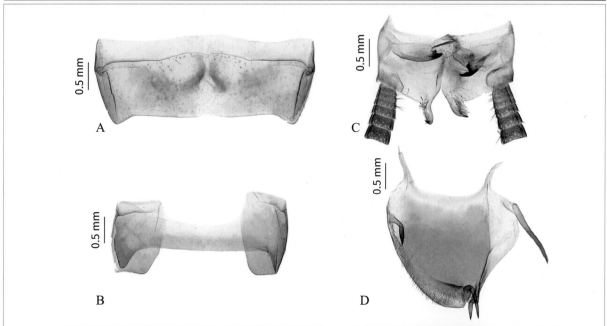

北越拟歪尾蠊 雄虫腹部第7背板（A），第9背板（B），肛上板（C）和下生殖板（D）

陈氏拟歪尾蠊 *Episymploce cheni* (Bey-Bienko, 1957)

体连翅长21.0~21.3 mm；黄褐色。雄虫腹部第1和第7背板特化；第9背板左侧背片明显大于右侧背片，左侧腹缘伸长扩展，端部成刺状，近端部着生若干距，右侧背叶后缘较细，腹缘具小刺；肛上板稍不对称，后缘近中部具深V形缺刻，右叶较宽；下生殖板左侧加厚上卷，加厚部位密具小刺，近端部包住左尾刺，端部延伸呈刺状，右侧缘具一粗壮刺突指向内部，右尾刺着生在刺突内侧。

分布：四川（峨眉山），贵州（茂兰、册亨），云南（西双版纳）。

陈氏拟歪尾蠊 雄虫

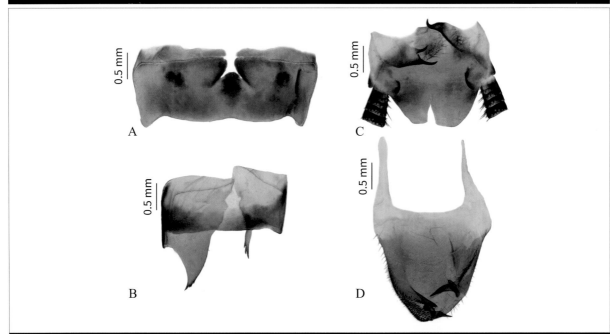

陈氏拟歪尾蠊 雄虫腹部第7背板（A），第8背板（B），肛上板（C）和下生殖板（D）

卓拟歪尾蠊 *Episymploce conspicua* Wang, Wang et Che, 2014

体连翅长19.1~21.1 mm；黄褐色。雄虫腹部第1和第7背板特化；第9背板两侧背片不相同，左侧背片强烈向后延伸，端部尖锐；肛上板近对称，后缘突出，中部凹陷，两侧各具小刺；下生殖板后缘平截，两侧各具一侧刺，左侧刺较长，约为右侧刺长的2倍，左侧上卷，端部突出，近三角形，左尾刺基部粗壮，端部尖锐，稍弯曲，向左侧上翻成直角，右尾刺直立，端部尖锐，基部具一小刺。

分布：浙江（泰顺、天目山），江西（庐山），福建（武夷山、建阳）。

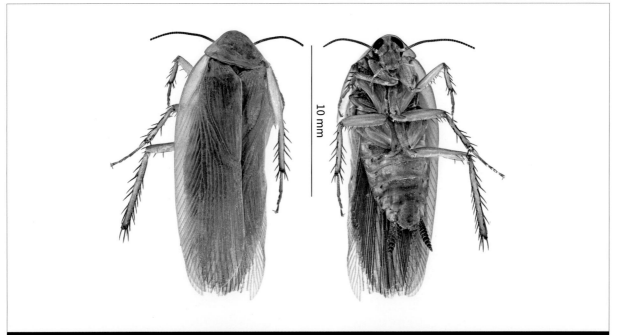

卓拟歪尾蠊　雄虫

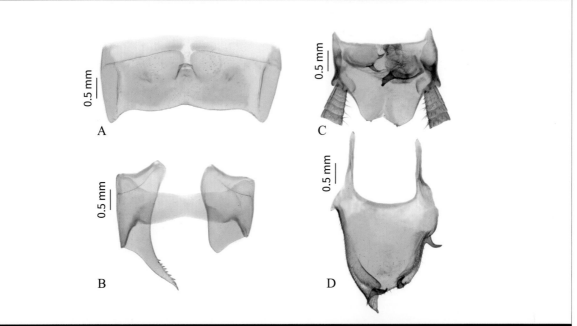

卓拟歪尾蠊　雄虫腹部第7背板（A），第9背板（B），肛上板（C）和下生殖板（D）

道真拟歪尾蠊 *Episymploce daozheni* Wang et Feng, 2005

体连翅长18.0~21.5 mm。黄褐色至褐色。雄虫腹部第1和第7背板特化；第9背板两侧背片不等大，形状相似，但左背片更延长，在两侧背片腹侧端缘各具一些小齿；肛上板后缘具V形缺刻，左瓣后缘靠近缺刻具一扁刺；下生殖板右侧基部具侧刺，左侧无，两侧缘向上卷曲，左侧加厚部分密布小刺，端部分支末端呈刺状；左尾刺较大，弯曲，右尾刺直，指向肛上板。

分布：湖北（兴山），贵州（大沙河）。

道真拟歪尾蠊 雄虫

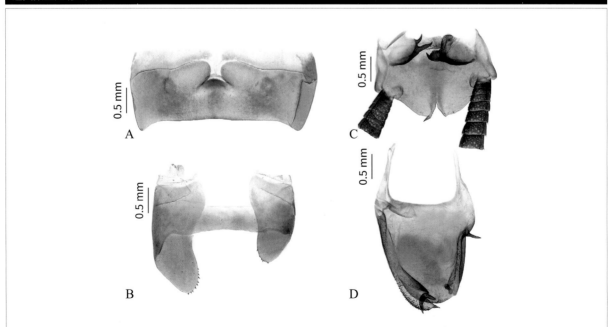

道真拟歪尾蠊 雄虫腹部第7背板（A），第9背板（B），肛上板（C）和下生殖板（D）

钳刺拟歪尾蠊 *Episymploce forficula* (Bey-Bienko, 1957)

体连翅长16.9~18.6 mm;黄褐色。雄虫腹部第1、第6和第7背板特化;第9背板两侧背片对称,后缘平截不突出;肛上板对称,近梯形,两后侧角钝,凸出,中部稍突出;下生殖板不对称,近三角形凸出,近基部两侧各具1个小刺,左侧缘近后缘稍加厚,具刚毛,近中部稍突出;两尾刺发达,粗壮,近似,但左尾刺弯曲,均着生于下生殖板后缘中部,一侧侧缘具小刺,端部具一较大刺。

分布:云南(景洪、普洱)。

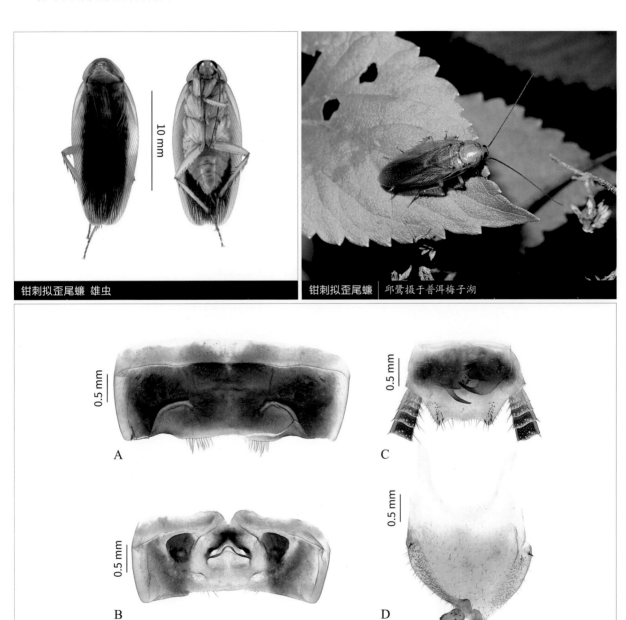

钳刺拟歪尾蠊 雄虫

钳刺拟歪尾蠊 | 邱鹭摄于普洱梅子湖

钳刺拟歪尾蠊 雄虫腹部第6背板(A),第7背板(B),肛上板(C)和下生殖板(D)

湖南拟歪尾蠊 *Episymploce hunanensis* (Guo et Feng, 1985)

体连翅长15.2~18.6 mm。黑黄相间，头顶及面部黑色，复眼内侧和触角窝上方略带橘黄色，前胸背板黑色，侧缘和后缘黄色，前翅黑色，侧缘黄白色，足黑色，基节、转节和腿节略带黄色，足上刺黄褐色，腹部橘黄色，尾须黑色。前足腿节腹缘刺式B3型。雄虫腹部背板第1和第7背板特化；第9背板左右侧背片端部具小刺状突起；肛上板不对称，左侧内凹，右侧向左凸出，中部具深裂，深裂两侧各具一狭长的刺突状延伸物；下生殖板两侧均具一侧刺，左侧刺较长，右侧刺短，上指，两侧端部均上卷，左侧密布小刺并向后延伸超过生殖板后缘，端部尖锐成刺状；左尾刺弯曲，右尾刺直立，近中部均具一小刺。

分布：湖南（衡山），广西（金秀），重庆（黔江）。

湖南拟歪尾蠊 雄虫

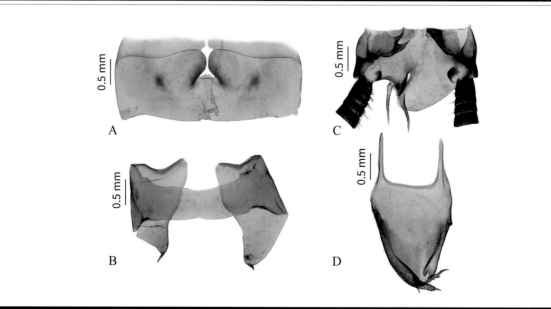

湖南拟歪尾蠊 雄虫腹部第7背板（A），第9背板（B），肛上板（C）和下生殖板（D）

裂板拟歪尾蠊 *Episymploce kryzhanovshii* (Bey-Bienko, 1957)

体连翅长15.5~16.0 mm；黄褐色。雄虫腹部第1和第7背板特化；第9背板背片稍不对称，腹缘端部具小刺；肛上板后缘中部具深裂，并具两弯曲小突起，端部尖锐；下生殖板近三角形，两侧均具侧刺，或仅右侧具一明显侧刺，左侧上翻，端部平截，稍伸出后缘，密布小刺，左尾刺锥形，右尾刺较小，两尾刺近中部均具小刺。

分布：重庆（北碚），贵州（贵阳、安顺），云南（保山、景洪）。

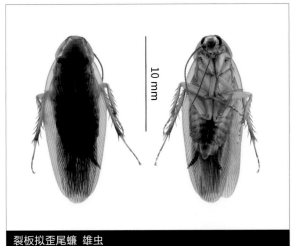

裂板拟歪尾蠊 雄虫

裂板拟歪尾蠊 邱鹭摄于重庆北碚

裂板拟歪尾蠊 雄虫腹部第7背板（A），第9背板（B），肛上板（C）和下生殖板（D）

昆明拟歪尾蠊 *Episymploce kunmingi* (Bey-Bienko, 1969)

体连翅长10.5~14.2 mm。体小型, 黄褐色。有时翅稍缩短。雄虫腹部第1和第7背板特化; 第9背板两侧背片相似, 腹缘具小刺; 肛上板不对称, 后缘中部靠右具一深裂, 深裂左侧具一大刺, 右侧具一小刺; 下生殖板近三角形, 无侧刺, 左侧上翻加厚, 端部平截, 两尾刺锥形, 分叉。

分布: 云南(昆明、新平), 四川(乐山)。

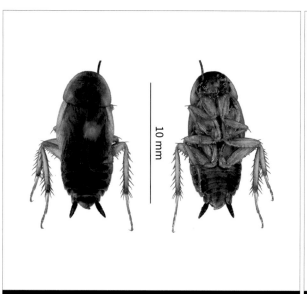

昆明拟歪尾蠊 雄虫, 短翅型　　　　　昆明拟歪尾蠊 雄虫, 长翅型

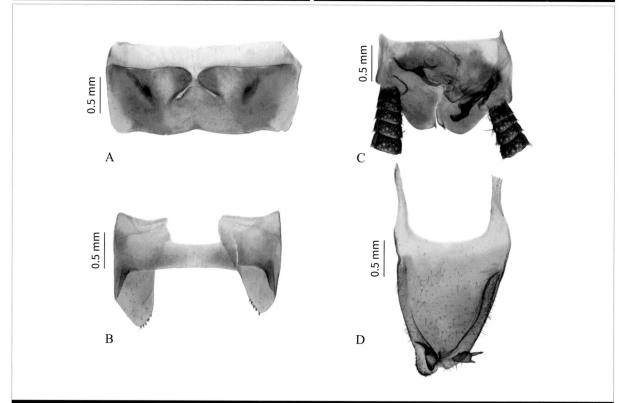

昆明拟歪尾蠊 雄虫腹部第7背板(A), 第9背板(B), 肛上板(C)和下生殖板(D)

长突拟歪尾蠊 *Episymploce longiloba* (Bey-Bienko, 1969)

体连翅长21.0~22.0 mm；体黄褐色或浅棕色。雄虫腹部第1和第7背板特化；第9背板左右两侧背片腹缘均呈细长的刺状，左刺弯曲；肛上板后缘中部具2个发达延长的刺突，均卷曲朝向左侧；下生殖板不对称，两侧缘无侧刺，左侧缘加厚上翻近直角，右侧稍上翻，左尾刺圆锥形，着生许多小刺，端部略尖锐，指向右侧，右尾刺较细长，端部尖锐。

分布：贵州（望谟），云南（西双版纳）。

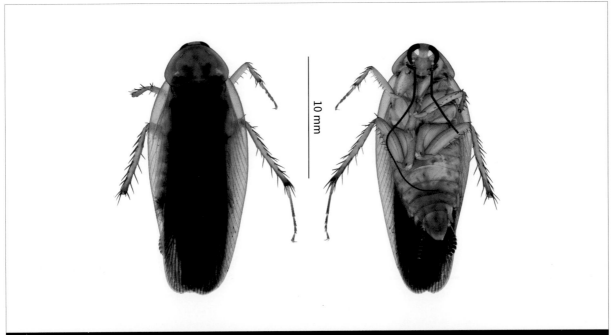

长突拟歪尾蠊 雄虫

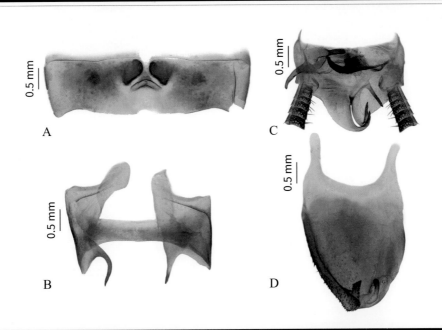

长突拟歪尾蠊 雄虫腹部第7背板（A），第9背板（B），肛上板（C）和下生殖板（D）

波塔宁拟歪尾蠊 *Episymploce potanini* (Bey-Bienko, 1950)

体连翅长18.0~21.5 mm，黄褐色。前足腿节腹缘刺式B3型。雄虫腹部第1和第7背板特化；第9背板两侧背片形状相似，舌状，左侧背片明显大于右侧背片，腹缘端部具小刺；肛上板稍不对称，后缘呈两瓣状凸出，中间具深凹；下生殖板两侧基部各具一侧刺，左侧刺明显大于右侧刺，左侧端缘上卷，密布小刺，右侧稍上卷，加厚，末端平截；两尾刺刺状，左尾刺较大，弯曲指向左侧缘，右尾刺较小，斜指向肛上板。

分布：浙江（天目山），湖北（长阳），江西（庐山），四川（峨眉山），重庆（万州）。

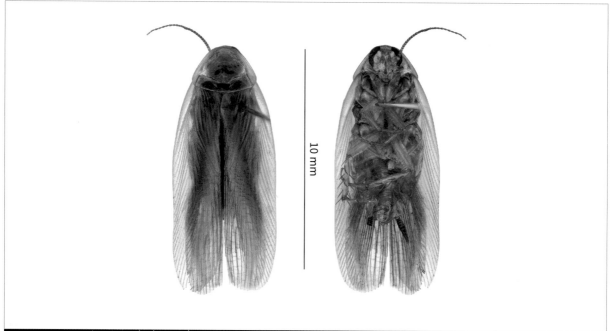

波塔宁拟歪尾蠊 雄虫

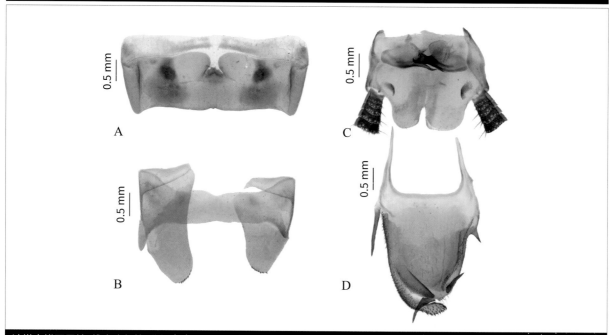

波塔宁拟歪尾蠊 雄虫腹部第7背板（A），第9背板（B），肛上板（C）和下生殖板（D）

双刺拟歪尾蠊 *Episymploce prima* (Bey-Bernko, 1957)

体连翅长19.0 mm，黄褐色。雄虫腹部第1背板不特化，第7背板特化；第9背板两侧背片后缘平截，均向后凸出成刺状，右侧稍长；肛上板不对称，后缘具2个刺状突起；下生殖板左后缘上卷，端部没有延伸成刺状，靠近端部具小刺；右侧缘具1个较大的尾刺，左尾刺小，近基部具一小刺。

分布：云南（保山、西双版纳、耿马、镇沅、普洱）。

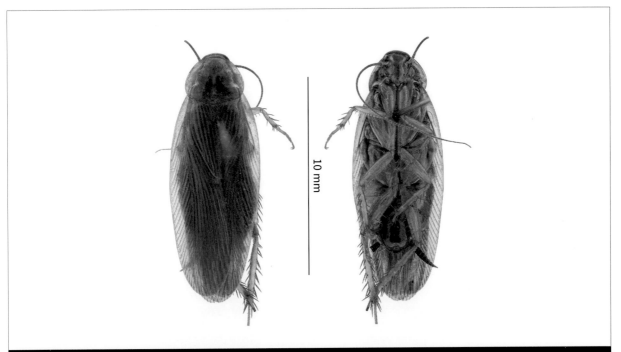

双刺拟歪尾蠊 雄虫

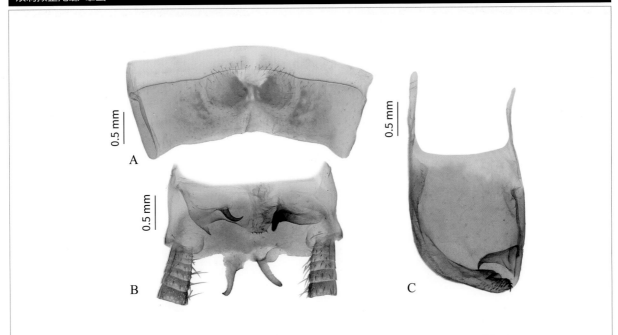

双刺拟歪尾蠊 雄虫腹部第7背板（A），肛上板（B）和下生殖板（C）

普氏拟歪尾蠊 *Episymploce princisi* (Bey-Bienko, 1969)

体连翅长18.5~20.5 mm，黄褐色。雄虫第1和第7背板特化；第9背板两侧背片明显不对称；肛上板不对称，后缘中部具2个长突起，相互交叉；下生殖板两侧无侧刺，左侧上翻，两尾刺稍不同，左尾刺粗壮，端部刺状，右尾刺近圆锥形，下生殖板后缘端部具一小突起。

分布：云南（瑞丽、西双版纳、元江）。

普氏拟歪尾蠊 雄虫

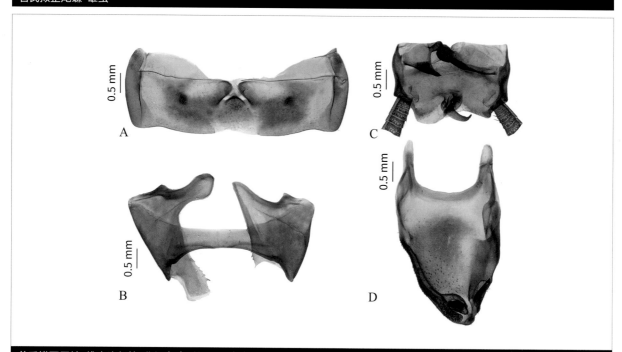

普氏拟歪尾蠊 雄虫腹部第7背板（A），第9背板（B），肛上板（C）和下生殖板（D）

隐刺拟歪尾蠊 *Episymploce quarta* (Bey-Bienko, 1969)

体连翅长19.0~20.5 mm，黄褐色。雄虫腹部第1节和第7节背板特化；第9背板左侧背片大于右侧背片；肛上板不对称，后缘右侧端部凸出，钝圆，中部具两突起，左突起长刺状，右突起片状；下生殖板不对称，两侧缘基部均具侧刺，左侧刺较小，右侧刺较大，粗壮且弯曲，左侧缘后侧加厚，密具小刺，端部具一较大的刺，左尾刺弯曲，分叉，着生于小刺下方，右后缘稍加厚，端部具一小刺，靠近小刺处具较大的刺状尾刺，近基部分出一长刺。

分布：云南（普洱、西双版纳）。

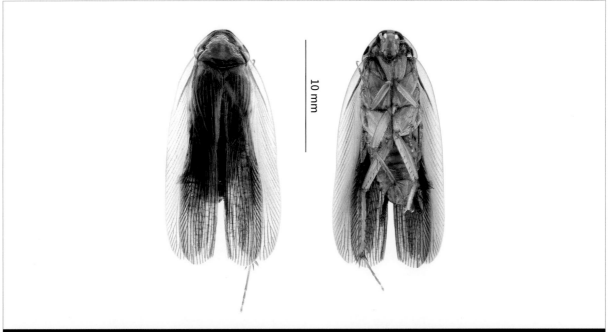

隐刺拟歪尾蠊　雄虫

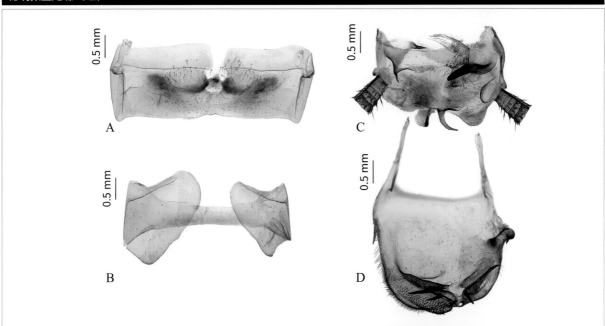

隐刺拟歪尾蠊　雄虫腹部第7背板（A），第9背板（B），肛上板（C）和下生殖板（D）

丹顶拟歪尾蠊 *Episymploce rubroverticis* (Guo et Feng, 1985)

体连翅长17.1~21.1 mm，黑黄相间，头黑色，头顶红褐色，前胸背板黑色，侧缘和后缘黄色，前翅深褐色，侧缘黄白色，稍透明，足黑色，腹部橘黄色，尾须黑色。雄虫腹部第1和第7背板特化；第9背板左右侧背片端部凸出，具小刺突；肛上板不对称，后缘近中部具深裂，两侧具长刺突，交叉；下生殖板两侧近基部均具一侧刺，两侧端部均上卷，左侧密布小刺并向后延伸超过下生殖板后缘，端部尖锐成刺状；两尾刺不同，左尾刺弯曲，右尾刺直立。

分布：湖南（莽山）、广东（韶关、宁冈、连山）。

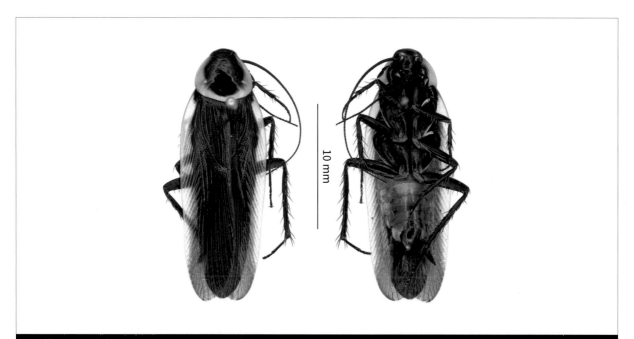

丹顶拟歪尾蠊 雄虫

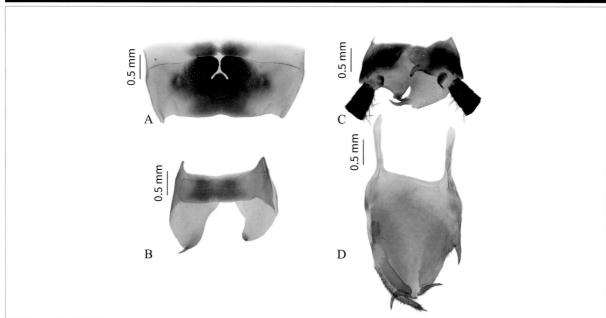

丹顶拟歪尾蠊 雄虫腹部第7背板（A），第9背板（B），肛上板（C）和下生殖板（D）

中华拟歪尾蠊 *Episymploce sinensis* (Walker, 1869)

体连翅长18.2~20.0 mm，红褐色，前翅端部黑色。雄虫腹部第1背板特化，第7背板不特化；第9背板两侧背片不等大，左侧背片端部相当延长，端部钝圆，具微刺，右侧背片端部延长程度较小，具微刺；肛上板后缘近三角形，中部具深裂，两叶端部尖锐；下生殖板两侧缘基部均具侧刺，左侧刺较长；下生殖板左侧缘上卷，加厚，密具小刺，两尾刺近似，长刺状，略弯曲，均指向两侧。该种分布较广，前翅端部具黑色，容易识别。

分布：北京，河南（林州），江苏（南京），江西（九连山），广西（花坪、龙州），浙江（天目山），湖北（大别山、巴东、兴山、长阳），福建（建阳、福鼎），台湾，海南（尖峰岭），香港，重庆（北碚、万州、武隆、彭水、江津），贵州（雷山、茂兰、惠水、丹寨）。

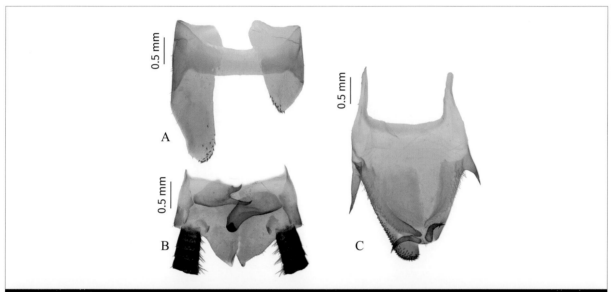

中华拟歪尾蠊 雄虫腹部第9背板（A），肛上板（B）和下生殖板（C）

中华拟歪尾蠊 ｜ 邱鹭摄于重庆缙云山

红斑拟歪尾蠊 *Episymploce splendens* (Bey-Bienko, 1957)

体连翅长17.6~23.1 mm，体黑褐色，前胸背板黑色，两侧缘各具1块橘红色的斑块，部分个体整个前胸背板均橘红色或黑色，腹部黑褐色或黄色，尾须黄色。前足腿节腹缘刺式B3型。雄虫腹部第1和第7背板特化；第9背板两侧背片近对称，腹侧端部边缘各具几个小刺；肛上板不对称，后缘中部凹陷，腹缘加厚，右角具1个大刺突，左角具一由膜连接的小刺；下生殖板基部两侧各具1个近似的侧刺，左右两侧加厚上翻，具许多小齿，左侧端缘延伸成刺状，并弯曲；近后缘两侧各着生一尾刺，右尾刺稍细，左尾刺弯曲，稍粗壮。

分布：广西（花坪），重庆（金佛山、黔江、四面山），四川（峨眉山），贵州（雷公山、茂兰、宽阔水、道真、施秉）。

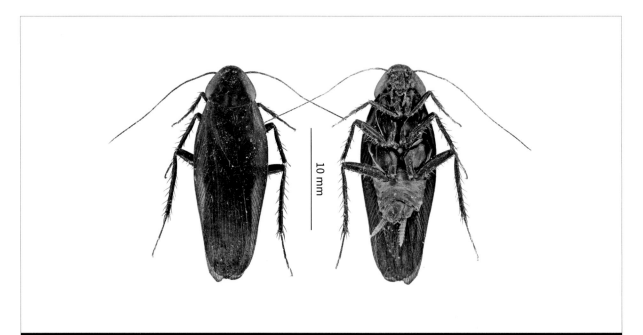

红斑拟歪尾蠊 雄虫

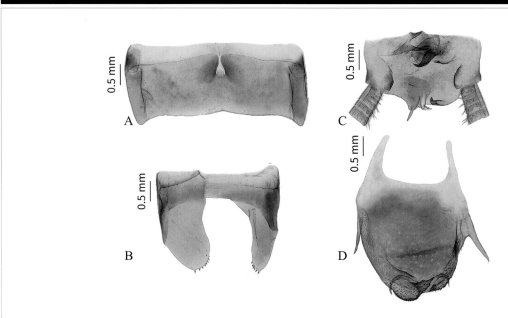

红斑拟歪尾蠊 雄虫腹部第7背板（A），第9背板（B），肛上板（C）和下生殖板（D）

切板拟歪尾蠊 *Episymploce sundaica* (Hebard, 1929)

体连翅长12.0~14.5 mm，黄褐色。雄虫腹部第1和第7背板特化；第9背板两侧背片相似，左侧大于右侧；肛上板稍不对称，后缘近中部具一小缺；下生殖板基部两侧各具一侧刺，左侧刺短，右侧刺细长，左侧缘上翻，端部具一刺突，右侧缘近中部具一刺突，一纤细尾刺着生在刺突基部。

分布：福建（福州），台湾（台北），海南（三亚），贵州（贵阳），云南（西双版纳），广西（防城港、靖西）；日本，越南，泰国，菲律宾，马来西亚，印度尼西亚（爪哇）。

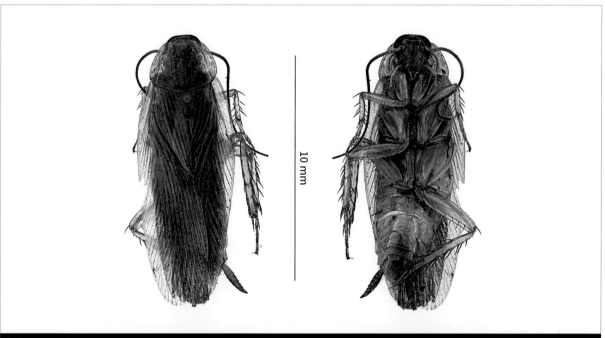

切板拟歪尾蠊 雄虫

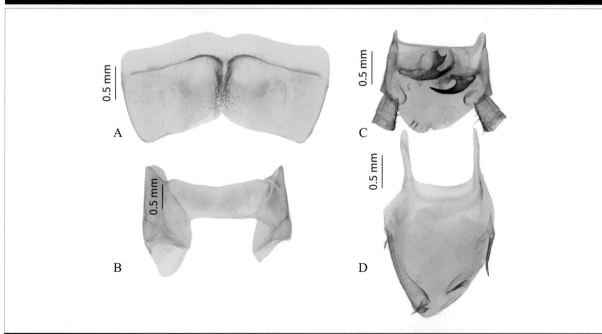

切板拟歪尾蠊 雄虫腹部第7背板（A），第9背板（B），肛上板（C）和下生殖板（D）

拟双刺拟歪尾蠊 *Episymploce tertia* (Bey-Bienko, 1957)

体连翅长18.0~19.2 mm，黄褐色。雄虫腹部第1和第7背板特化；第9背板两侧背片后缘呈刺状凸出，右刺稍大；肛上板不对称，后缘左侧具1对较大、弯曲的刺状突起；下生殖板右侧缘具较大的侧刺，左后缘加厚，边缘具细毛，左尾刺细小，右尾刺发达，基部分叉。

分布：云南（普洱、西双版纳）。

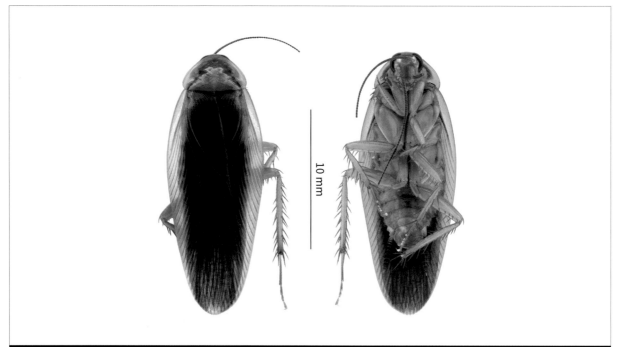

拟双刺拟歪尾蠊　雄虫

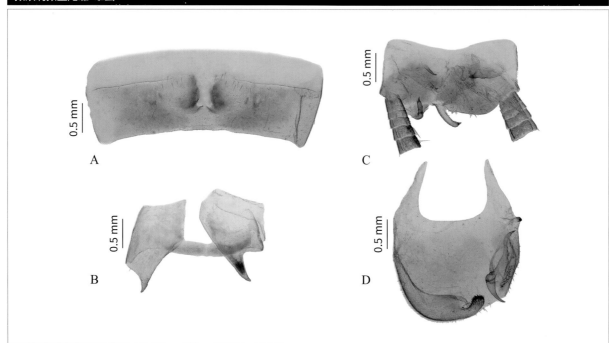

拟双刺拟歪尾蠊　雄虫腹部第7背板（A），第9背板（B），肛上板（C）和下生殖板（D）

三刺拟歪尾蠊 *Episymploce tridens* (Bey-Bienko, 1957)

体连翅长17.2~19.0 mm，黄褐色。雄虫腹部第1和第7背板特化；第9背板两侧背片具少许微刺或无，左右侧背片形状不同，右侧背片后缘近平截，左侧背片较延长；肛上板后缘中部具两延长的突起，端部指向中部，呈螯状，边缘具小刺；下生殖板近三角形，两侧均上翻，两侧及后缘均密布小刺，左侧基部具一较大的侧刺，中部边缘具3~4个刺突，尾刺仅1个，位于近端部中央，指向左下方。

分布：云南（西双版纳）；老挝。

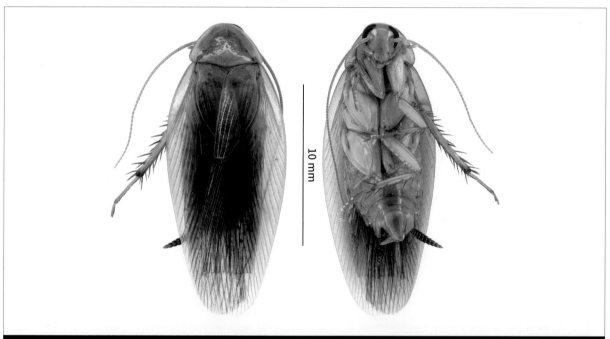

三刺拟歪尾蠊 雄虫

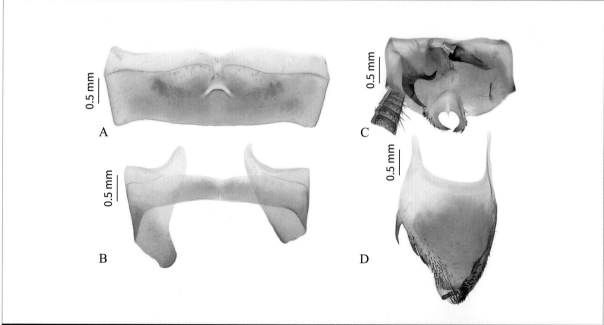

三刺拟歪尾蠊 雄虫腹部第7背板（A），第9背板（B），肛上板（C）和下生殖板（D）

晶拟歪尾蠊 *Episymploce vicina* (Bey-Bienko, 1954)

体连翅长18.1~21.5 mm，黄褐色。雄虫腹部第1和第7背板特化；第9背板两侧背片不等大，左侧明显大于右侧，均沿腹侧向后伸出，端部均具2~4个小刺；肛上板后缘具V形缺刻，两叶不同，左叶端部钝圆，右叶近方形；下生殖板两侧近基部均具侧刺，左侧端缘上卷，呈圆锥形，伸过下生殖板后缘，端部具一锐刺，指向右侧，右侧缘具长刚毛，无小刺，两尾刺左尾刺弯曲，右尾刺直。

分布：福建（建阳、武夷山），浙江（天目山），广东（南岭），重庆（缙云山、江津），四川（峨眉山），贵州（雷公山）。

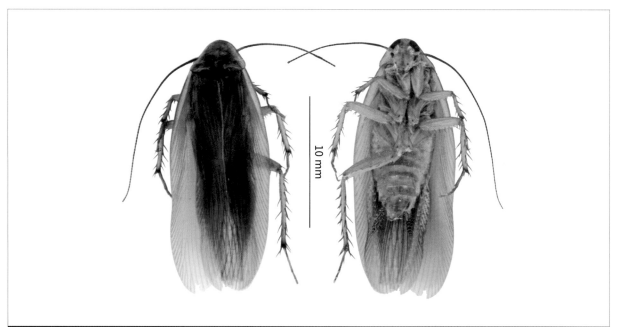

晶拟歪尾蠊 雄虫

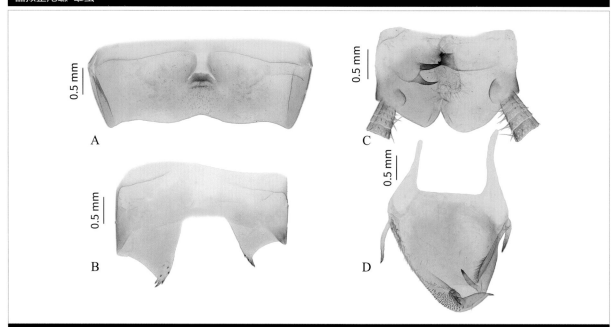

晶拟歪尾蠊 雄虫腹部第7背板（A），第9背板（B），肛上板（C）和下生殖板（D）

波板蠊属 *Haplosymploce* Hanitsch, 1933

　　雌雄近似，前后翅发育完全。前足腿节A或B型；各足1—4跗分节具跗垫，爪简单，对称，中垫小。雄虫第1、第7背板特化，或仅第1背板特化。肛侧板不相似，腹面靠近尾须处具尾须间突起。下生殖板不对称，属内呈现一定相似度；尾刺小，圆柱状，长度相等或稍不同。钩状阳茎在左边，具端前缺刻，中阳茎粗壮或呈细长的棒状。可发现于朽木内，成虫具趋光性。

　　该属隶属于姬蠊亚科Blattellinae，世界共记载11种，我国分布2种，本图鉴收录2种。主要分布在中国、印度、马来西亚、新加坡、印度尼西亚等。

朽木内发现的橘尾波板蠊 ｜ 邱鹭摄于海南吊罗山

本图鉴波板蠊属 *Haplosymploce* 分种检索表

前胸背板粗糙，黄色，中域具褐色斑 ················· 安达曼波板蠊 *Haplosymploce andamanica*

前胸背板光滑，均一的黑色 ·························· 橘尾波板蠊 *Haplosymploce aurantiaca*

安达曼波板蠊 *Haplosymploce andamanica* (Princis, 1951)

体连翅长16.8~17.1 mm。体中型；头、触角基部、足腹部端半部黑色，其余部分黄色，唇基和尾须黄褐色。头顶复眼间距明显短于触角窝间距。前胸背板近椭圆形，前窄后宽，表面具刻点，有时中域具褐色斑。雄虫腹部背板第1节特化，中部具1对窝，其前缘具稀疏长毛，两窝之间具1簇刚毛；第7背板中上部具1簇分别向外侧卷曲的刚毛。雄性肛上板对称，呈三角状突出；两尾须间突起相似，向下弯曲，端部各具一小刺；左右肛侧板不相同，均具弯曲的粗壮骨片，左侧端部具几个大刺，右侧无或具3个端刺。下生殖板不对称，后缘左侧稍凹陷，两尾刺着生于凹陷两侧，尾刺圆柱状，具几个小刺，右尾刺大于左尾刺。成虫具趋光性。

分布：云南（瑞丽、盈江、普洱）；安达曼群岛。

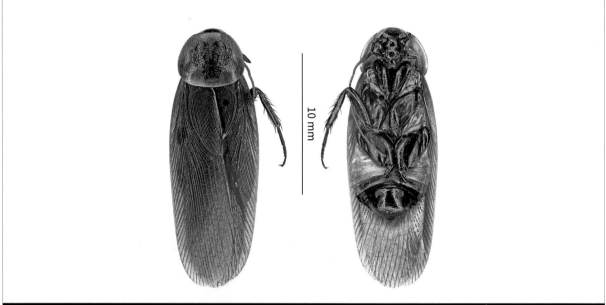

安达曼波板蠊 雄虫

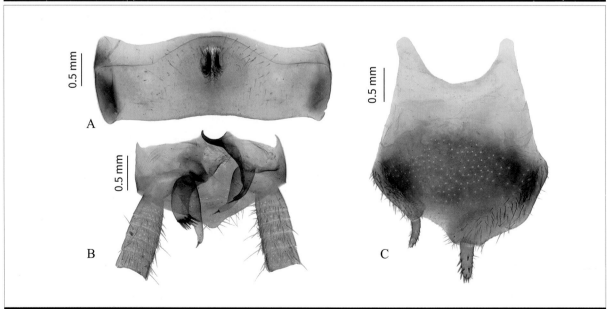

安达曼波板蠊 雄虫腹部第7背板（A），肛上板（B）和下生殖板（C）

橘尾波板蠊 *Haplosymploce aurantiaca* Zheng, Li et Wang, 2016

体连翅长20.1~25.0 mm。体稍大型，黑色，触角除基部外其余区域黄色，尾须橘黄色。云南的个体胫节端部和跗节黄褐色。头顶复眼间距明显窄于触角窝间距。前胸背板黑色，光亮不具刻点。雄虫腹部背板第1节特化，中部具一黑色稠密毛簇，两侧具2个窝，窝上沿具细刚毛；第7背板中部具2个凹陷，两凹陷紧挨，上沿连接处具1簇稠密刚毛，周缘均具稀疏刚毛。雄性肛上板对称，后缘中部近梯形状突出；两尾须间突起相似，向下弯曲，端部尖锐；左右肛侧板不相同，左肛侧板后方具2个刺状突起，右肛侧板端部双角状，两肛侧板均具基部突起，右侧板的突起端部具2个小刺。下生殖板不对称，后缘左侧稍凹陷，两尾刺着生于凹陷两侧，尾刺圆柱状，右尾刺具几个小齿，右尾刺大于左尾刺。可发现于朽木内，成虫具趋光性。

分布：海南（五指山、吊罗山、尖峰岭、保亭、黎母山），云南（绿春）。

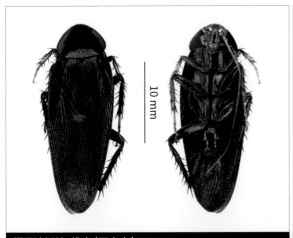

橘尾波板蠊 雄虫（云南产）

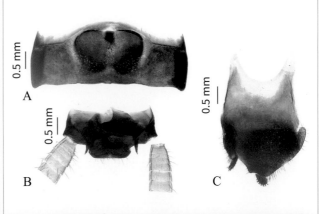

橘尾波板蠊 雄虫腹部第7背板（A），肛上板（B）和下生殖板（C）

橘尾波板蠊 李昕然摄于海南黎母山

拟截尾蠊属 *Hemithyrsocera* Saussure, 1893

雌雄近似, 有些种类雄虫前翅较雌虫长, 且颜色浅。前后翅发育完全, 极少数退化。前足腿节腹缘刺式A2或A3型, 1—4跗分节具跗垫, 爪对称, 不特化, 具中垫。雄性腹部通常仅第7背板特化, 中部凹陷, 着生少量刚毛, 部分种类具侧叶, 有时很发达, 通常具小刚毛; 肛上板对称, 多数种类具尾须间突起; 下生殖板复杂, 不对称, 后缘常具不规则骨片和突起, 着生大量毛簇或小刺, 尾刺常混杂在这些骨片和突起中, 不易区别。钩状阳茎位于下生殖板左侧。大多栖居于灌木丛中。

该属隶属于姬蠊亚科Blattellinae, 世界已知约70种, 我国已知15种, 本图鉴收录12种。主要分布在东洋区。

交配中的拟截尾蠊 | 李昕然摄于云南景洪

本图鉴拟截尾蠊属 *Hemithyrsocera* 分种检索表

1 足黑色 ··· 2

　足颜色浅，浅褐色，黄白色，有时具褐色污斑 ·· 6

2 前胸背板后缘黄白色 ·· 3

　前胸背板后缘黑色 ·· 5

3 前翅侧缘具鲜艳的黄色斑，雄虫肛上板后缘平截，不凸出 ··············· 黄缘拟截尾蠊 *Hemithyrsocera vittata*

　前翅均色，不具黄色斑，雄虫肛上板后缘凸出 ·· 4

4 下生殖板中部突起较大 ·· 福氏拟截尾蠊 *Hemithyrsocera fulmeki*

　下生殖板中部突起较小 ·· 多突拟截尾蠊 *Hemithyrsocera multicuspidata*

5 肛上板突出程度高 ··· 长毛拟截尾蠊 *Hemithyrsocera longiseta*

　肛上板仅略微呈弧状凸出 ·· 断缘拟截尾蠊 *Hemithyrsocera marginalis*

6 翅退化缩短，不能飞行 ··· 短翅拟截尾蠊 *Hemithyrsocera hemiptera*

　翅发育完全 ··· 7

7 前胸背板黑色，前缘和侧缘白色 ··· 刺拟截尾蠊 *Hemithyrsocera spinibarbis*

　前胸背板褐色，或者黑色，除侧缘和前缘黄白色外，中域也具黄白色区域 ······· 8

8 前胸背板褐色 ·· 9

　前胸背板具大面积黑色区域 ·· 10

9 前胸背板具稀疏对称的深褐色斑 ·· 刺突拟截尾蠊 *Hemithyrsocera macifera*

　前胸背板斑纹模糊 ··· 二叉拟截尾蠊 *Hemithyrsocera bifurcata*

10 雄虫肛上板后缘中部强烈凸出，端部缢缩 ································ 万象拟截尾蠊 *Hemithyrsocera banvaneuensis*

　雄虫肛上板后缘中部凸出，钝圆，端部稍具小凹 ·························· 11

11 中阳茎端部钝圆 ··· 琴带拟截尾蠊 *Hemithyrsocera simulans*

　中阳茎端部尖锐 ··· 钳纹拟截尾蠊 *Hemithyrsocera forcipata*

万象拟截尾蠊 *Hemithyrsocera banvaneuensis* (Roth, 1985)

体连翅长16.1~18.5 mm，整体黑褐色和黄白色相间。头黑褐色，头顶、单眼间黄褐色。前胸背板黑褐色，中域、前缘和侧缘黄白色。翅发育完全，黑褐色，侧缘黄白色。足褐黄色，基节具黑色污斑；前足腿节腹缘刺式A2或A3型。雄虫腹部第7背板特化，肛上板三角状突出，端部钝圆，具微刺，尾须间突起缺；下生殖板后缘突起复杂，不规则，具许多长毛和小刺。

分布：云南（西双版纳）；老挝。

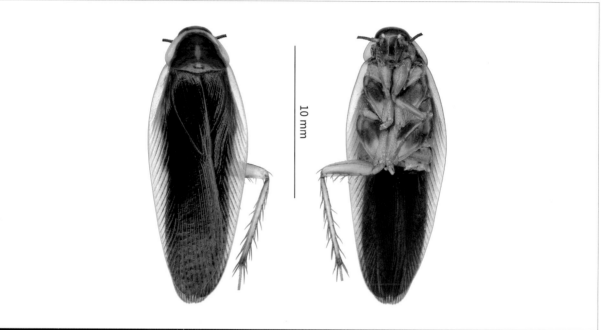

万象拟截尾蠊 雄虫（腹部已解剖）

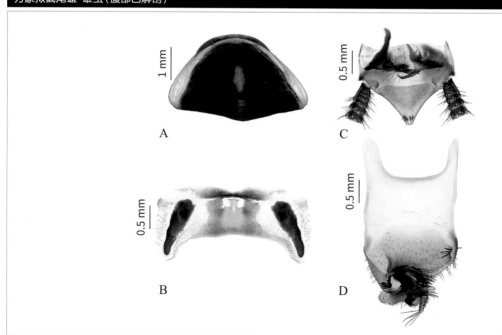

万象拟截尾蠊 雄虫前胸背板（A），腹部第7背板（B），肛上板（C）和下生殖板（D）

二叉拟截尾蠊 *Hemithyrsocera bifurcata* Che, 2009

体连翅长21.5~22.0 mm，整体黄褐色，前胸背板和前翅中域颜色加深。翅发育完全，伸过腹部末端。前足腿节腹缘刺式A3型。雄虫第7背板特化；肛上板对称，后缘略呈弧状凸出，后缘中部两侧各具两大刺；尾须间突起刺状，狭长；下生殖板极不对称，具不规则突起，毛刷结构以及大刺。

分布：海南（尖峰岭）。

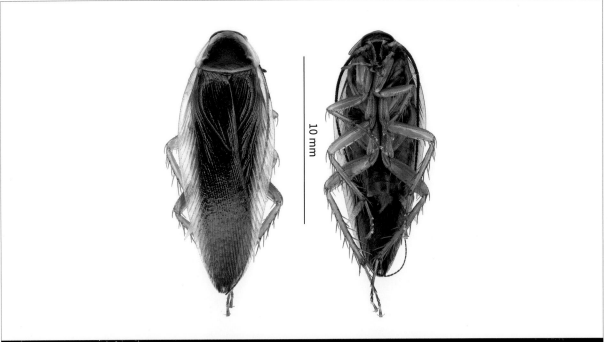

二叉拟截尾蠊 雄虫

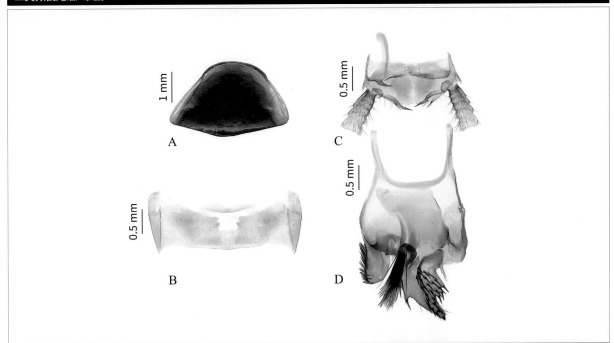

二叉拟截尾蠊 雄虫前胸背板（A），腹部第7背板（B），肛上板（C）和下生殖板（D）

钳纹拟截尾蠊 *Hemithyrsocera forcipata* Wang et Che, 2017

体连翅长16.0~18.5 mm。体黑褐色和黄白色相间。头黄白色，头顶颜色加深。前胸背板黄白色，中域两侧具有对称的黑色大斑，向后侧逐渐变宽。前翅黑色，侧缘黄白色。足黄白色，略具黑色污斑；前足腿节腹缘刺式A2或A3型。雄虫腹部第7背板特化，第8背板后缘具长刚毛。肛上板略呈半圆状凸出，后缘中部具凹，尾须间突起缺失；下生殖板复杂，具许多突起，上面着生微刺和长毛。

分布：云南（西双版纳）。

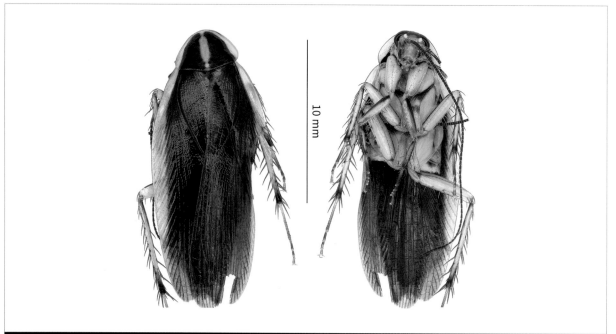

钳纹拟截尾蠊 雄虫（腹部已解剖）

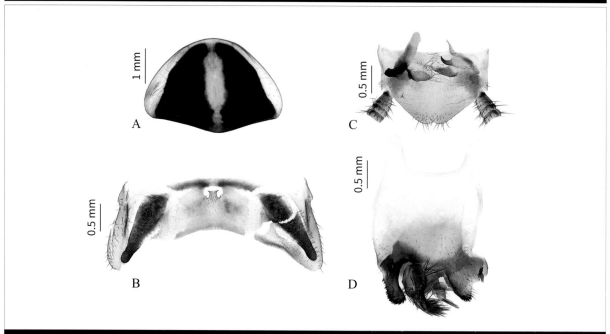

钳纹拟截尾蠊 雄虫前胸背板（A），腹部第7背板（B），肛上板（C）和下生殖板（D）

福氏拟截尾蠊 *Hemithyrsocera fulmeki* Hanitsch, 1932

体连翅长11.5~14.2 mm。体小型,黑色或深褐色。前胸背板侧缘和后缘黄白色。雄虫第7背板特化;肛上板后缘半圆形,尾须间突起发达,弯曲,基部膨大,端部变尖;下生殖板后缘中部凹陷,中间具一指状大突起,两侧向内形成突起,具长刺。

分布:福建(建宁、沙县),云南(西双版纳、元江),海南(尖峰岭、黎母山、那大);泰国,印度尼西亚(爪哇)。

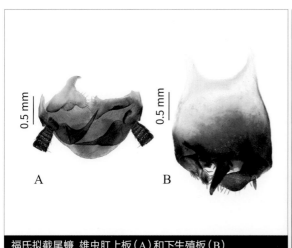

福氏拟截尾蠊 雄虫肛上板(A)和下生殖板(B)

福氏拟截尾蠊 雌虫 | 邱鹭摄于云南元江

福氏拟截尾蠊 雄虫 | 邱鹭摄于云南元江

短翅拟截尾蠊 *Hemithyrsocera hemiptera* Zhang, Liu et Li, 2019

体连翅长10.2~11.0 mm, 体黑白黄相间, 翅退化缩短, 不能飞行。头部黑色, 前胸背板白色, 中域具1个大圆黑斑。前翅黄色, 侧缘透明。足黑黄相间。腹部黑黄白相间; 雄虫腹部第7背板特化; 肛上板后缘钝圆突出, 尾须间突起短小; 下生殖板左侧具长突起, 右侧附有许多小刺。

分布:云南(屏边)。

短翅拟截尾蠊 雄虫　　　　　短翅拟截尾蠊 ｜ 邱鹭摄于云南屏边大围山

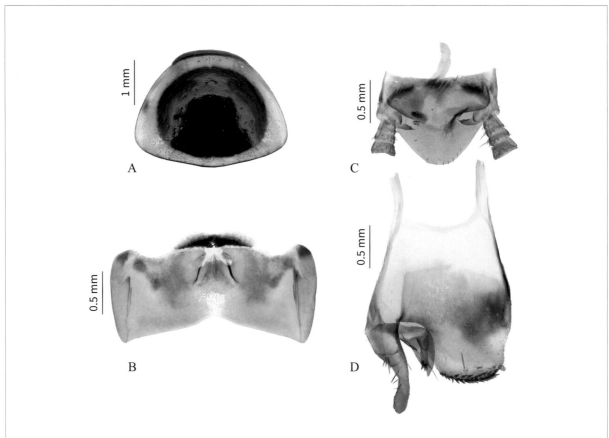

短翅拟截尾蠊 雄虫前胸背板(A), 第7背板(B), 肛上板(C)和下生殖板(D)

长毛拟截尾蠊 *Hemithyrsocera longiseta* Wang et Che, 2017

体连翅长17.0~19.5 mm。体黑褐色，前胸背板侧缘，前翅侧缘黄褐色，足基节和各节连接处颜色浅。雄虫第7
背板特化；肛上板半圆形，强烈凸出；下生殖板不对称，左侧角具发达的突起，伸向右方，并在端部具有许多长毛。

分布：广东（封开），海南（五指山），广西（桂平）。

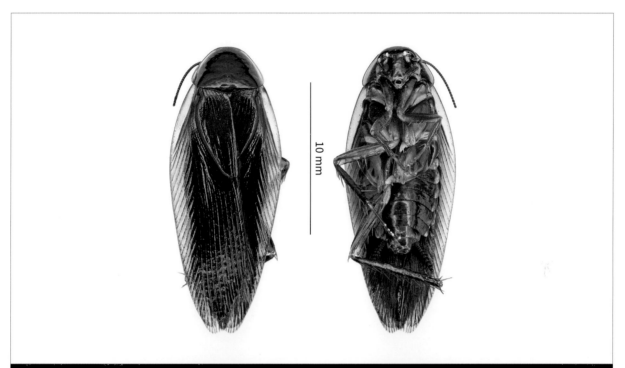

长毛拟截尾蠊 雄虫

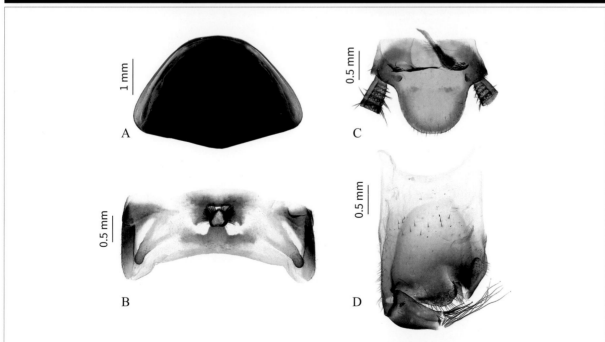

长毛拟截尾蠊 雄虫前胸背板（A），腹部第7背板（B），肛上板（C）和下生殖板（D）

刺突拟截尾蠊 *Hemithyrsocera macifera* (Roth, 1985)

体连翅长15.0~19.0 mm。体大型，黄褐色。面部深褐色。前胸背板中域近后缘具2块不规则黑褐色斑纹，大小可变。雄虫腹部第7背板特化，中部具毛簇；肛上板凸出，后缘钝圆，具长毛，尾须间突起狭长，端部球形，密布小刺；下生殖板形状复杂，后缘中部强烈内凹。

分布：广西（防城港），云南（普洱、西双版纳、小黑江）；老挝，越南，泰国。

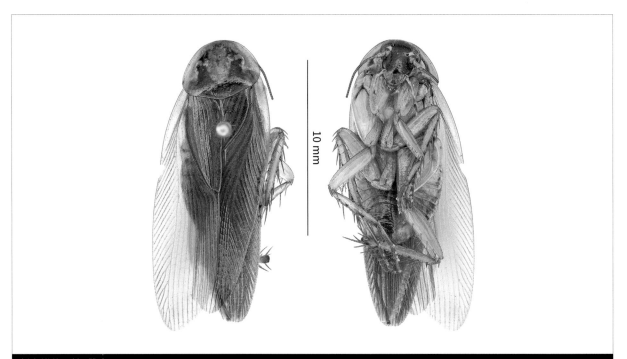

刺突拟截尾蠊 雌虫

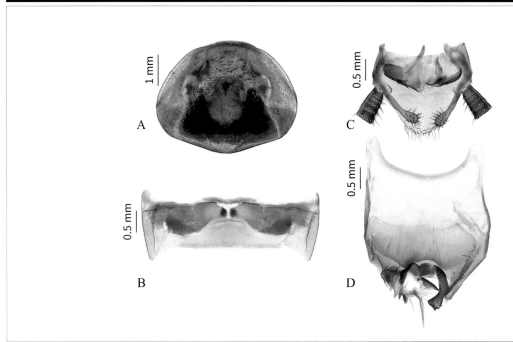

刺突拟截尾蠊 雄虫前胸背板（A），腹部第7背板（B），肛上板（C）和下生殖板（D）

断缘拟截尾蠊 *Hemithyrsocera marginalis* (Hanitsch, 1933)

体连翅长17.2~20.0 mm。体黑色，前翅黄褐色，前胸背板前缘和侧缘白色。雄虫第7背板特化；肛上板半圆形，尾须间突起指状，细长，端部钝；下生殖板后缘稍斜截，具许多不规则的突起，并着生毛刷和小刺。

分布：广东（中山、鼎湖山、博罗），广西（十万大山、龙州），云南（西双版纳、墨江、镇沅）；泰国，马来西亚，印度尼西亚。

断缘拟截尾蠊 | 吴可量摄于广东中山

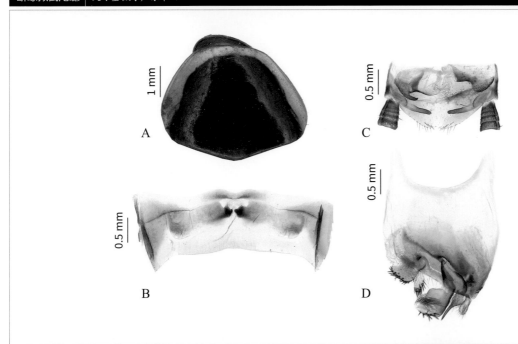

断缘拟截尾蠊 雄虫前胸背板（A），腹部第7背板（B），肛上板（C）和下生殖板（D）

多突拟截尾蠊 *Hemithyrsocera multicuspidata* Wang, 2009

　　体连翅长12.5~16.0 mm。体中型,黑褐色,前胸背板侧缘和后缘白色,前翅黄褐色。头黑色。雄虫第7背板特化,中部具一隆起;肛上板简单,后缘半圆形,尾须间突起发达,弯曲,端部尖锐;下生殖板稍斜截,具3个不规则突起,并着生刺毛。

　　分布:云南(西双版纳)。

多突拟截尾蠊　雄虫

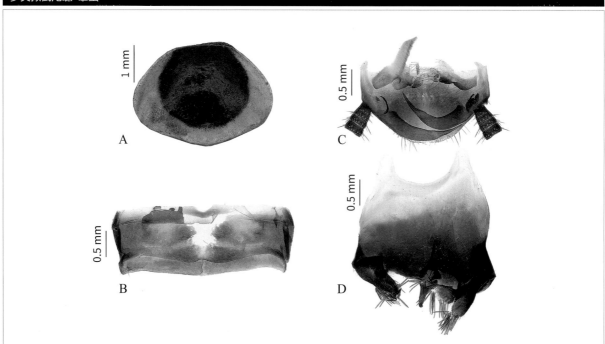

多突拟截尾蠊　雄虫前胸背板(A),腹部第7背板(B),肛上板(C)和下生殖板(D)

琴带拟截尾蠊 *Hemithyrsocera simulans* (Bey-Bienko, 1969)

体连翅长15.5~18.4 mm。体中型，黄褐色。前胸背板具两条纵向黑色条纹。前翅黑褐色，侧缘黄白色，浅色透明。雄虫第7背板特化；肛上板后缘中部凸出，钝圆，尾须间突起缺；下生殖板具复杂的指状突起，并附有小刺和毛簇。

分布：云南（普洱、西双版纳）。

琴带拟截尾蠊 ｜ 邱鹭摄于云南普洱

琴带拟截尾蠊 雄虫前胸背板（A），腹部第7背板（B），肛上板（C）和下生殖板（D）

刺拟截尾蠊 *Hemithyrsocera spinibarbis* Wang et Che, 2017

体连翅长20.5~21.0 mm。体腹侧黄白色,面部颜色深,前胸背板除前缘和侧缘外黑色,前翅红褐色至褐色,侧缘透明。雄虫腹部第7背板特化;肛上板后缘呈钝角三角形凸出,尾须间突起较短,着生许多小刺;下生殖板结构复杂,具长突起,附有许多长刚毛。

分布:云南(盈江、普洱)。

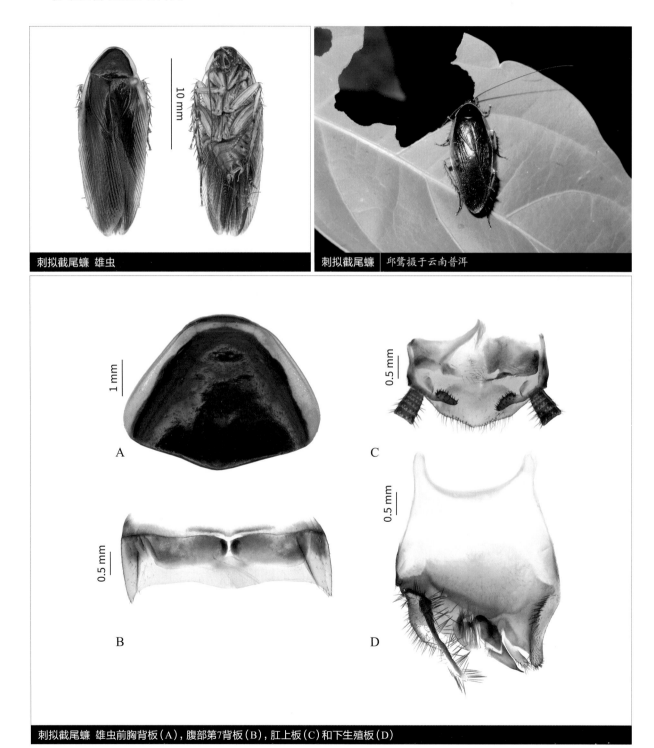

刺拟截尾蠊 雄虫

刺拟截尾蠊 邱鹭摄于云南普洱

刺拟截尾蠊 雄虫前胸背板(A),腹部第7背板(B),肛上板(C)和下生殖板(D)

黄缘拟截尾蠊 *Hemithyrsocera vittata* (Brunner von Wattenwyl, 1865)

体连翅长11.5~13.8 mm。体中型，黑色。前胸背板中域具黑色大斑，边缘区为黄白色。前翅黑色，侧缘黄色。足基部具白色。腹部黑色，各节端部边缘白色。雄虫腹部第7背板特化；肛上板横阔，不凸出，中部稍凹陷，尾须间突起相似，端部刺状；肛侧板具细长的刺状突；下生殖板结构相对简单，左侧着生一大骨片。该种体色艳丽，分布较广，为拟截尾属优势种。

分布:福建(武夷山)，广西(凭祥)，贵州(望谟、茂兰)，云南(西双版纳、屏边、腾冲)；缅甸，泰国，柬埔寨。

黄缘拟截尾蠊 雄虫 | 黄缘拟截尾蠊 | 陈尽摄于云南西双版纳

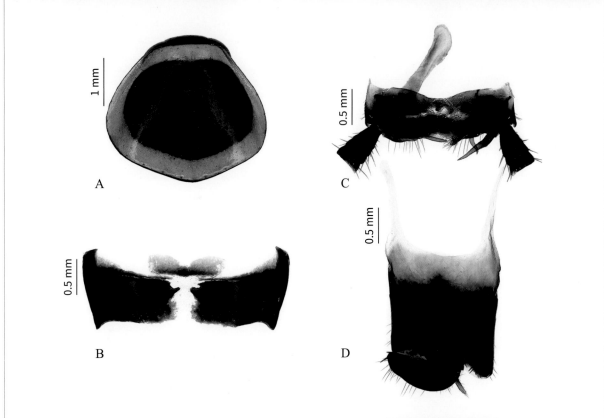

黄缘拟截尾蠊 雄虫前胸背板(A)，腹部第7背板(B)，肛上板(C)和下生殖板(D)

毡蠊属 *Jacobsonina* Hebard, 1929

体小型。头顶复眼间距略窄于触角窝间距。前胸背板近椭圆形，前缘近平截，后缘中部稍凸出。前后翅发育完全。前足腿节腹缘刺式B3型，1—4跗分节具跗垫，爪对称，不特化，具中垫。雄虫背板不特化，或者第7背板特化，具一腺区；肛上板对称，无尾须间突起，左右肛侧板相似；下生殖板不对称，无尾刺；钩状阳茎位于下生殖板左侧；极少钩状阳茎和右阳茎缺失。常出没于灌木丛中。

该属隶属于姬蠊亚科Blattellinae，世界共记载14种，我国已知5种，本图鉴收录5种。主要分布在东洋区和澳大利亚。

夜晚叶片上活动的毡蠊 ｜ 李昕然摄于云南盈江

本图鉴毡蠊属 *Jacobsonina* 分种检索表

特毡蠊 *Jacobsonina aliena* (Brunner von Wattenwyl, 1893)

体连翅长10.3~12.3 mm。黄褐色。复眼间距约等于触角窝间距。雄虫肛上板后缘稍凹陷；肛侧板不相同，右肛侧板着生一黑色小刺；下生殖板两侧缘近平行，后缘中部凸出，渐狭窄，近三角形，两侧稍凹陷，端部平截。

分布：贵州（望谟、荔波），云南（昆明、景东）；缅甸，马来西亚。

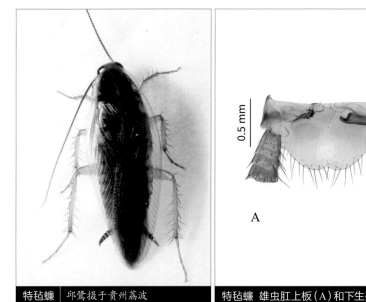

特毡蠊 | 邱鹭摄于贵州荔波

特毡蠊 雄虫肛上板（A）和下生殖板（B）

弧毡蠊 *Jacobsonina arca* Wang, Jiang et Che, 2009

体连翅长15.4~16.5 mm。黄褐色。两复眼间距窄于触角窝间距。雄虫肛上板后缘钝圆；两肛侧板近似；下生殖板短，端半部近三角形，后缘弧状凸出。

分布：湖北（秭归），广西（龙胜），重庆（璧山）。

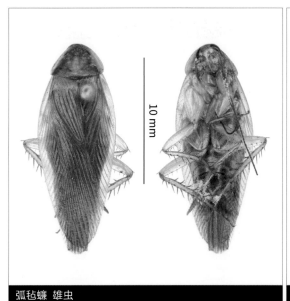

弧毡蠊 雄虫

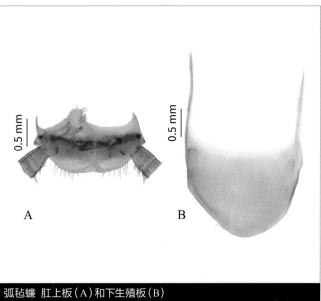

弧毡蠊 肛上板（A）和下生殖板（B）

黑毡蠊 *Jacobsonina erebis* Wu, Yue, Qiu et Liu, 2014

体连翅长9.0~10.0 mm。体黑褐色，侧缘和足黄褐色。复眼间距约等于触角窝间距。雄虫肛上板后缘弧形；肛侧板不同，左侧板具一加厚弯向背面的突起，右侧板表面具粗壮小刺；下生殖板不对称，后缘斜向左侧边缘平直凸出，左右侧边缘弧形凹陷，右侧缘大于左侧缘，在各腹侧弯曲处表面着生一些粗壮小刺。

分布：西藏（墨脱）。

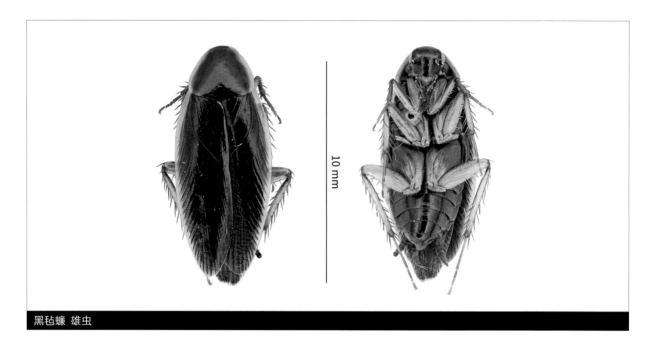

黑毡蠊　雄虫

阔体毡蠊 *Jacobsonina platysoma* (Walker, 1868)

体连翅长10~12.2 mm。黄褐色。头顶复眼间距约等于触角窝间距。雄虫肛上板后缘钝圆，中部稍凹陷；两肛侧板不同，右肛侧板着生一些小的黑刺；下生殖板两侧缘近平行，后缘近中部呈近长方形凸出，其后缘着生一些小刺突。

分布：广西（南宁），云南（西双版纳）；印度，澳大利亚。

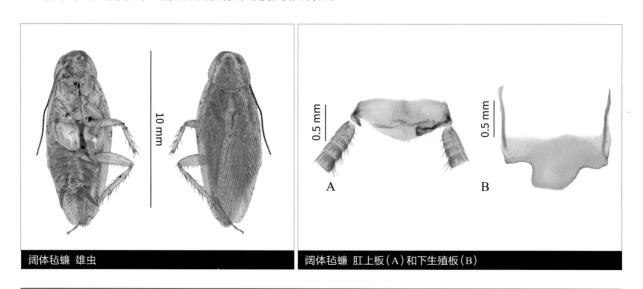

阔体毡蠊　雄虫　　　　　　　　阔体毡蠊　肛上板（A）和下生殖板（B）

扭毡蠊 *Jacobsonina tortuosa* Wang, Jiang et Che, 2009

体连翅长11.0~12.5 mm。黄褐色。复眼间距略窄于触角窝间距。雄虫外肛上板对称，后缘弧形；肛侧板不同，右侧板简单片状，端部尖锐，左侧板具一弯曲的长刺状结构，骨片边缘着生几个锐刺；下生殖板左侧角呈L形缺刻，右侧角圆弧状。

分布: 云南（西双版纳）。

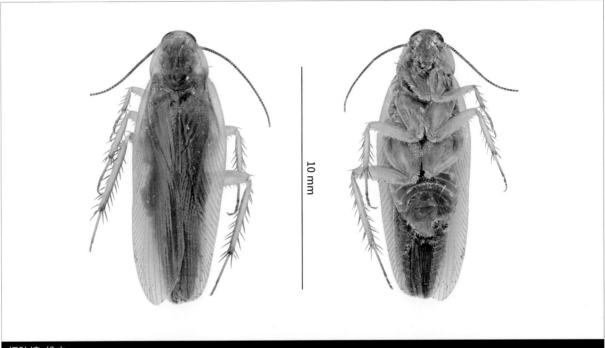

扭毡蠊　雄虫

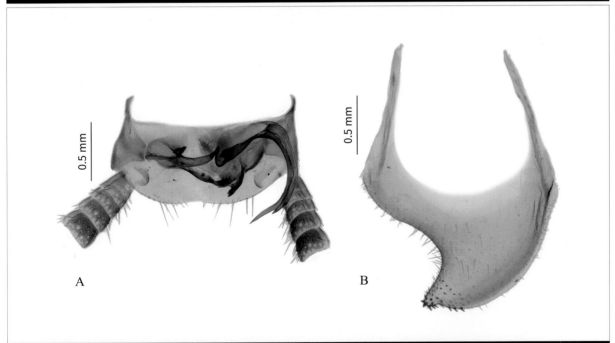

扭毡蠊　肛上板（A）和下生殖板（B）

红蠊属 *Lobopterella* Princis, 1957

前翅缩短，不达背板第3节，后翅退化。雄虫第7背板具1对微小无毛簇的凹陷，覆盖于第6背板下；下生殖板明显凸出，不对称，具带刚毛的尾刺和突起（聚集成簇，尾刺和突起不易区分）。前足腿节刺式A2或A3型，1—4跗分节具跗垫，爪对称不特化，具中垫。钩状阳茎在左侧，中阳茎在近中部分成2支。

该属隶属于姬蠊亚科Blattellinae，世界仅3种，中国分布1种。主要分布在太平洋和印度洋的一些岛屿。

交配中的双斑红蠊 | 吴可量摄于海南

双斑红蠊 *Lobopterella dimidiatipes* (Bolívar, 1890)

体长10.0~12.8 mm。体小型，黑白相间。头顶复眼间距约等于触角窝间距。面部黑色，头顶白色。前胸背板半圆形，中域及后缘黑褐色，前缘及两侧缘透明。前翅近梯形，黑褐色，边缘透明，臀域具2个白色斑点。足白色，具黑色斑块。腹部黑褐色，两侧缘白色，第2背板具1对黄白色的横纹。尾须端半部白色，基半部黑色。雄虫腹部背板第7节特化，具小凹陷，无刚毛；雄虫肛上板对称，宽阔且钝圆，略呈梯形，后缘中部稍凹陷，具刚毛；下生殖板不对称，结构复杂，前缘中部凹陷，密被刚毛。

分布：海南（三亚），台湾；日本，印度，泰国，菲律宾，印度尼西亚（弗洛勒斯岛），马尔代夫，美国，巴布亚新几内亚（新不列颠岛），法国（马克萨斯群岛、大溪地岛、新喀里多尼亚），萨摩亚，斐济，马达加斯加，塞舌尔，坦桑尼亚，所罗门群岛。

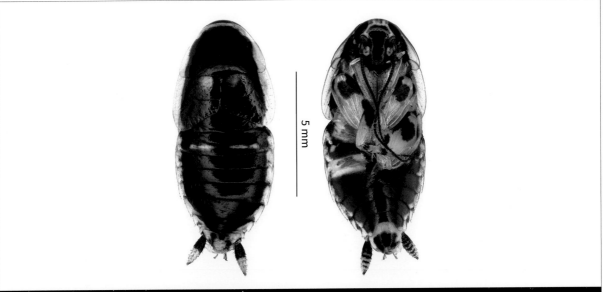

双斑红蠊 雄虫

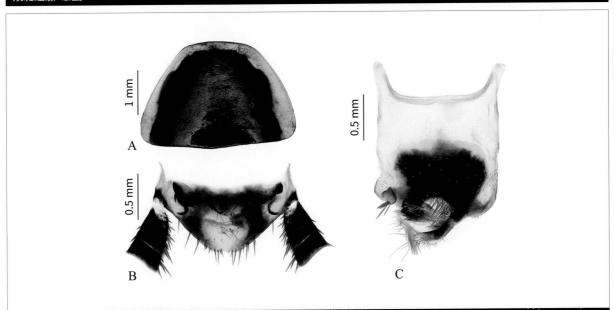

双斑红蠊 雄虫前胸背板（A），肛上板（B）和下生殖板（C）

玛拉蠊属 *Malaccina* Hebard, 1929

体微小型。前后翅通常发育完全,前翅具4~7条倾斜的中域支脉,后翅CuA通常具1或2条伪完全脉,0~2条不完全分支,分支通常径向(尤其是伪完全脉),附属区弧形凸出,占后翅长的26%~31%。前足腿节腹缘刺式通常A3型,通常跗节第4分节具跗垫,少数1—4节均具跗垫,爪对称,特化,明显呈锯齿状,具中垫。雄虫第7背板通常特化,极少不特化;肛上板对称;下生殖板近对称或不对称尾刺近似或稍不同。钩状阳茎位于下生殖板左侧。

该属隶属于姬蠊亚科Blattellinae,世界共记载9种,中国已知2种,本图鉴收录2种。主要分布在东洋区。

本图鉴玛拉蠊属 *Malaccina* 分种检索表

两尾刺长,右尾刺长于左尾刺,右尾刺端部尖锐,左尾刺柱形 ························ 中华玛拉蠊 *Malaccina sinica*

两尾刺短粗,左尾刺大于右尾刺 ··· 暗褐玛拉蠊 *Malaccina discoidalis*

暗褐玛拉蠊 *Malaccina discoidalis* (Princis, 1957)

体连翅长5.8~8.4 mm。褐色。头顶复眼间距稍短于触角窝间距离,等于或略短于单眼间距。后翅附属区短于后翅长度的1/3。前足腿节腹缘刺式B2型,末端细刺较少,仅第4节具跗垫,或1—4节均有,但第4节跗垫最大。第7腹部背板稍特化,中部凹陷并散布少量刚毛。雄虫肛上板近梯形,端部钝圆;左右肛侧板不对称;下生殖板稍不对称,两尾刺不等大,左尾刺明显大于右尾刺。

分布:云南(西双版纳、瑞丽);缅甸。

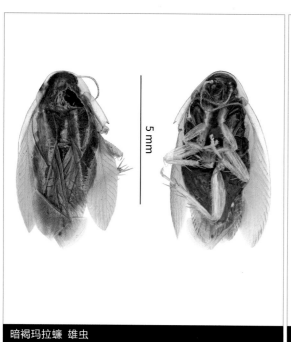

暗褐玛拉蠊 雄虫

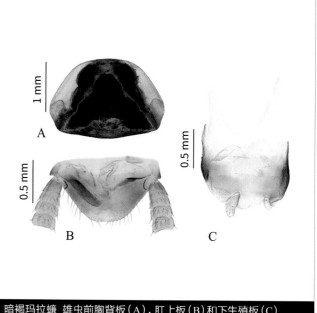

暗褐玛拉蠊 雄虫前胸背板(A),肛上板(B)和下生殖板(C)

中华玛拉蠊 *Malaccina sinica* (Bey-Bienko, 1954)

体连翅长6.8~9.1 mm。黄褐色。头顶复眼间距等于或略小于触角窝间距。后翅翅端附属区约占翅长的30%。前足腿节腹缘刺式A3型，1—4跗分节具跗垫，第1节跗垫不明显。腹部第7背板特化，具1对小窝，内着生细毛。雄虫肛上板后缘弧状突出，中部稍凹陷，后缘具长刚毛；两肛侧板不同；下生殖板不对称，右侧具凹；右尾刺长，端部尖锐，左尾刺较短，棒状。

分布：江西（九连山），湖南（郴州），福建（邵武、武夷山、福州、莆田、建阳），海南（保亭），贵州（望谟），云南（景洪）。

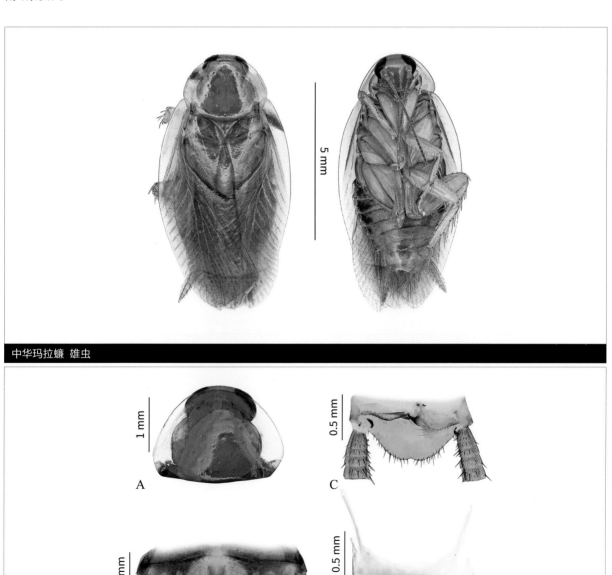

中华玛拉蠊 雄虫

中华玛拉蠊 雄虫前胸背板（A），腹部第7背板（B），肛上板（C）和下生殖板（D）

新叶蠊属 *Neoloboptera* Princis, 1953

体小型。前后翅发育完全,或稍退化。前足腿节A3、A4或B3型。1—4跗分节具跗垫,爪对称,不特化,具中垫。雄虫背板不特化或仅第1背板特化,中部具毛簇;肛上板近对称,左右肛侧板不相同;下生殖板对称或稍不对称,侧缘直或略弯曲,无尾刺。钩状阳茎位于下生殖板左侧;中阳茎呈细长的棒状,具附属骨片,基部粗壮;右阳茎稍退化。

该属隶属于姬蠊亚科Blattellinae,世界共计6种,中国分布3种,本图鉴收录2种。主要分布于中国、阿富汗、印度和泰国等。

本图鉴新叶蠊属 *Neoloboptera* 分种检索表

第1背板特化 ·· 周氏新叶蠊 *Neoloboptera choui*

第1背板不特化 ·· 里氏新叶蠊 *Neoloboptera reesei*

周氏新叶蠊 *Neoloboptera choui* Che, 2009

体连翅长6.8 mm。黑褐色,前胸背板侧缘,前翅侧缘和足黄褐色。雄虫腹部第1背板中部具2块毛簇;肛上板近梯形,稍钝圆,后缘平直;下生殖板后缘中部圆弧状凸出。

分布:湖南(衡山),贵州(贵阳)。

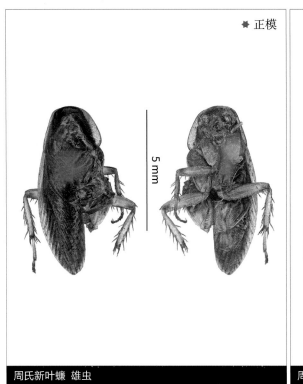

✴ 正模

周氏新叶蠊 雄虫

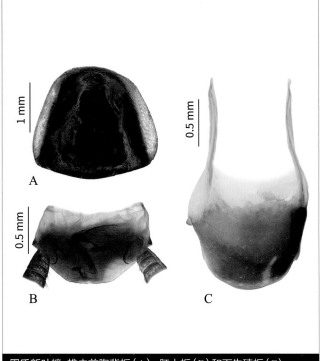

周氏新叶蠊 雄虫前胸背板(A),肛上板(B)和下生殖板(C)

里氏新叶蠊 *Neoloboptera reesei* Roth, 1989

体连翅长8.1~9.4 mm。黑褐色，前胸背板侧缘，前翅侧缘以及足黄褐色。雄虫腹部背板不特化；肛上板后缘中部具V形深凹，肛侧板不对称；下生殖板后缘中部凸出，两侧稍斜截。

分布：云南（西双版纳）；泰国。

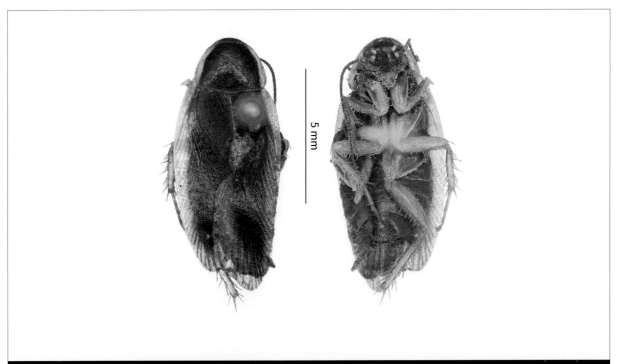

里氏新叶蠊 雄虫

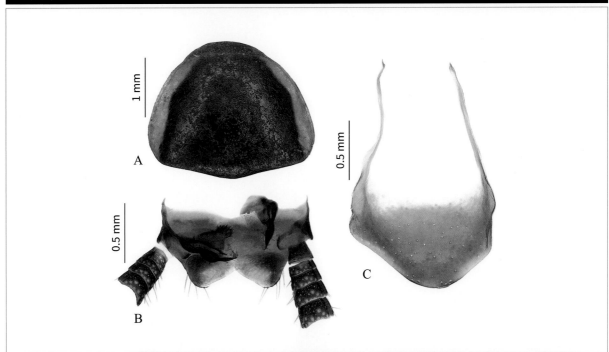

里氏新叶蠊 雄虫前胸背板（A），肛上板（B）和下生殖板（C）

刺板蠊属 *Scalida* Hebard, 1929

体小至中型。不同种类间体色和斑纹通常较为近似：前胸背板通常具有2条较粗的黑褐色纵纹，在后缘相连接，前翅黑褐色，侧缘黄褐色，近透明，足通常黄褐色。头顶复眼间距略窄于或等于触角窝间距。前胸背板近椭圆形，前缘近平截，后缘稍凸出。前后翅发育完全。前足腿节腹缘刺式B3型，1—4跗分节具跗垫，爪不特化，对称，具中垫。雄虫通常在第1或第7背板特化；肛上板不同种间特化出各种不同的形状，左右肛侧板不对称；下生殖板不对称，尾刺不对称，特化。钩状阳茎位于下生殖板左侧，中阳茎棒状，端部尖锐，具附属骨片；右阳茎具裂骨片。雌虫肛上板近梯形，后缘近平截；下生殖板对称，后缘凸出；卵荚产出之前旋转。常栖居于灌木丛中。

该属隶属于姬蠊亚科Blattellinae，世界已知9种，中国已知7种，本图鉴收录5种。主要分布在东洋区。

夜晚在叶片上活动的外刺板蠊 ｜ 邱鹭摄于云南普洱

本图鉴刺板蠊属 *Scalida* 分种检索表

异向刺板蠊 *Scalida biclavata* Bey-Bienko, 1958

体连翅长12.5~14.5 mm。头顶黑褐色,面部黄褐色,腹面黄褐色。雄虫第7背板特化;肛上板突出,后缘中部具一凹陷,凹陷两侧各具一指向中部的刺突,凹陷周围具许多小刺;下生殖板不对称,右侧较延展,右尾刺较左尾刺大,两尾刺均分化出许多刺突。

分布:云南(西双版纳、景东)。

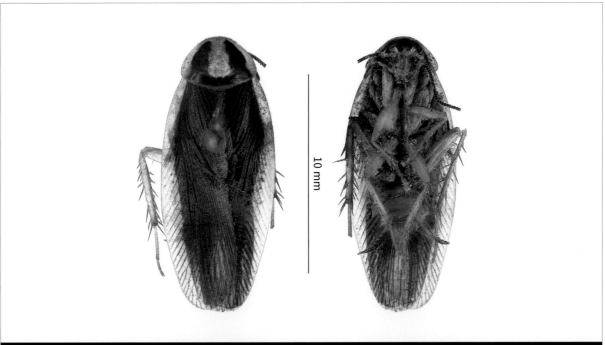

异向刺板蠊 雄虫

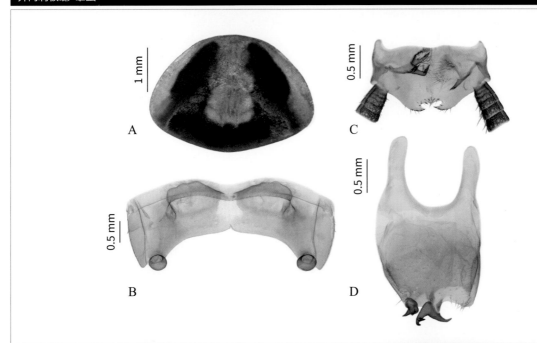

异向刺板蠊 雄虫前胸背板(A),腹部第7背板(B),肛上板(C)和下生殖板(D)

外刺板蠊 *Scalida ectobioides* (Saussure, 1873)

体连翅长11.9~13.0 mm。头除口器部分黄褐色外，其余部分黑褐色，前胸背板两黑色纵带几乎融合为1个大的黑斑，足基节和腹部近黑褐色。雄虫第7背板特化；肛上板不甚凸出，后缘中部具一小凹，凹陷两侧具2个指向下生殖板的小突；下生殖板不对称，端部右侧具一浅凹，左尾刺大于右尾刺，均分叉，呈棘刺状。

分布：云南（普洱、西双版纳），贵州（望谟），福建（莆田）；缅甸。

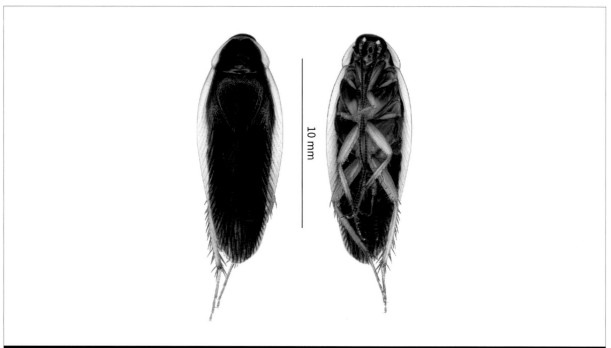

外刺板蠊 雄虫

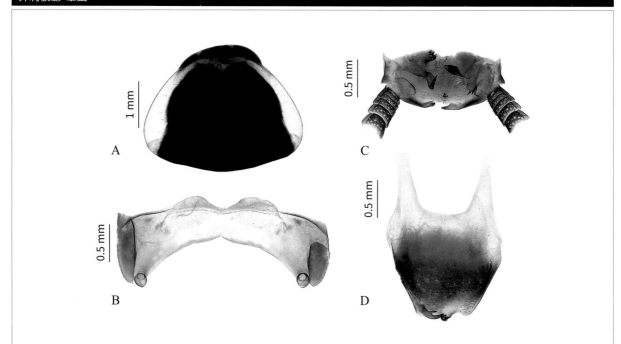

外刺板蠊 雄虫前胸背板（A），腹部第7背板（B），肛上板（C）和下生殖板（D）

淡纹刺板蠊 *Scalida latiusvittata* (Brunner von Wattenwyl, 1898)

体连翅长9.8~12.2 mm。头黑褐色，单眼间具一黄色横带，口器部分黄褐色，腹面浅黄褐色。雄虫腹部第1背板和第7背板特化；肛上板横阔，后缘中部具3个突起，中部突起较小，两侧突起稍不对称，端部具小刺；下生殖板稍不对称，两侧斜截，右侧稍突出，两尾刺近似，球状，上面着生若干小刺。

分布：海南（五指山）；印度尼西亚（爪哇）。

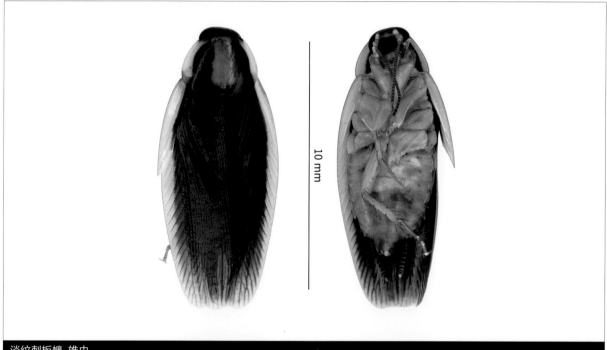

淡纹刺板蠊 雄虫

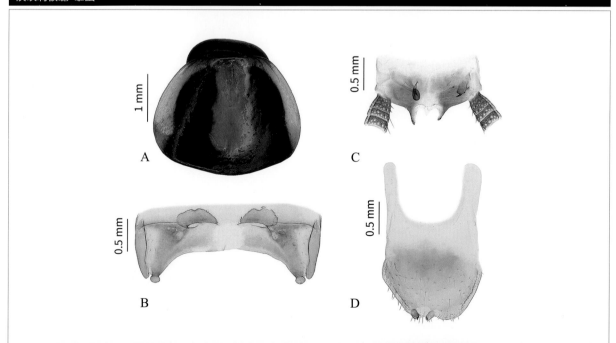

淡纹刺板蠊 雄虫前胸背板（A），腹部第7背板（B），肛上板（C）和下生殖板（D）

红顶刺板蠊 *Scalida pyrrhocephala* Wang et Che, 2010

体连翅长2.5 mm。头顶复眼间呈红褐色，腹面均为黄褐色。雄虫第1和第7背板特化；肛上板对称，腹面后缘中部具1圆形突起，上着生小刺和刚毛，两侧各具1尾突，端部尖锐；下生殖板稍不对称，端部中央圆弧状凸出，两侧各着生1弯钩状尾刺，两尾刺稍异型，弯曲部分各具1小刺。

分布：云南（西双版纳）。

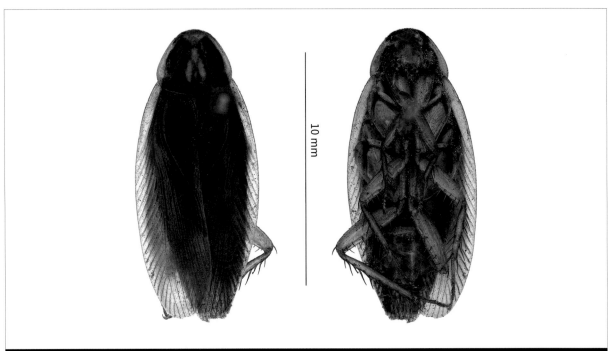

红顶刺板蠊 雄虫

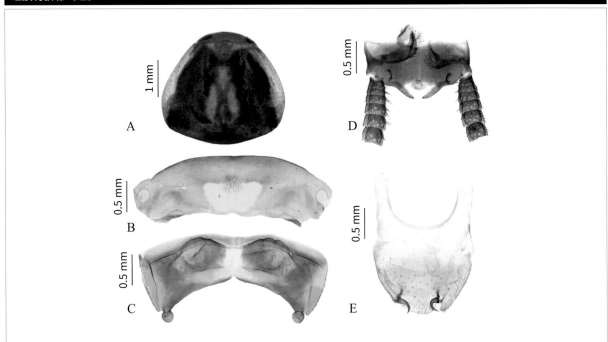

红顶刺板蠊 雄虫前胸背板（A），腹部第1背板（B）和第7背板（C），肛上板（D）和下生殖板（E）

四刺刺板蠊 *Scalida quardrispinata* Wang et Che, 2010

体连翅长13.5~15.3 mm。头浅褐色，复眼间具一褐色横带，腹面均为黄褐色。雄虫腹部第7背板特化；肛上板横阔，后缘中部具2个长刺状突起，突起侧缘上具2~4个小刺，突起间呈方形向内凹陷，凹陷中央具一钝圆的小突起，上面着生若干小刺；下生殖板不对称，右侧端部内凹，左尾刺小于右尾刺，近球形，上面均着生2~3个刺突。

分布：云南（西双版纳、普洱），贵州（茂兰）。

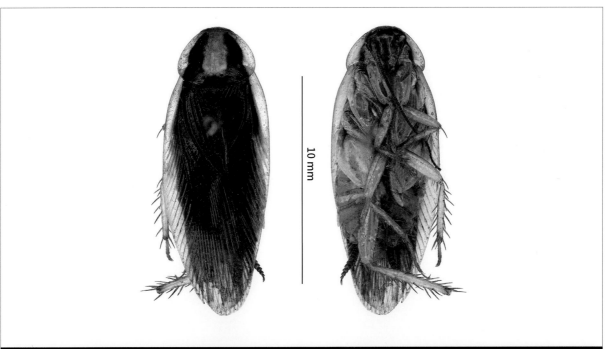

四刺刺板蠊 雄虫

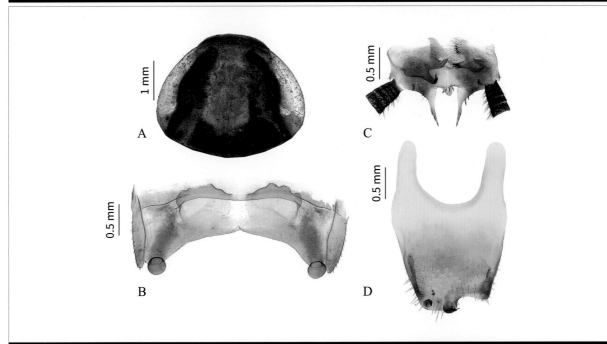

四刺刺板蠊 雄虫前胸背板（A），腹部第7背板（B），肛上板（C）和下生殖板（D）

乙蠊属 *Sigmella* Hebard, 1940

　　体中型。前后翅发育完全。后翅翅顶三角区小，但很明显。前足腿节腹缘刺式B3型，基部1—4跗分节具跗垫，爪不特化，对称，具中垫。雄虫腹部第1和第7背板特化，或仅第1或第7背板特化，或者都不特化；肛上板对称，尾须间无突起，左右肛侧板不对称；下生殖板不对称，背面观两尾刺间具有1个大的突起；两尾刺圆柱形，相似或稍差异，少部分种类仅具1个尾刺。钩状阳茎在左侧。雌虫产卵之前旋转卵荚。常栖居于灌木或草丛中。

　　该属隶属于姬蠊亚科Blattellinae，世界已知21种，中国已知4种，本图鉴收录2种。主要分布在东洋区。

乙蠊 | 邱鹭摄于贵州贵阳

本图鉴乙蠊属 *Sigmella* 分种检索表

肛上板后缘中部呈小乳突状凸出 ·· 拟申氏乙蠊*Sigmella puchihlungi*

肛上板呈三角状突出 ·· 双斑乙蠊*Sigmella biguttata*

双斑乙蠊 *Sigmella biguttata* (Bey-Bienko, 1954)

体连翅长12.5~15.7 mm。体黄褐色至褐色。雄虫腹部第7背板特化；肛上板三角状突出，端部钝圆；下生殖板凸出，左侧较狭，具矩状毛，右侧稍凸出，后缘中部强烈凹陷，凹陷处具一宽大的凸起，凸起右侧具一强烈弯曲的尾刺，端部尖锐。

分布：安徽（黄山），贵州（贵阳），广东（广州），重庆（北碚），海南（鹦哥岭、黎母山、保亭），广西（十万大山、桂平），云南（金平），江苏（南京），浙江（天目山）。

双斑乙蠊 无斑型 ｜ 邱鹭摄于重庆北碚

双斑乙蠊 具斑型 ｜ 邱鹭摄于重庆北碚

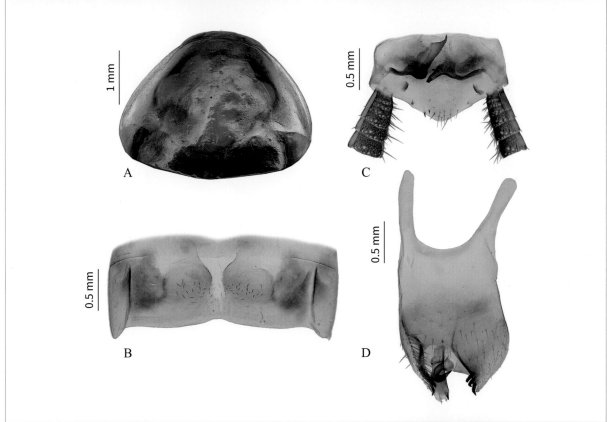

双斑乙蠊 雄虫前胸背板（A），腹部第7背板（B），肛上板（C）和下生殖板（D）

拟申氏乙蠊 *Sigmella puchihlungi* (Bey-Bienko, 1959)

体连翅长15.0~17.5 mm。体黄褐色至褐色。雄虫腹部第7背板特化；肛上板后缘中部具1个半圆状突起，上面具小刺和刚毛；下生殖板左侧具长毛，后缘中部具强凹陷，凹陷两侧具几个大刺，凹陷中部具1根大突起，突起端部具1~3个小刺，右侧具一钩状尾刺，尾刺弯曲部分有2个尖锐状突起。

分布：广东（鼎湖山、信宜），海南（尖峰岭、吊罗山、乐会），广西（花坪、凭祥），重庆（合川、四面山），贵州（宽阔水）。

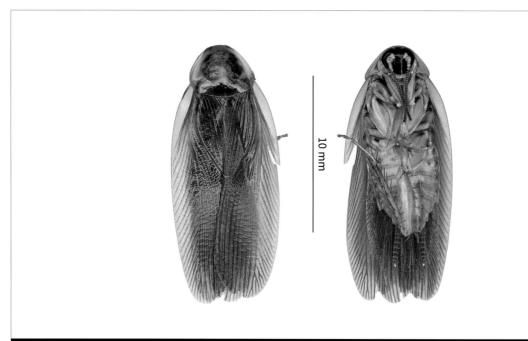

拟申氏乙蠊 雄虫

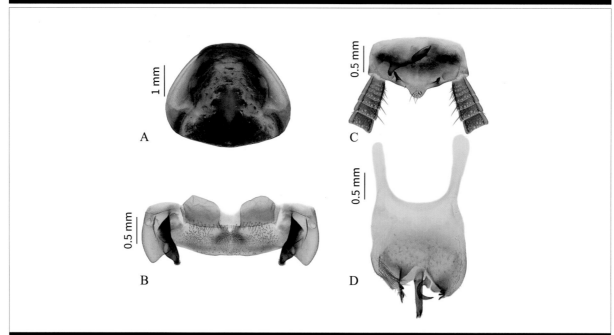

拟申氏乙蠊 雄虫前胸背板（A），腹部第7背板（B），肛上板（C）和下生殖板（D）

歪尾蠊属 *Symploce* Hebard, 1916

体中至大型。前后翅发达，极少数退化。前足腿节腹缘刺式大多A3，少数为B3，或在A型与B型之间。雄虫腹部背板的特化情况变化大，特化可能仅发生或者部分发生在第1、第7到第10背板之间，特化部位的形状也多变；肛卜板对称，很少不对称；下生殖板不对称，形态多变，具多变的高度特化的尾刺。常栖居于灌木、草丛、树丛或者落叶层中。

该属隶属于姬蠊亚科Blattellinae，世界共计67种，中国分布16种（含亚种），本图鉴收录9种。该属广泛分布于亚洲、非洲、欧洲以及南北美洲。

交配中的歪尾蠊 ｜ 邱鹭摄于广西十万大山

本图鉴歪尾蠊属 *Symploce* 分种检索表

双斑歪尾蠊 *Symploce bispot* Feng et Woo, 1988

　　体连翅长16.0~21.0 mm。体黄褐色。前胸背板中域褐色，褐色区具对称的黄褐色斑纹。雄虫腹部背板无明显特化；肛上板凸出，钝圆；下生殖板两侧角较凸出，钝圆，后缘中部具2个小突起，两尾刺着生于2个突起上面，短粗，具许多小刺。

　　分布：西藏（墨脱），云南（普洱）。

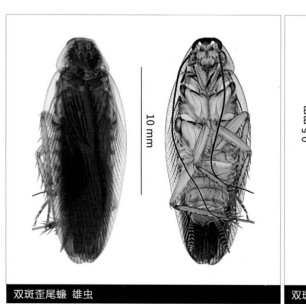

双斑歪尾蠊 雄虫

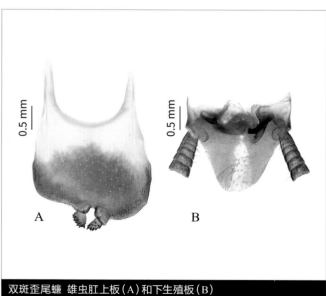

双斑歪尾蠊 雄虫肛上板（A）和下生殖板（B）

炫纹歪尾蠊 *Symploce evidens* Wang et Che, 2013

体连翅长18.5~24.0 mm。色彩较为鲜艳，黑黄色相间；前胸背板近后缘具1个弯曲的哑铃形黑斑，前翅红褐色，端部黑色，触角、上唇、下颚须、下唇须、足胫节和跗节、尾须黑色，除上述部分以外区域均为黄色。雄虫第1背板特化；肛上板简单，后缘略呈梯形状凸出；下生殖板不对称，端部向左侧稍偏倚，两尾刺着生于端部两侧，尾刺端部均呈一弯曲的刺突状。

分布：海南（尖峰岭、五指山、保亭、吊罗山）。

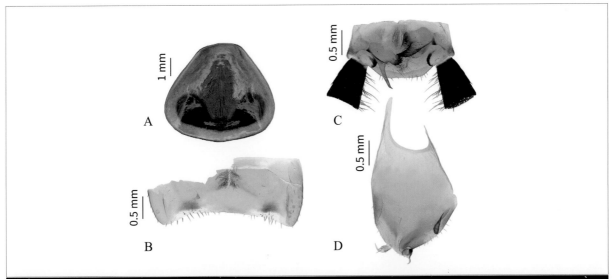

炫纹歪尾蠊 雄虫前胸背板（A），腹部第7背板（B），肛上板（C）和下生殖板（D）

炫纹歪尾蠊 ┃ 王冬冬摄于海南五指山

舌歪尾蠊 *Symploce ligulata* (Bey-Bienko, 1957)

体连翅长15.5~17.3 mm。黄褐色。两复眼间距略窄于触角窝间距。头顶黄褐色。前胸背板黄褐色，中域黑褐色，具对称的浅色条斑。雄虫腹部第6背板较宽，几乎完全覆盖第7背板；第7背板特化，中部具1列刚毛，两侧具2个较大的窝。雄虫肛上板对称，近舌状，腹面具刚毛；下生殖板稍不对称，后缘中部强烈收敛，并着生两尾刺，左尾刺较宽大，外边缘具刺，右尾刺近锥形，无小刺。

分布：云南（芒市、景洪、墨江）。

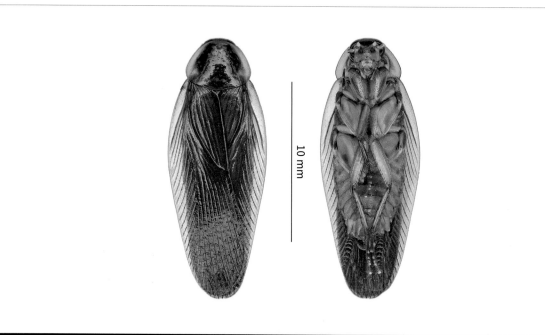

舌歪尾蠊　雄虫

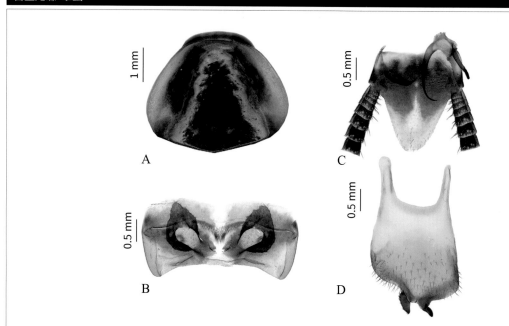

舌歪尾蠊　雄虫前胸背板（A），腹部第7背板（B），肛上板（C）和下生殖板（D）

缘歪尾蠊 *Symploce marginata* (Bey-Bienko, 1957)

　　体连翅长14.5~16.5 mm。黄褐色。头顶黄褐色，面部褐色，前胸背板中域褐色。雄虫腹部第1背板特化；肛上板后缘中部凸出，端部钝圆；下生殖板向右侧偏倚，两尾刺不等大，端部均尖锐。

　　分布：云南（大围山），重庆（缙云山）。

缘歪尾蠊 ｜ 邱鹭摄于云南屏边大围山

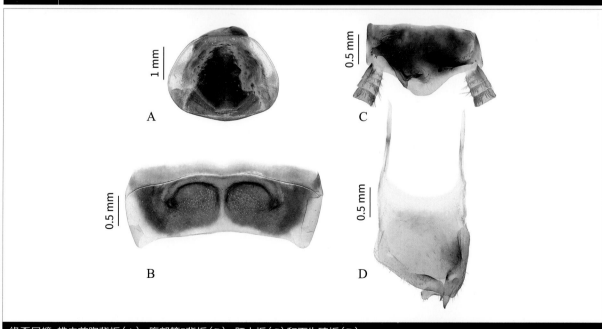

缘歪尾蠊　雄虫前胸背板（A），腹部第7背板（B），肛上板（C）和下生殖板（D）

拟缘歪尾蠊 *Symploce paramarginata* Wang et Che, 2013

体连翅长14.5~16.5 mm。体黑褐色，头顶红褐色，前胸背板侧缘褐前翅侧缘黄褐色。雄虫腹部第1背板特化；肛上板近梯形，后侧角钝圆，后缘中部微凹；下生殖板向右侧偏倚，尾刺宽大，端缘均具小刺。

分布：广西（花坪、金秀、那坡、防城港），贵州（茂兰）。

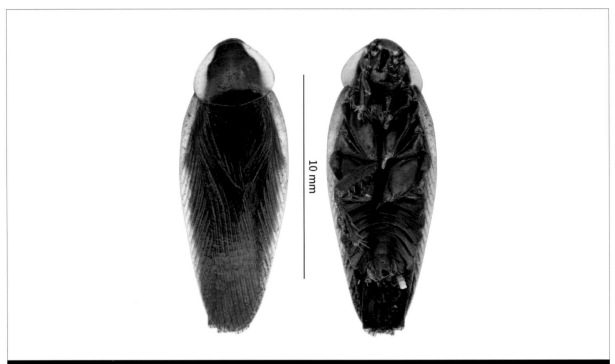

拟缘歪尾蠊 雄虫

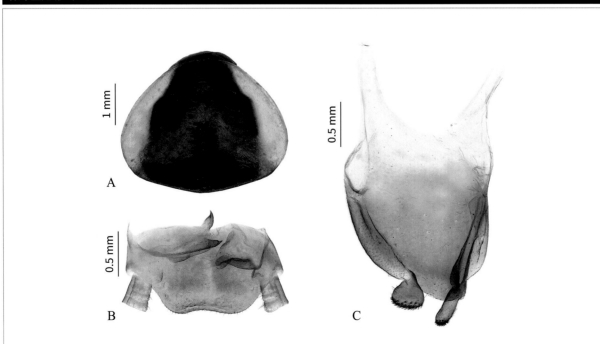

拟缘歪尾蠊 雄虫前胸背板（A），肛上板（B）和下生殖板（C）

球突歪尾蠊 *Symploce sphaerica* Wang et Che, 2013

体连翅长14.8~15.8 mm。黄褐色。雄虫腹部第1、第7背板特化；肛上板横阔，后缘略微凸出；下生殖板左侧斜截，右侧扩展，尾刺位于后缘中部最顶端两侧，左尾刺较右尾刺大，上面均着生小刺。

分布：广西（圣堂山），广东（象头山、南岭）。

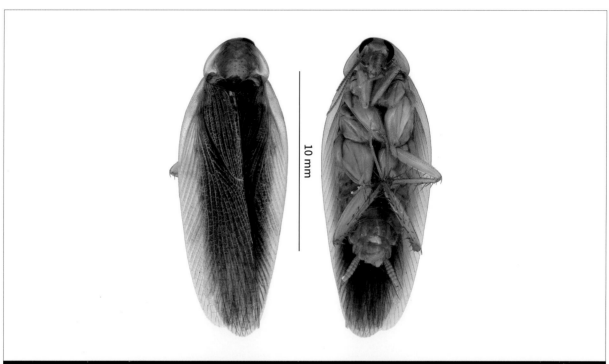

10 mm

球突歪尾蠊　雄虫

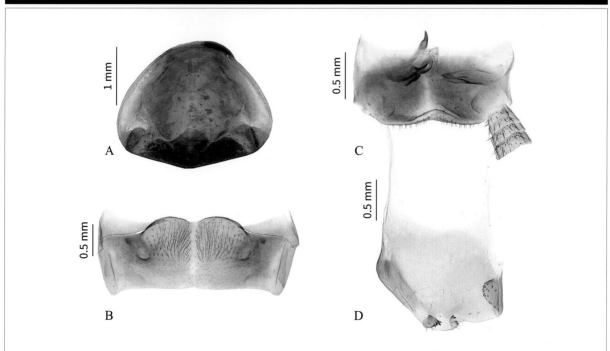

1 mm

0.5 mm

0.5 mm

0.5 mm

A

B

C

D

球突歪尾蠊　雄虫前胸背板（A），腹部第7背板（B），肛上板（C）和下生殖板（D）

纹歪尾蠊 *Symploce striata* (Shiraki, 1906)

体连翅长19.0~21.0 mm。体黄褐色至褐色，前胸背板基半部具2个长斑。雄虫腹部第1和第7背板特化；肛上板后缘近梯形；下生殖板近对称，两尾刺着生于后缘中部，左尾刺较大，两尾刺端部均锐利。目前该种被划分为2个亚种，即纹歪尾蠊指名亚种*Symploce striata striata* (Shiraki, 1906)和分布在台湾乌来的乌来亚种*Symploce striata wulaii* (Asahina, 1979)。

分布：福建（武夷山），广东（南岭），贵州（雷公山），台湾（乌来）；日本。

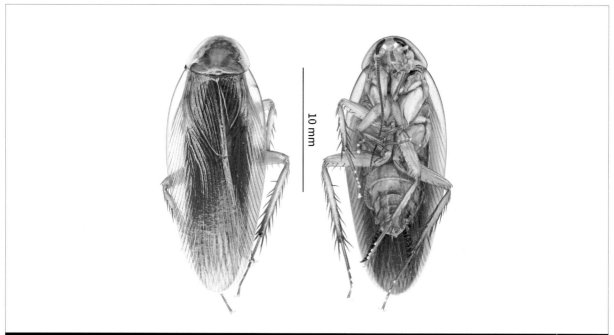

纹歪尾蠊 雄虫

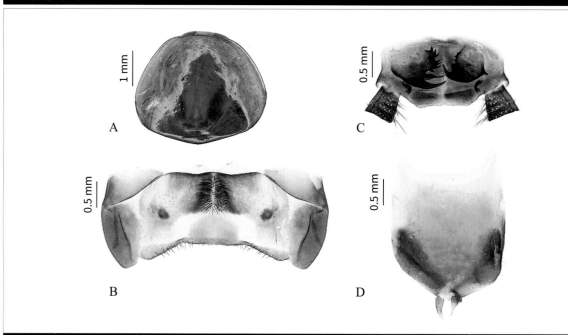

纹歪尾蠊 雄虫前胸背板（A），腹部第7背板（B），肛上板（C）和下生殖板（D）

炬歪尾蠊 *Symploce torchaceus* Feng et Woo, 1999

体连翅长16.5~20.0 mm。黄褐色，头顶，面部黑褐色，前胸背板基半部具1对对称的近三角状斑纹。雄虫腹部第7背板特化；肛上板近梯形，后缘中部具凹陷，后侧角钝圆，两侧缘具3~4个小刺；下生殖板不对称，向右侧偏倚，两侧缘具长毛，左侧缘向右凹陷，右侧缘稍延展，左尾刺较右尾刺大，指向两侧，端部锐利，上面均着生小刺。

分布：福建（武夷山、福鼎），海南（吊罗山、尖峰岭）。

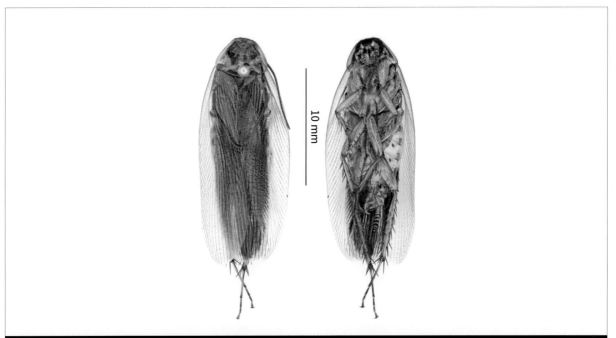

炬歪尾蠊 雄虫

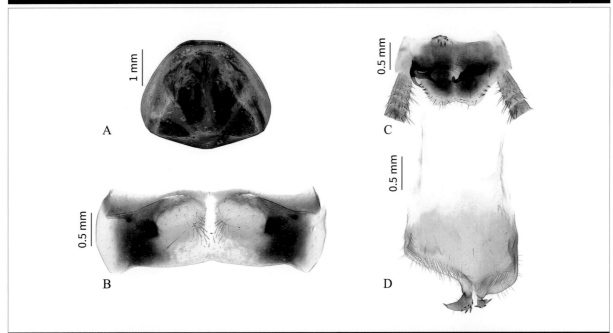

炬歪尾蠊 雄虫前胸背板（A），腹部第7背板（B），肛上板（C）和下生殖板（D）

武陵歪尾蠊 *Symploce wulingensis* Feng et Woo, 1993

体连翅长17.0~19.4 mm。黄褐色。雄虫第7背板特化；肛上板后缘中部凸出；下生殖板侧缘密被长毛，整体向右侧偏倚，右侧缘向右扩展，左尾向两侧延伸为两分支，右尾刺端部分成2~3个叉，均刺状。

分布：重庆（武隆），福建（武夷山、三港），广东（鼎湖山），海南（尖峰岭、吊罗山、五指山），广西（金秀、桂平），贵州（惠水）。

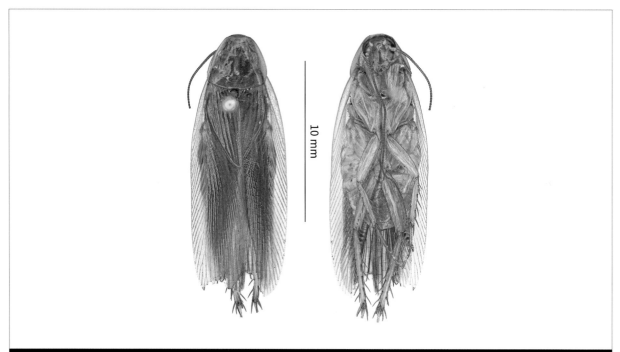

武陵歪尾蠊 雄虫

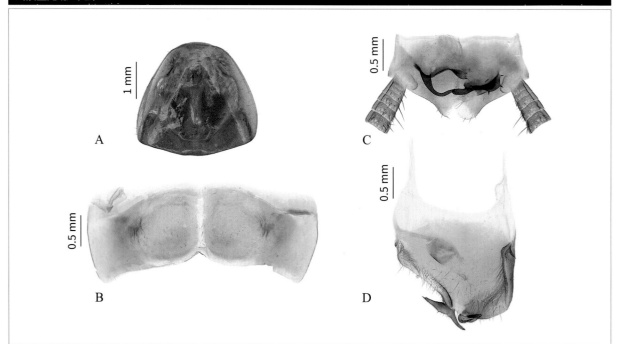

武陵歪尾蠊 雄虫前胸背板（A），腹部第7背板（B），肛上板（C）和下生殖板（D）

齿爪蠊属 *Symplocodes* Hebard, 1929

休通常黄褐色。头顶复眼间距略窄于触角窝间距。前胸背板通常前窄后宽，后侧角钝圆；侧缘通常透明，干标本呈白色。前后翅通常发育完全；前翅侧缘透明。爪对称，内缘明显呈锯齿状，具中垫。雄虫第7背板特化，中部具透明域，两侧具侧叶；下生殖板不对称，构造复杂，通常左侧具一缺口，缺口周围具一些不规则骨片，密被毛簇，右侧通常具一突起。常栖居于灌木丛中。

该属隶属于姬蠊亚科Blattellinae，世界已知8种，中国分布5种，本图鉴收录5种。主要分布在东洋区。

本图鉴齿爪蠊属 *Symplocodes* 分种检索表

友谊齿爪蠊 *Symplocodes amicus* Bey-Bienko, 1958

体长8.0~10.0 mm，黄褐色。头深棕色。前胸背板中域褐色，具一些斑纹，边缘透明。雄虫腹部第7背板特化；肛上板不对称，后缘凸出，凸出部分中部凹陷，左叶大于右叶；下生殖板不对称，左侧具一凹口，凹口处具一指状突起指向左侧，凹口近端部内侧具一不规则骨片，上面着生密毛，端部总体向左侧突出，具一些小刺，右侧具一突出部分，密被短毛；尾刺小，密被短毛，左尾刺位于左侧凹口内侧，右尾刺着生于突出部分端部的基部。

分布：云南（芒市、云县）。

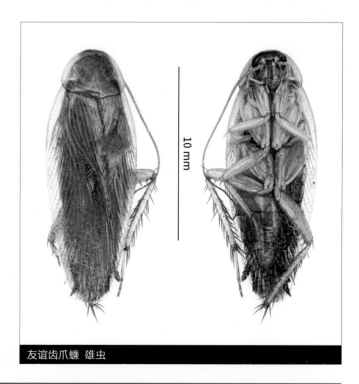

10 mm

友谊齿爪蠊　雄虫

阔角齿爪蠊 *Symplocodes euryloba* Zheng, Wang, Che et Wang, 2015

体连翅长11.5 mm。黄褐色。头顶褐色。雄虫第7背板特化；肛上板简单，凸出；下生殖板不对称，左侧角强烈向外凸出，右侧角具刚毛簇，后缘中部凸出，不对称，具刺状刚毛，下生殖板内部具一弯曲骨片，左端覆有稠密的长刚毛，右端着生少许短刚毛，仅具一锥状尾刺，位于下生殖板右端。

分布：海南（那大、尖峰岭）。

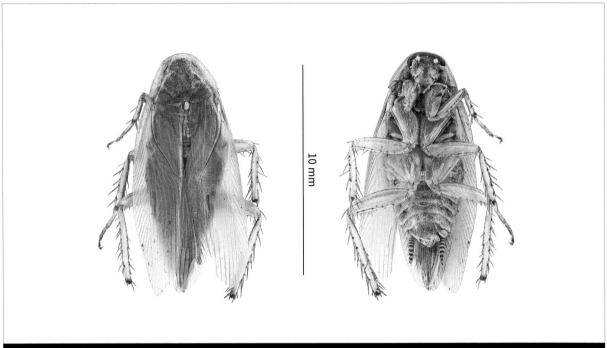

阔角齿爪蠊 雄虫

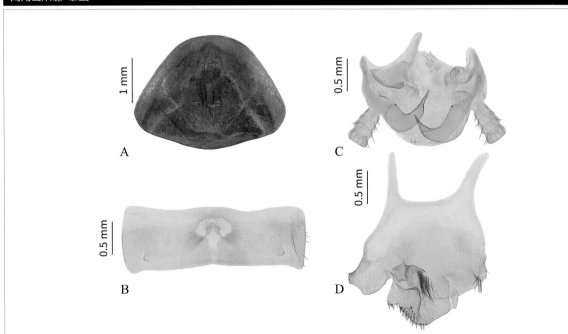

阔角齿爪蠊 雄虫前胸背板（A），腹部第7背板（B），肛上板（C）和下生殖板（D）

长柄齿爪蠊 *Symplocodes manubria* Feng et Guo, 1990

体连翅长13.6~15.2 mm。黄褐色。雄虫腹部第7背板特化；肛上板凸出，后缘中部略凹入，具一些较大的刺；下生殖板不对称，左侧凹陷，基部具片状突起，具毛簇，中部凸出，末端着生指向左侧的柄状突起，左侧缺刻处具不规则骨片，端部着生长刚毛；仅具短小的右尾刺。

分布：云南（西双版纳、普洱、盈江）。

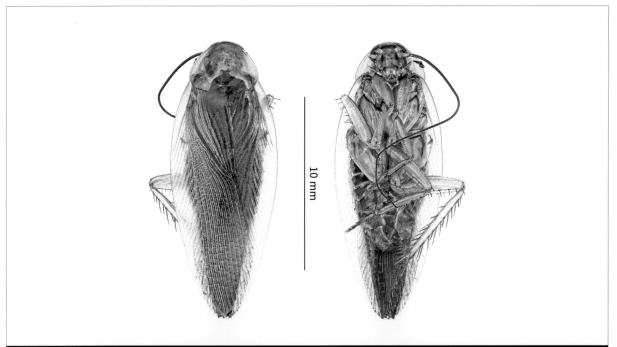

长柄齿爪蠊 雄虫

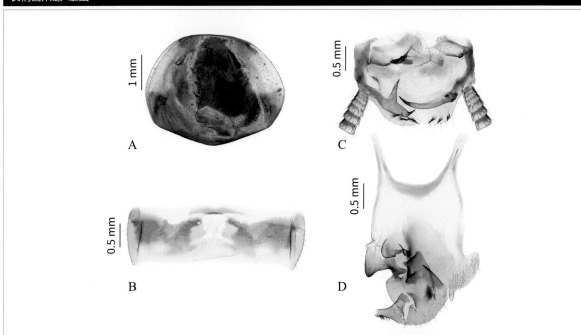

长柄齿爪蠊 雄虫前胸背板（A），腹部第7背板（B），肛上板（C）和下生殖板（D）

竹纹齿爪蠊 *Symplocodes marmorata* (Brunner von Wattenwyl, 1893)

体连翅长14.5~17.0 mm，黄褐色。雄虫第7背板特化；肛上板后缘中部略凹陷，凹陷两侧突起不等大；下生殖板不对称，左侧具缺刻，缺刻上端具从中部伸出的透明骨片，着生许多长刚毛；右侧角具指向右上部的骨片；后缘中部突出，突出部分较宽，右侧具一指状尾刺，左侧向左延伸，延伸端部具毛簇，近中部具1个圆柱突起，端部着生许多长刚毛；内部具较大不规则突起，着生长刚毛簇。该种我国分布2个亚种，即竹纹齿爪蠊指名亚种*Symplocodes marmorata marmorata* (Brunner von Wattenwyl, 1893)和竹纹齿爪蠊蔡氏亚种*Symplocodes marmorata tsaii* (Bey-Bienko, 1958)，前者主要分布于横断山脉以西，包括滇西北和藏东南地区，后者主要分布于横断山脉以东，包括云南其他区域、四川、贵州等地。

分布：四川（盐源、西昌），贵州（望谟），云南（盈江、漾濞、大理、普洱、西双版纳），西藏（墨脱）；缅甸，泰国。

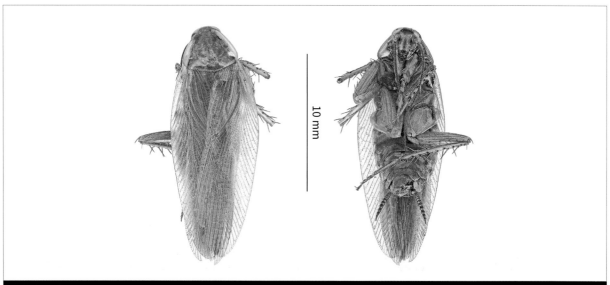

竹纹齿爪蠊 雄虫

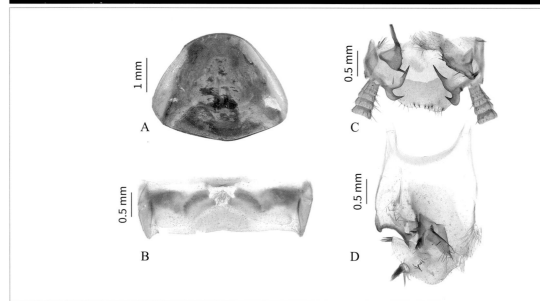

竹纹齿爪蠊 雄虫前胸背板（A），腹部第7背板（B），肛上板（C）和下生殖板（D）

李氏齿爪蠊 *Symplocodes ridleyi* (Shelford, 1913)

体连翅长13.5~16.0 mm。黄褐色。雄虫腹部第7背板特化；肛上板对称，后缘中部略凹入或平截，后缘具刚毛；下生殖板不对称，两侧角均有指向左侧的突起，右突起端部具细长刚毛，左突起无刚毛；后缘向外凸出并着生许多长刚毛，左侧凸出，粗壮，其端部和右侧着生小刺；后缘右侧着生圆锥状尾刺；内部左侧角右侧有一弯曲骨片状突起，右端部着生许多长刚毛，左端着生些许短刚毛。

分布：云南（西双版纳）；马来西亚，新加坡，印度尼西亚（爪哇），新几内亚岛。

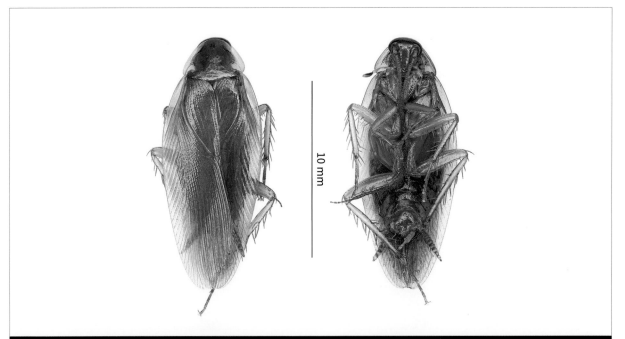

李氏齿爪蠊 雄虫

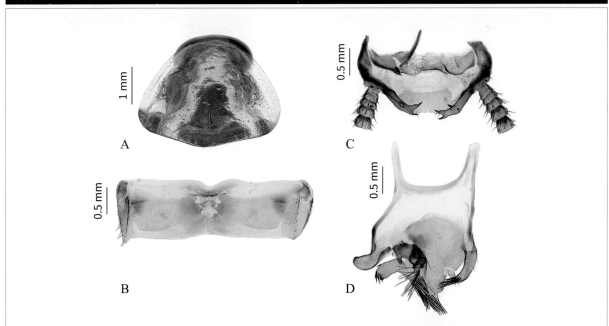

李氏齿爪蠊 雄虫前胸背板（A），腹部第7背板（B），肛上板（C）和下生殖板（D）

全蠊属 *Allacta* Saussure et Zehntner, 1895

体中小型, 扁平, 通常体表具许多网纹和杂斑, 也有体色均一的种类。前后翅发育完全, 少数种类前后翅退化或仅雌虫前后翅退。前足腿节B2或B3, 仅第4跗分节具跗垫, 爪对称, 不特化, 具中垫。雄虫腹部背板不特化。钩状阳茎在右侧。卵荚产出之前不旋转。通常栖居于树干表面或树皮下, 许多种类身体扁平, 身体配色近似地衣或苔藓, 可让其隐藏在树干表面, 也有出没于灌木丛中的种类。

该属隶属于拟叶蠊亚科Pseudophyllodromiinae, 世界共有40余种, 中国7种, 本图鉴收录6种。主要分布在东洋区以及澳洲区。

夜晚在树干表面活动的横带全蠊 | 邱鹭摄于海南保亭

本图鉴全蠊属 *Allacta* 分种检索表

1 前翅具网状斑纹 ·· 2

　前翅褐色, 不具网纹 ··· 4

2 前胸背板中域具一大黑斑 ······················· 双斑全蠊 *Allacta bimaculata*

　前胸背板中域具对称的碎斑 ·· 3

3 复眼间具横带 ··· 横带全蠊 *Allacta transversa*

　复眼间不具横带 ······································· 饰带全蠊 *Allacta ornata*

4 前胸背板具对称的斑 ··· 5

　前胸背板均色 ·· 棕全蠊 *Allacta bruna*

5 前胸背板斑纹面积较大, 前翅近均色 ················ 壮全蠊 *Allacta robusta*

　前胸背板斑纹较稀疏, 前翅颜色较浅, 具明显褐色域 ··· 西藏全蠊 *Allacta xizangensis*

双斑全蠊 *Allacta bimaculata* Bey-Bienko, 1969

体连翅长15.0~17.0 mm。体黑褐色；前胸背板侧缘透明，具细碎的小白斑，中域黑色；前翅具白色网纹，中部具2个黑色斑点，足黑褐相间。雄性肛上板短，对称，平截，后缘略凸出；下生殖板不对称，中部具凹，具一些小刺。

分布：云南（西双版纳）。

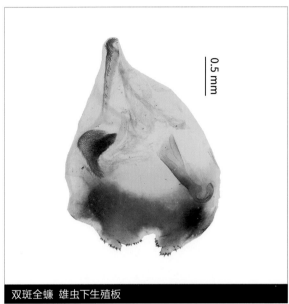

双斑全蠊 雄虫下生殖板 | 双斑全蠊 陈尽摄于西双版纳

棕全蠊 *Allacta bruna* He, Zheng, Qiu, Che et Wang, 2019

体连翅长18.9~19.2 mm。深褐色，前翅红褐色。肛上板近三角形，后缘明显凹陷；下生殖板近对称，后缘中部具V形凹陷，凹陷两侧缘具小刺；两尾刺相似，短圆柱形，均具小刺。

分布：海南（尖峰岭、黎母山、吊罗山）。

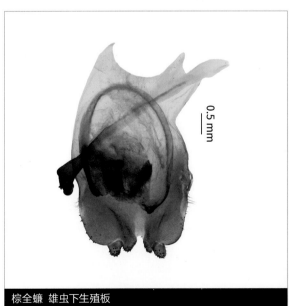

棕全蠊 雄虫下生殖板 | 棕全蠊 邱鹭摄于海南尖峰岭

饰带全蠊 *Allacta ornata* Bey-Bienko, 1969

体连翅长14.2~17.4 mm。体白褐相间，前胸背板具复杂、对称的褐色斑纹，前翅具白色的网纹，近中部具2个模糊的褐色斑；足白色，具深褐色饰斑。雄虫肛上板短，对称，明显横截，基缘凹陷，后缘稍凸出，但具缺刻；下生殖板近对称，后缘具2个突起，突起间具1个倒梯形凹陷，尾刺粗大，不对称，着生在两突起顶端。

分布：云南（西双版纳）。

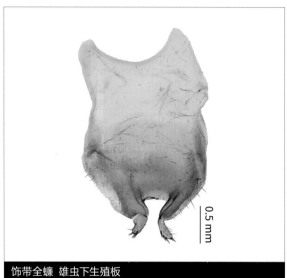

饰带全蠊 雄虫下生殖板

饰带全蠊 陈尽摄于西双版纳

壮全蠊 *Allacta robusta* Bey-Bienko, 1969

体连翅长15.1~17.6 mm。体黑褐色；前胸背板侧缘透明，中域和前后缘黑色，具对称的白色斑纹；前翅红褐色，侧缘透明；足黑色，具黄白色斑。雄虫肛上板近三角形，后缘稍凹陷；下生殖板近对称，后侧角稍钝圆，后缘中部具两小突起，突起端部具小刺，突起间具一凹，两尾刺粗壮，紧邻两突起外侧，上面着生许多小刺。

分布：云南（普洱）。

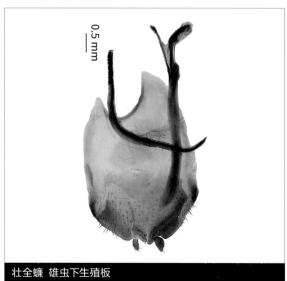

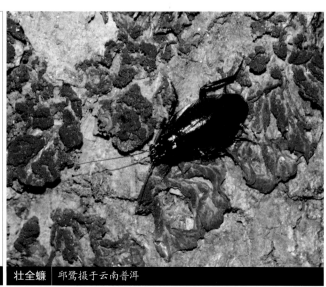

壮全蠊 雄虫下生殖板

壮全蠊 邱鹭摄于云南普洱

横带全蠊 *Allacta transversa* Bey-Bienko, 1969

体连翅长13.7~17.9 mm。体黑色和浅褐色相间；前胸背板近透明，中域具清晰的黑褐色对称斑纹；前翅具白色网纹，近中部具2个模糊的黑褐色斑，臀脉周围黑褐色；足浅褐色，稍具黑斑。雄虫肛上板短，对称，横阔，后缘圆，中部微凹；下生殖板近对称，后缘中部具深凹，向右稍延伸，尾刺圆锥状，粗壮，上面着生若干小刺。

分布：海南（琼中、吊罗山、尖峰岭、保亭）；越南。

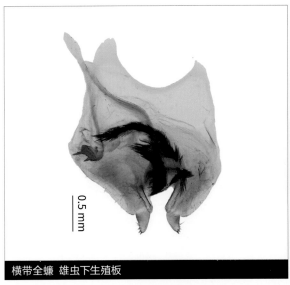

横带全蠊　雄虫下生殖板　　　　横带全蠊　王冬冬摄于海南五指山

西藏全蠊 *Allacta xizangensis* Wang, Gui, Che et Wang, 2014

体连翅长18.3~19.2 mm。体黄褐色；前胸背板近透明，中域具黑色和白色组成的对称斑纹；前翅近透明，从基部到端部延伸出2条褐色浅带；足黄褐。雄虫肛上板短，横阔，略呈三角形，对称，后缘中部稍凹陷；下生殖板稍不对称，略呈方形，后缘中部具小凹，小凹两侧稍凸出，尾刺位于两突出部分两侧。

分布：西藏（察隅）。

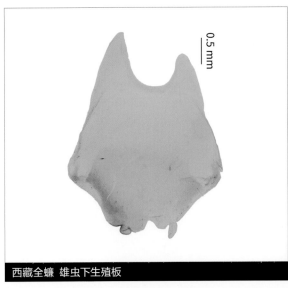

西藏全蠊　雄虫下生殖板　　　　西藏全蠊　邱鹭摄于西藏察隅

巴蠊属 *Balta* Tepper, 1893

　　体小至中型，体色通常较浅，近透明（干制标本通常会变为浅褐色或者白色）。前胸背板近梯形，边缘钝圆，通常前后翅发达，超过腹部末端。1—4跗分节具跗垫，爪不对称，不特化，有中垫。雄性腹部背板不特化，肛上板横向，部分种类凸出；下生殖板中部通常具明显凹陷，两侧凸出成两叶，尾刺粗壮，通常位于两叶顶端。钩状阳茎在右边。雌虫通常翅较短，体型较雄虫短粗。该属与璐蠊属*Lupparia*十分近似，难以区分，由于璐蠊属模式种的模式标本为一雌虫，在没有雄虫标本的情况下很难厘清两者的关系，因此璐蠊属被作为存疑属对待。该属多见于灌木丛或树上，可上灯。

　　该属隶属于拟叶蠊亚科Pseudophyllodromiinae，世界记载100多种，我国分布17种，本图鉴收录12种。主要分布于热带地区。

叶片上活动的凡巴蠊 ｜ 吴可量摄于广东江门

本图鉴巴蠊属 *Balta* 分种检索表

短须巴蠊 *Balta barbellata* Che et Chen, 2010

体连翅长13.5~18.1 mm，浅棕黄色（干标本）。雄虫肛上板后缘稍呈弧形凸出；下生殖板中部具深凹，凹陷中央处具透明膜状结构，尾刺柱状，着生在凹陷两侧内侧，两叶基部腹面着生许多小刺。

分布：海南（尖峰岭、万宁、鹦哥岭、吊罗山、五指山），云南（西双版纳）。

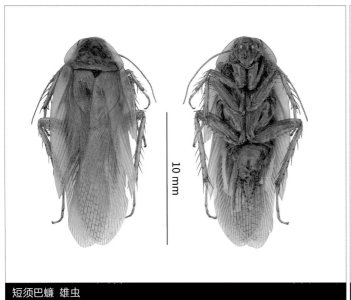

短须巴蠊 雄虫

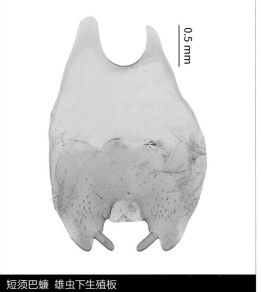

短须巴蠊 雄虫下生殖板

弯刺巴蠊 *Balta curvirostris* Che et Chen, 2010

体连翅长17.1~18.0 mm，橙黄色（干标本）。头顶复眼间距窄于触角窝间距。雄虫肛上板短，后缘稍凸出；下生殖板中部具V形深凹，两叶端部钝圆，尾刺粗壮，圆锥形，着生在两叶端部。

分布：海南（尖峰岭、吊罗山）。

弯刺巴蠊 雄虫

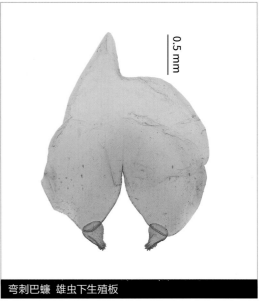

弯刺巴蠊 雄虫下生殖板

黄氏巴蠊 *Balta hwangorum* Bey-Bienko, 1958

体连翅长14.0~18.5 mm。体色和花纹具变异；头顶黄褐色，有时黄褐色区域向面部扩大，面部深褐色。前胸背板近半圆，边缘钝圆，中域深褐色，或深褐色缩减，变为镜像对称的斑纹，极端个体中域仅具稀疏几个小黑斑，侧缘透明。翅褐色至浅褐色，半透明。足通常为浅褐色，腹部深褐色，近端部中央通常具浅褐色区雄虫体黄褐色。雄虫肛上板短，后缘稍凸出，中部具不明显的凹陷；下生殖板中部具狭窄的深V形凹陷，两叶端部平截，尾刺较狭长，着生在两叶端部。雌虫体型较短宽，近似雄虫。

分布：云南（普洱、西双版纳、景东）。

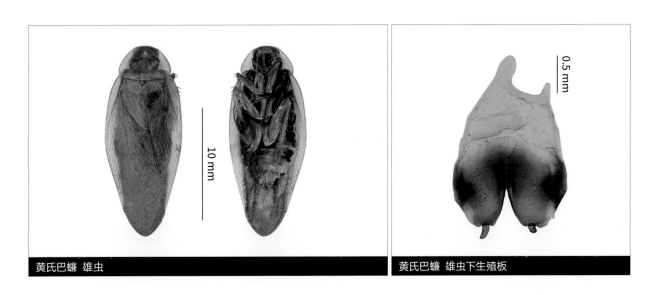

黄氏巴蠊 雄虫　　　　　　　　黄氏巴蠊 雄虫下生殖板

金林氏巴蠊 *Balta jinlinorum* Che et Wang, 2010

体连翅长13.0~15.0 mm，体黄褐色（干标本）。头黄褐色，具一些褐色斑纹。前胸背板中域黄褐色，具稀疏但对称的黑褐色斑，两侧区透明。腹部浅褐色，侧缘具黑褐色带。雄虫肛上板后缘稍凸出；下生殖板后缘中部具宽阔的凹陷，凹陷底部中央具一块近方形的透明域，两叶内缘各具1个硕大的圆锥形尾刺，对指。

分布：安徽（霍山）、江西（九连山）、福建（崇安）、海南（尖峰岭）、广西（龙州、桂平）、贵州（雷公山）。

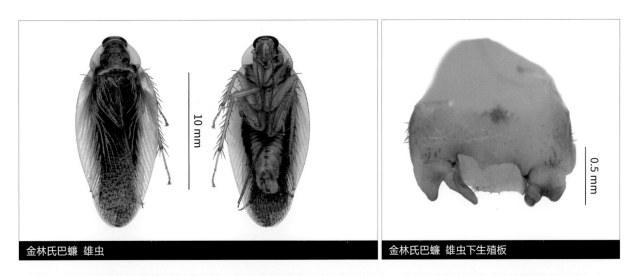

金林氏巴蠊 雄虫　　　　　　　　金林氏巴蠊 雄虫下生殖板

斑翅巴蠊 *Balta maculata* Qiu, Che, Zheng et Wang, 2017

体连翅长雄虫14.0~15.0 mm，雌虫9.8~10.2 mm，浅黄褐色（干标本）。头部浅黄褐色，面部褐色。前胸背板中域黄褐色，具几个分散对称的小斑，两侧区透明。前翅浅黄褐色，具一些稀疏的小斑。足和腹部褐色。雄虫肛上板短小，后缘钝圆，稍凸出；下生殖板后缘中部具浅凹陷，凹陷内缘具短毛，两叶不甚凸出，尾刺着生于两叶端部，锥形，稍向外侧弯曲。

分布：云南（西双版纳）。

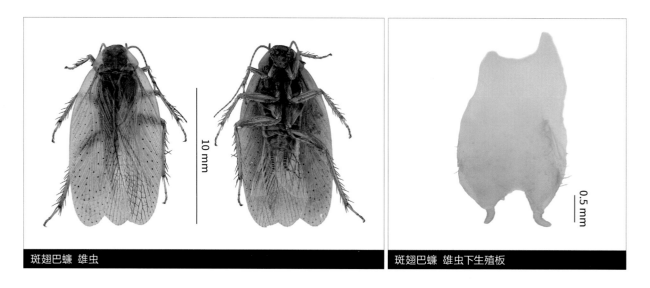

斑翅巴蠊　雄虫　　　　　　　　　　　　　斑翅巴蠊　雄虫下生殖板

白巴蠊 *Balta pallidiola* (Shiraki, 1906)

体连翅长12.1~13.9 mm，黄褐色。前胸背板中域黄褐色，具4个圆形小斑点，两侧区透明。前翅黄褐色，侧缘透明。足黄白色。腹部黄褐色。雄虫肛上板后缘稍突出，中部稍凹陷；下生殖板端部中央具浅且宽的凹陷，两叶突出部分较小，端部着生球形尾刺，密布细毛。

分布：台湾（台东、高雄）；日本。

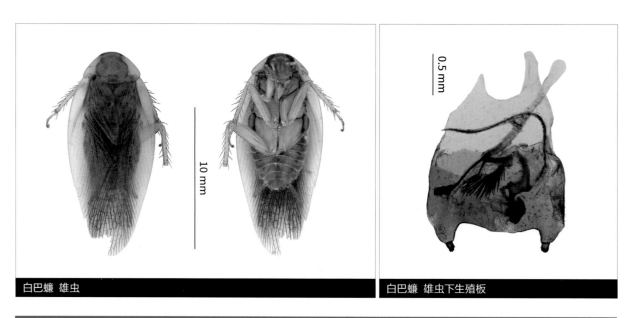

白巴蠊　雄虫　　　　　　　　　　　　　　白巴蠊　雄虫下生殖板

刺尾巴蠊 *Balta spinea* Che et Chen, 2010

体连翅长15.3~16.1 mm，体透明，浅褐色（干标本）。头顶具2条径向黑色短条纹，条纹上各具一圆形黄白色斑。前胸背板中域黄褐色，无明显斑纹，两侧透明。翅浅黄褐色，近透明。足和腹部浅黄褐色。雄性肛上板短，后缘弧形，隐约可见中部凹陷。下生殖板中部凹陷宽，半圆形，凹陷底部继续向内凹，呈小半圆形，尾刺粗，锥形，着生在两叶内侧。

分布：海南（尖峰岭、吊罗山、鹦哥岭）。

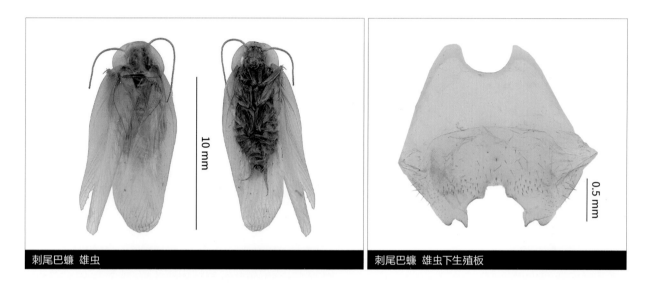

刺尾巴蠊 雄虫　　　　刺尾巴蠊 雄虫下生殖板

微刺巴蠊 *Balta spinescens* Che et Wang, 2010

体连翅长11.0~11.2 mm，近黄白色（干标本）。头顶复眼间具黑褐色横带。前胸背板中域黄白色，无斑纹，两侧及前后缘透明。足黄白色。腹部黄白色。雄虫肛上板短，后缘稍弧形凸出；下生殖板后缘中部凸出，两侧斜截，中央具V形窄凹陷，带刺的球状尾刺着生于两叶内侧。

分布：广西（龙州）。

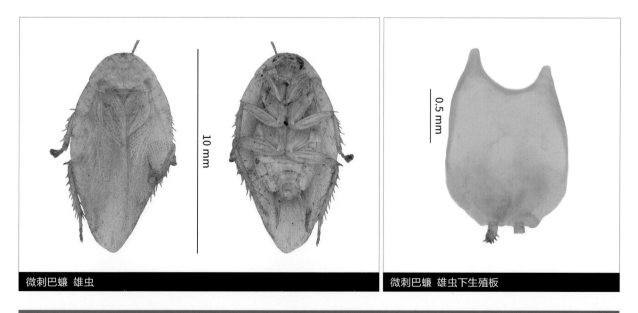

微刺巴蠊 雄虫　　　　微刺巴蠊 雄虫下生殖板

唐氏巴蠊 *Balta tangi* Qiu, Che, Zheng et Wang, 2017

体连翅长雄虫14.5~16.0 mm，雌虫12.0~13.5 mm，黄褐色（干标本）。头顶棕黄色。面部具3条横纹，下方1条弯曲。前胸背板中域黄褐色，具稀疏的镜像对称斑纹，两侧缘区透明。足和腹部黄褐色。雄虫肛上板后缘明显凸出，端部具小凹；下生殖板后缘中部具浅凹，浅凹中部具透明的直角状凸出区域，两叶短，呈直角状凸出，尾刺短小，锥形，着生于两叶端部。雌虫翅短，仅达肛上板。

分布：云南（西双版纳）。

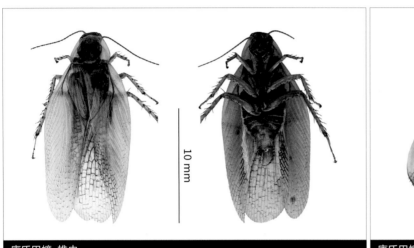
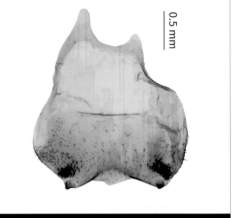

唐氏巴蠊 雄虫　　　　唐氏巴蠊 雄虫下生殖板

壮巴蠊 *Balta valida* (Bey-Bienko, 1958)

体连翅长14.5~20.5 mm，黄褐色（干标本）。头部复眼间黄褐色，稍具几个斑纹。前胸背板中域黄褐色，通常具几个镜像对称的点状斑纹，边缘区域透明。前翅黄色，侧缘透明。足黄褐色。腹部黑褐色，端部黄褐色。雄虫肛上板短，后缘近平截；下生殖板后缘具凹陷，凹陷中央具一硕大的突起，呈方形，端部与两叶端部齐平，尾刺小，近球形，位于两叶内缘。

分布：云南（西双版纳）。

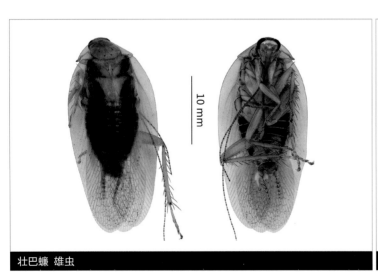

壮巴蠊 雄虫　　　　壮巴蠊 雄虫下生殖板

凡巴蠊 *Balta vilis* (Brunner von Wattenwyl, 1865)

体连翅长11.2~14.8 mm，黄褐色。头顶和触角窝之间各具1条浅棕色横带或无，面部褐色。前胸背板中域黄褐色，无斑纹，边缘区域透明。雄虫肛上板横截，后缘近平直；下生殖板具一较深的V形凹陷，两尾刺小，圆锥形，着生在两叶端部。

分布：广东（湛江），海南（尖峰岭、永兴岛），云南（西双版纳）。

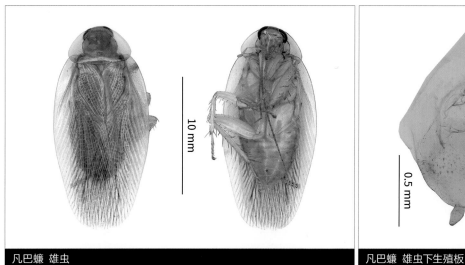

凡巴蠊 雄虫

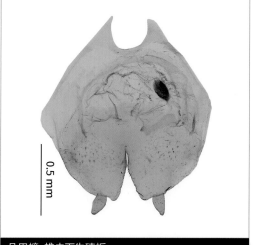

凡巴蠊 雄虫下生殖板

姚氏巴蠊 *Balta yaoi* Qiu, Che, Zheng et Wang, 2017

体连翅长雄虫12.0~13.0 mm、雌虫10.0~10.3 mm，体黄褐色（干标本）。头顶复眼间具一浅棕色横纹，其下方具一近三角形浅棕色斑纹，有时两触角窝间下方具一横条纹。前胸背板中域黄褐色，具几个分散且对称的黑褐色斑纹，两侧缘透明。前翅黄褐色，具少量细小的黑圆斑，不甚明显。足和腹部近黄褐色。雄虫肛上板后缘稍凸出；下生殖板后缘中部具半圆形凹陷，尾刺短，略弯曲，着生于二叶端部。雌虫体型较小，前翅刚超过腹部末端。

分布：云南（西双版纳）。

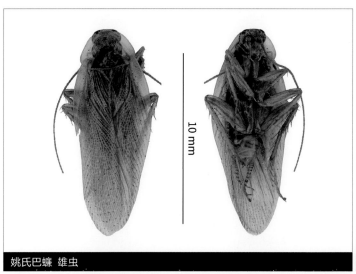

姚氏巴蠊 雄虫

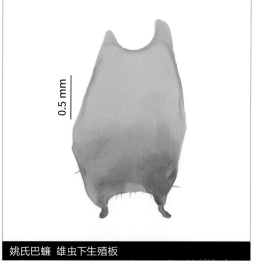

姚氏巴蠊 雄虫下生殖板

锯爪蠊属 *Chorisoserrata* Roth, 1998

体透明,扁平而狭长。头三角形,头顶横截;复眼退化,远离。下颚须第3、第4节明显长于第5节。前足腿节腹缘刺式C型;基部跗节具跗垫,或缺失;爪对称,内缘锯齿状。雄性腹部背板不特化,或第7背板特化为不明显的腺体;肛上板对称。下生殖板对称,两尾刺相似,圆柱形,远离尾刺间缘突出。钩状阳茎在右侧,无端前缺刻;中阳茎细长。常出没于草丛或灌木丛中,可上灯。

该属隶属于拟叶蠊亚科Pseudophyllodromiinae,全世界共记载5种,中国分布2种,本图鉴收录2种。主要分布在东洋区。

本图鉴锯爪蠊属 *Chorisoserrata* 分种检索表

体绿色 ·· 双叉锯爪蠊 *Chorisoserrata biceps*

体近褐色 ·· 短尾锯爪蠊 *Chorisoserrata brevicaudata*

双叉锯爪蠊 *Chorisoserrata biceps* Wang, Zhang et Feng, 2006

体连翅长13~15 mm,扁平,活虫绿色透明,标本容易褪色为浅褐色。头顶,触角和复眼褐色。前胸背板近椭圆形,两侧区透明,中域浅绿色,前后缘近平截。前后翅发育完全,伸过腹部末端,绿色透明,翅端部褐色。足透明。雄虫腹部两侧具6~10个圆形黑斑,腹板不特化;肛上板对称,后缘稍凹陷,端部具刚毛,尾须细长,端部尖锐;下生殖板两侧上卷,后缘中部凹陷,两尾刺相似、较短,圆柱形,端部黑褐色。

分布:海南(吊罗山、尖峰岭、鹦哥岭),广西(龙州、防城港)。

双叉锯爪蠊 王冬冬摄于海南

短尾锯爪蠊 *Chorisoserrata brevicaudata* Wu et Wang, 2011

体连翅长12~13 mm，扁平，活中褐色和黄绿色，标本容易褪色为浅棕色或棕色。头黄绿色，复眼褐色，触角基部深褐色，其余褐色。前胸背板近椭圆形，前后缘近平截；两侧区透明，中域黄绿色。前翅前缘和两侧透明，其余深褐色。足透明。雄虫肛上板对称，后缘具一明显的U形缺刻，端部向上翘起，具许多小刺；尾须白色，细长；下生殖板侧缘突出，向上卷曲；尾刺间突出，端部具明显的V形缺刻；尾刺细长，圆柱形，稍向内弯曲。

分布：云南（西双版纳）。

短尾锯爪蠊 | 陈尽摄于云南西双版纳

玛蠊属 *Margattea* Shelford, 1911

体通常黄褐色，半透明，雌虫通常比雄虫体宽短。下颚须通常第3、第4节比第5节长。前胸背板通常具有黑色对称的斑纹。前后翅发育完全或退化。前足腿节腹缘刺式B2或B3型，极少C2型，跗节爪对称，内缘具不明显的小齿。雄虫腹部背板不特化，或仅第8背板特化；肛上板简单，短，横截，后缘中部稍凹陷；下生殖板简单，不同种间后缘有区别；两尾刺近似；钩状阳茎在右侧，中阳茎具附属骨片，有时具毛刷状结构。该属主要野外识别特征为体色通常半透明，前胸背板具对称的斑点和条纹，但种间形态上极近似，区别困难。常出没于灌木丛、枯叶堆或树上，部分种类可高密度出现于花坛或庭园植被上。

该属隶属于拟叶蠊亚科Pseudophyllodromiinae，世界已知近60种，我国分布20种，本图鉴收录16种。主要分布在亚洲（东亚、东南亚），欧洲（法国，英国）和非洲。

交配中的玛蠊 | 邱鹭摄于贵州贵阳

本图鉴玛蠊属 *Margattea* 分种检索表

本图鉴玛蠊属 *Margattea* 分种检索表

狭顶玛蠊 *Margattea angusta* Wang, Li, Wang et Che, 2014

体连翅长14.3~16.9 mm。体黄褐色，透明。头顶颜色加深。前胸背板斑点和条纹较少。前足腿节腹缘刺式B3型。雄虫腹部背板第8背板特化，中部靠近后缘具一毛簇。雄虫下生殖板对称，尾刺间具一横阔的瓣状突起。

分布：海南（尖峰岭）。

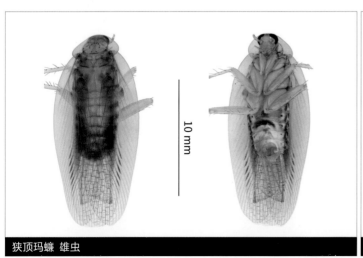

狭顶玛蠊 雄虫

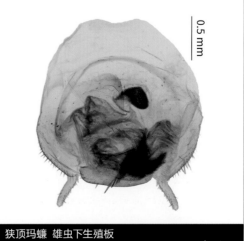

狭顶玛蠊 雄虫下生殖板

双印玛蠊 *Margattea bisignata* Bey-Bienko, 1970

体连翅长13.0~15.0 mm。黑黄色相间。头黄褐色，复眼间具黑褐色横带。前胸背板斑点和条纹较少，基半部中央两侧各具一较大斑点。足黄色，前足腿节腹缘刺式B2型。腹面黑褐色，端部黄色。雄虫腹部背板第8节特化，中部近后缘具一毛簇；肛上板对称，前缘近平截，后缘弧形突出；下生殖板简单，两尾刺间略凹（活体），两尾刺较粗壮，长锥形。该种较为广布，可通过复眼间黑色带和前胸背板较大的2个黑斑加以识别。

分布：甘肃（文县），陕西（宁陕），安徽（黄山），湖北（大别山），江西（南昌、九连山），广西（金秀），重庆（北碚），贵州（贵阳、茂兰），海南（吊罗山）；越南。

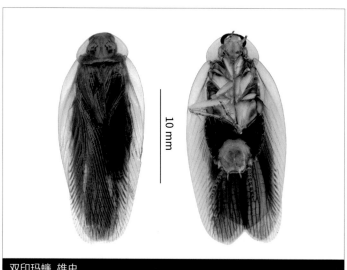

双印玛蠊 雄虫

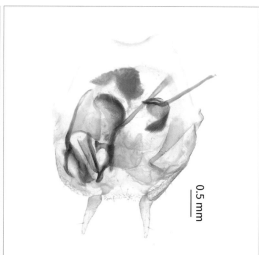

双印玛蠊 雄虫下生殖板

双印玛蠊 邱鹭摄于重庆北碚

凹缘玛蠊 *Margattea concava* Wang, Che et Wang, 2009

体连翅长13.0~14.1 mm。浅褐色。面部端半部触角窝到单眼间具2条褐色带。前胸背板中域的图案由线条围成许多封闭的区域。前足腿节腹缘刺式B2型。雄虫腹部第8背板特化，中后部具一毛簇；肛上板对称，后缘稍凸出；下生殖板对称，前缘中部凹陷；尾刺相似，短粗。

分布：海南（尖峰岭、吊罗山）。

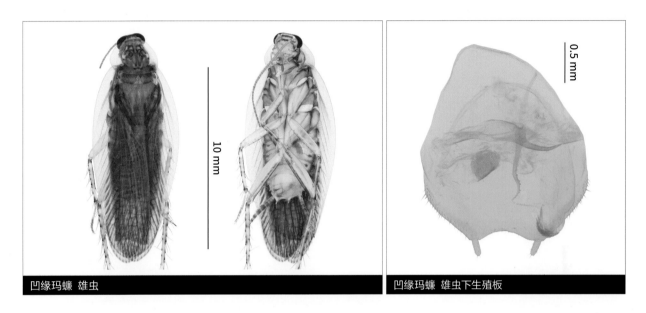

凹缘玛蠊 雄虫　　　　　　　　　　　凹缘玛蠊 雄虫下生殖板

卷尾玛蠊 *Margattea flexa* Wang, Li, Wang et Che, 2014

体连翅长16.1~16.8 mm。黄褐色，半透明，足和腹部具稀疏小黑斑。面部具一些小斑。前胸背板中域斑纹数量适中。前足腿节腹缘刺式B3型。雄虫腹部背板第8节特化，中部近后缘具一毛簇；肛上板对称，后缘轻微凸出；下生殖板近对称，两尾刺间具突起，突起侧缘具大刺；尾刺粗，略弯曲。

分布：贵州（宽阔水）。

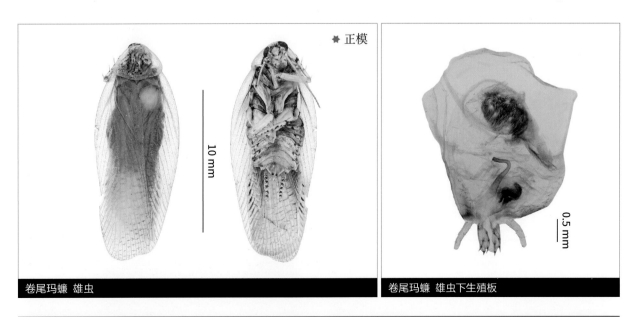

★ 正模

卷尾玛蠊 雄虫　　　　　　　　　　　卷尾玛蠊 雄虫下生殖板

无斑玛蠊 *Margattea immaculata* Liu et Zhou, 2011

　　体连翅长16.0~16.5 mm。体淡黄色。前胸背板中域淡黄色，斑纹近无。前足腿节前腹缘刺式B3型。雄虫肛上板横宽，后缘宽圆；下生殖板近对称，后缘在尾刺之间具3个不明显的小凸。

　　分布：浙江（庆元、景宁）。

交配中的无斑玛蠊　李昕然摄于浙江景宁

无刺玛蠊 *Margattea inermis* Bey-Bienko, 1938

　　体连翅长11.2 mm。头、触角、足和尾须黑褐色，前胸背板边缘透明，中域红褐色，前翅侧缘透明，端部黑褐色，其余红褐色。

　　分布：西藏（察隅），云南（西双版纳）。

无刺玛蠊　陈尽摄于云南西双版纳

浅缘玛蠊 *Margattea limbata* Bey-Bienko, 1954

体连翅长9.0~11.5 mm。深褐色。头顶复眼间近触角窝间具1条白色横带。前胸背板中域深褐色，两侧区及后缘区透明，活体时透明区散布有白色小斑点。前翅侧缘无色透明，径域白色，略带黄色，其余深红褐色，后翅近透明。腹部黑褐色，后缘及侧缘浅白色。足深褐色，跗节和基节端部，腿节基半部黄褐色。雄虫腹部背板不特化。雄虫肛上板对称，后缘近平截，中部略凹陷，尾须黑褐色，端部褐色；下生殖板不对称，后缘右侧角凹陷，右尾刺圆柱状，着生于凹陷处；左尾刺与右尾刺相似，着生于下生殖板左侧，两尾刺中间具长于尾刺且端部弯曲的突起。

分布：安徽（黄山），江西（九连山），湖南（水顺），福建（邵武），广东（南昆山、南岭），广西（桂平、猫儿山），重庆（四面山），贵州（宽阔水、梵净山）。

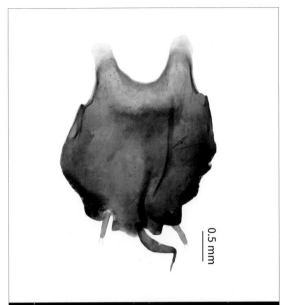

0.5 mm

浅缘玛蠊　雄虫下生殖板

浅缘玛蠊　刘晔摄于广西猫儿山

麦氏玛蠊 *Margattea mckittrickae*
Wang, Che et Wang, 2009

体连翅长11.6~16.5 mm。黄褐色。头顶具横带，复眼间及触角窝间具褐色横带。前胸背板中域具较密集的斑点和纵纹。前翅黄褐色，后翅略带褐色。前足腿节腹缘刺式B3型，足黄褐色，刺基部具黑色斑点。雄虫腹部两侧具黑褐色条带，但不达末端，腹部第8背板特化；肛上板对称，后缘中部明显弧状凸出；下生殖板近对称，两尾刺短棒状，相隔较远，尾刺间略凸出，后缘近平直。

分布：广西（金秀），云南（河口、西双版纳）。

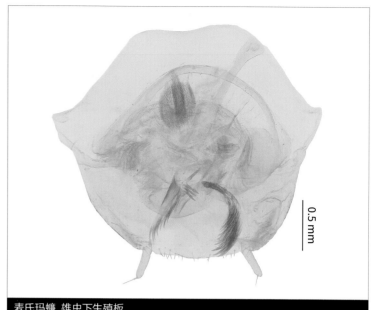

0.5 mm

麦氏玛蠊 雄虫下生殖板

麦氏玛蠊 | 陈尽摄于西双版纳

多斑玛蠊 *Margattea multipunctata* Wang, Che et Wang, 2009

体连翅长12.8~14.0 mm。黑褐色、黄褐色相间。头顶复眼之间具褐色横带，前胸背板中域到后缘黑色，并饰有明亮的蓝色和白色斑点，干标本蓝斑消失，侧缘透明。前翅黄褐色，半透明。中胸、后胸和腹部黑褐色，腹部端半部具黄色。足黄褐色，饰有褐色斑，前足腿节腹缘刺式B2型。雄虫肛上板对称，后缘弧状凸出；下生殖板两尾刺间具一横宽的瓣状凸出物，中部略凹陷；尾刺近似，略呈锥形。该种前胸背板斑纹特殊，色彩明亮，容易识别。

分布：云南（西双版纳）。

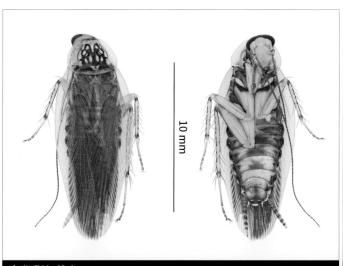
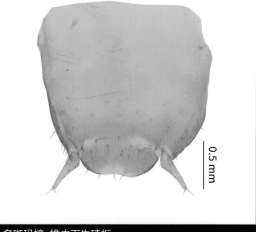

多斑玛蠊 雄虫

多斑玛蠊 雄虫下生殖板

交配中的多斑玛蠊 | 陈尽摄于西双版纳

妮玛蠊 *Margattea nimbata* (Shelford, 1907)

体连翅长7.2~9.6 mm。体小型,淡黄色,半透明。复眼间和单眼间各具一横带。前胸背板斑纹较细。前翅略短,稍超过腹端。前足腿节刺式B2型(基部具3~5个大刺)。腹部黑色,中部黄色,延伸至端部。雄虫腹部第8背板中域呈弧形凹陷,中后部具一毛簇;肛上板对称,后缘顶端略凹陷,几乎达下生殖板后缘;下生殖板近对称,尾刺间略突出,中间稍凹陷;尾刺相似,细长。该种体型小,翅短,较为广布,常出没于花坛内。

分布:江苏(南京、宝华山),湖南(常德),福建(沙县),海南(乐会),重庆(北碚),贵州(茂兰);缅甸,印度尼西亚(爪哇)。

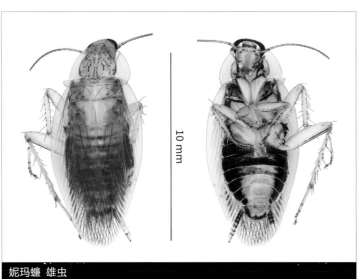

10 mm

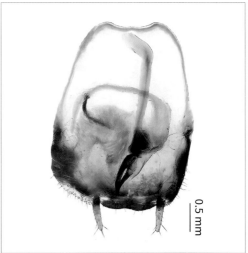

0.5 mm

妮玛蠊 雄虫　　　　　　　　　　　　　　　　妮玛蠊 雄虫下生殖板

妮玛蠊 | 邱鹭摄于重庆北碚

突尾玛蠊 *Margattea producta* Wang, Che et Wang, 2009

体连翅长13.0 mm。体黄褐色。头顶具一褐色条带。前胸背板中域具红褐色斑纹和条带,两侧区透明。前足腿节腹缘刺式B2型。雄虫背板不特化;肛上板对称,后缘中部显著平截凹陷,两侧延伸,端部尖锐,向下弯曲;下生殖板不对称,下生殖板在虫体上未解剖时,基部具2个柱状突起,中间呈U形凹陷,左侧缘中部弧形突出,向后延伸,几乎达到左尾刺末端,右侧缘中部凸出,不延伸,后缘在尾刺间凸出,端部近平截且略不对称,未伸出尾刺末端。

分布:西藏(樟木)。

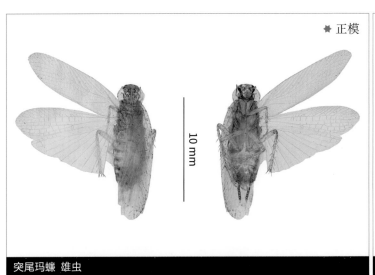
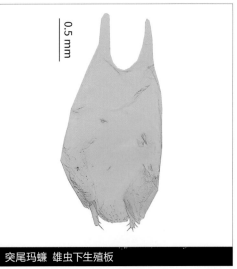

★ 正模

突尾玛蠊 雄虫

突尾玛蠊 雄虫下生殖板

拟浅缘玛蠊 *Margattea pseudolimbata* Wang, Li, Wang et Che, 2014

体连翅长11.0~12.0 mm。雄虫体型短宽,翅较短,整体黑褐色。前足腿节腹缘刺式B2型。雄虫腹部背板第8节特化,中部具一毛簇。雄虫肛上板对称,近三角形,后缘中部稍凹入;下生殖板不对称,前缘中部两尾刺间具一小凸出区域,两尾刺稍不对称,尖端刺状。

分布:云南(西双版纳)。

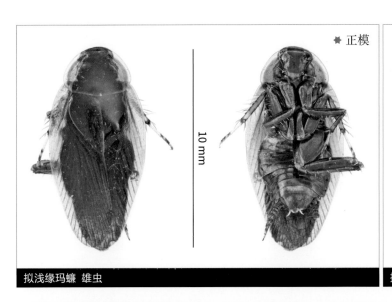
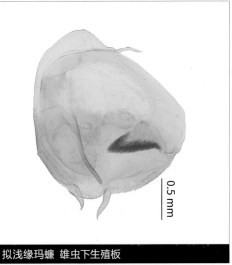

★ 正模

拟浅缘玛蠊 雄虫

拟浅缘玛蠊 雄虫下生殖板

华丽玛蠊 *Margattea speciosa* Liu et Zhou, 2011

体连翅长12.9~14.6 mm。体型较短宽，黄白色，半透明。头顶复眼间具浅黑褐色横带。前胸背板斑纹较稀疏。前足腿节腹缘刺式B2型。雄虫腹部第8背板特化，中部具一毛簇；肛上板对称，近似三角形，后缘明显弧形凸出；下生殖板近对称，两尾刺间突起不明显，着生明显的刺毛；两尾刺近似，粗壮，棒状。

分布：湖南（张家界），海南（吊罗山），江西（九连山），广西（花坪、桂林）。

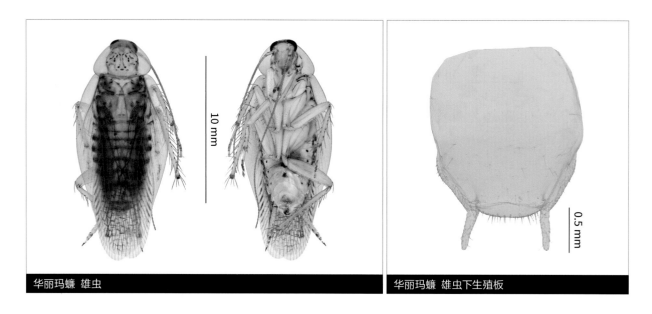

华丽玛蠊 雄虫　　　　　　　　　　　　　　　华丽玛蠊 雄虫下生殖板

刺缘玛蠊 *Margattea spinifera* Bey-Bienko, 1958

体连翅长12.5~13.9 mm。黄褐色。头顶复眼间具1条褐色横带，面部具斑纹。前胸背板中域具稀疏的斑纹。前翅黄褐色，后翅透明，翅脉棕色。腹部黄褐色，两侧缘具棕色圆斑点。足黄褐色。雄性肛上板对称，后缘中部稍钝角凸出；下生殖板尾刺间具一半圆形骨片，端缘具许多小刺。

分布：湖南（郴州），海南（那大、吊罗山、尖峰岭），云南（屏边）；缅甸。

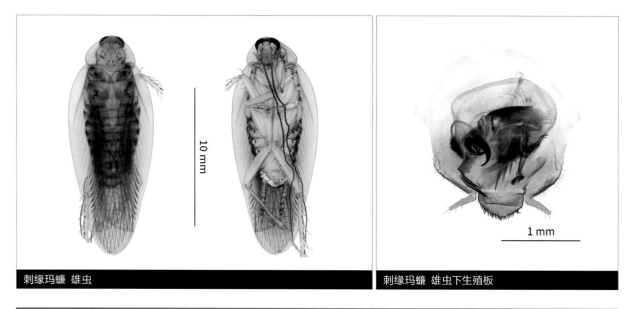

刺缘玛蠊 雄虫　　　　　　　　　　　　　　　刺缘玛蠊 雄虫下生殖板

多刺玛蠊 *Margattea spinosa* Wang, Li, Wang et Che, 2014

体连翅长6.9~7.8 mm。体淡黄色。头顶复眼间具黑褐色横带。前胸背板中部斑纹较密集。前翅淡黄色,后翅近无色,透明。足淡黄色,刺基部黑褐色。雄性肛上板对称,后缘略凸出;下生殖板近对称,两尾刺间近平截,端缘向背面内卷。

分布:福建(漳州),海南(保亭、吊罗山),广西(南宁)。

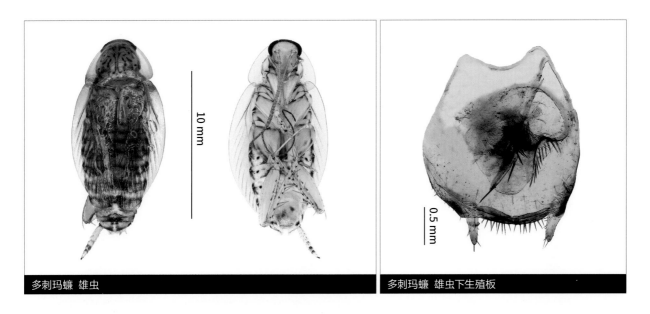

多刺玛蠊 雄虫　　　　　　　　　　　　多刺玛蠊 雄虫下生殖板

三刺玛蠊 *Margattea trispinosa* (Bey-Bienko, 1958)

体连翅长13.8~14.2 mm。体黄褐色。复眼间具褐色横带。前胸背板具对称的纵纹和斑点。前后翅黄褐色。足黄褐色。腹部腹板两侧具纵向的黑褐色条带,不达末端,基部各节腹板中部黑褐色。雄虫肛上板对称,三角状凸出,中部略具V形缺刻;下生殖板略不对称,两尾刺间圆弧状凸出。

分布:海南(尖峰岭),云南(普洱、西双版纳)。

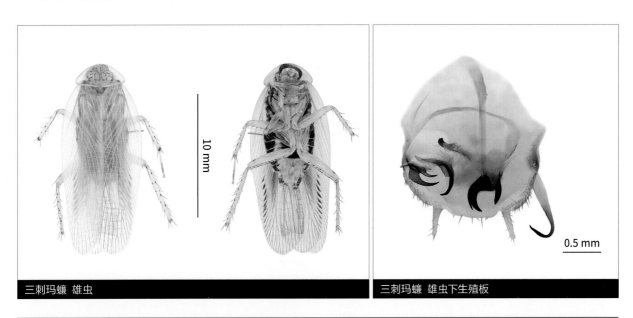

三刺玛蠊 雄虫　　　　　　　　　　　　三刺玛蠊 雄虫下生殖板

拟刺蠊属 *Shelfordina* Hebard, 1929

体中小型。前后翅通常发育完全。前足腿节腹缘刺式A2型、A3型、B型或为A与B的中间型。跗节具跗垫，爪特化，对称，具中垫。雄虫腹部背板不特化。下生殖板后缘对称，尾刺相距较远，一般在尾刺基部附近具有附属结构。肛上板对称，左右肛侧板相似。钩状阳茎在下生殖板右侧。常在灌木和落叶层中活动。

该属隶属于拟叶蠊亚科Pseudophyllodromiinae，世界已知27种，我国分布3种，本图鉴收录1种。主要分布在东亚、东南亚、澳大利亚、新几内亚以及巴拿马。

绕茎拟刺蠊 | 邱鹭摄于海南吊罗山

绕茎拟刺蠊 *Shelfordina volubilis* Wang, 2009

体连翅长14.5~16.5 mm。头黑色，复眼间黄色；前胸背板中域黑色，侧缘透明（干标本为白色），后缘白色；前翅红褐色，臀域部分区域以及翅端部黑色；侧缘透明，略呈褐色；足黑黄相间。前足腿节腹缘刺式B3型。雄虫肛上板短，对称，后缘稍弯曲；下生殖板对称，近方形，下半部稍宽，中部具2个圆柱状尾刺，二者均直立，端半部弯向后方，内侧均具一附属尾刺，基部粗壮，到端部逐渐变细、尖锐，向背侧弯曲；附属尾刺间缘凸出，向上卷曲。

分布：福建（漳州），海南（尖峰岭、吊罗山）。

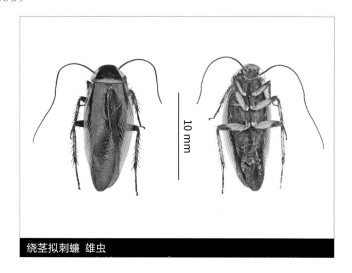

绕茎拟刺蠊 雄虫

丘蠊属 *Sorineuchora* Caudell, 1927

体小型，体表多具精致的花纹。头倒三角形，复眼位于头顶两侧角，下颚须第5节多数比第4节明显粗大；前足腿节腹缘刺式C2型，1—4节均具跗垫，爪不特化，不对称；前翅多具网状花纹，横脉明显较多；雄虫腹部背板不特化，肛上板对称，肛侧板简单，下生殖板后缘不对称；钩状阳茎在右边。多出现于灌木丛中，成虫可上灯。

该属隶属于拟叶蠊亚科Pseudophyllodromiinae，世界已知14种，中国分布11种，本图鉴收录8种。多分布在东洋区，少数种类分布到古北区。

台湾丘蠊 ｜ 邱鹭摄于海南鹦哥岭

本图鉴丘蠊属 *Sorineuchora* 分种检索表

1 体绿色 ·· 绿丘蠊 *Sorineuchora viridis*

　体黄色，褐色或者黑色 ·· 2

2 足色较浅，黄色或白色 ·· 3

　足色较深，褐色或者黑褐色 ·· 6

3 背面观黑褐色，足黄色 ·· 4

　背面观黄色，体色较鲜明，足黄白色 ·················· 台湾丘蠊 *Sorineuchora formosana*

4 前翅侧缘具小黑斑 ·· 斑翅丘蠊 *Sorineuchora undulata*

　前翅侧缘不具小黑斑 ·· 5

5 头顶复眼间具2个小斑 ·· 双斑丘蠊 *Sorineuchora bimaculata*

　头顶复眼间不具2个小斑 ·· 多毛丘蠊 *Sorineuchora hispida*

6 体型较大，前胸背板中域具一大黑斑，黑斑内无白色斑纹 ·· 7

　体型较小，前胸背板中域具一大黑斑，黑斑内具对称的白色斑纹 ·········· 掸邦丘蠊 *Sorineuchora shanensis*

7 头顶黑色，雄虫两尾刺较粗大 ·· 黑背丘蠊 *Sorineuchora nigra*

　头顶具两白色条带，雄虫两尾刺较小 ·· 双带丘蠊 *Sorineuchora bivitta*

双斑丘蠊 *Sorineuchora bimaculata* Li, Che, Zheng et Wang, 2017

体连翅长8.8~11.2 mm。体黑褐色；头顶上半部有1对圆形黄棕色斑点，面部黄褐色，复眼间有1条浅色横带。前胸背板中域深褐色，边缘透明。前翅褐色，边缘透明。足黄褐色。腹部棕色，端部色浅，每节腹板具白缘。雄虫下生殖板两侧向侧面突出，两尾刺壮硕，不等大，左尾刺端部凸出，略呈三角形。

分布：贵州（罗甸、茂兰），云南（西双版纳），重庆（武隆），湖北（大别山）。

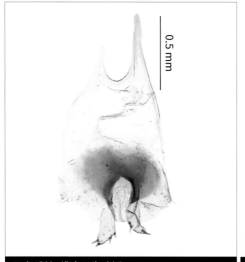

双斑丘蠊 雄虫下生殖板

双斑丘蠊 | 邱鹭摄于贵州茂兰

双带丘蠊 *Sorineuchora bivitta* (Bey-Bienko, 1969)

体连翅长9.3~11.0 mm。体黑褐色；头顶黄白色，有2条黑色条带，面部黑褐色。前胸背板中域黑褐色，边缘透明。前翅黑色，侧缘透明，翅脉白色。足黑色，足上刺浅黄色。腹部黑色，边缘稍具白色。雄虫下生殖板稍钝圆，两尾刺柱形，不等大。

分布：云南（金平、河口），广西（靖西、崇左），广东（南昆山）。

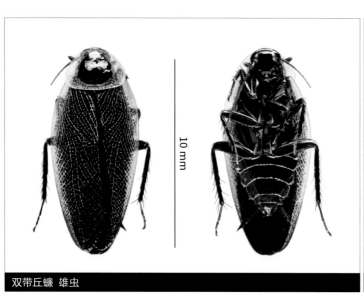

双带丘蠊 雄虫

双带丘蠊 雄虫下生殖板

台湾丘蠊 *Sorineuchora formosana* (Matsumura, 1913)

体连翅长8.9~10.5 mm，褐黄色；头顶浅棕色，面部浅黄褐色无斑纹，单眼区黄白色。前胸背板中域黄色，中域两侧浅棕色，两侧透明区域宽阔。前翅黄褐色，翅脉及径域黄白色。足黄褐色。腹部背板、腹板黄白色。雄虫下生殖板后缘中部具2个紧邻的突起，端部钝圆并密具小刺，两尾刺近似，位于两突起外侧。

分布：海南（通什、尖峰岭、鹦哥岭），云南（西双版纳、盈江），台湾（屏东）。

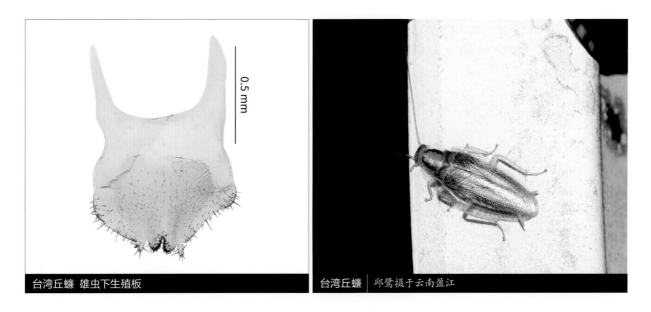

台湾丘蠊 雄虫下生殖板 　　台湾丘蠊 邱鹭摄于云南盈江

多毛丘蠊 *Sorineuchora hispida* Li, Che, Zheng et Wang, 2017

体连翅长8.6~9.2 mm。褐黄色；头黄色，头顶有1条白色的横带。前胸背板中部黄褐色，具模糊的褐色暗纹，边缘透明。翅基部1/3透明，其余褐色。足黄色。腹部褐色，端部色浅。雄虫下生殖板两侧稍钝，两尾刺壮硕，近似，长锥形。

分布：广西（桂平）。

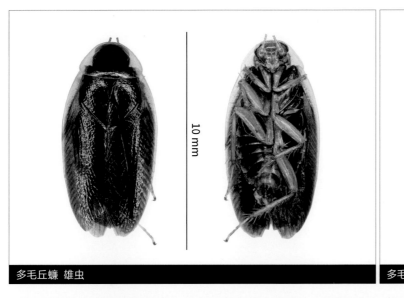 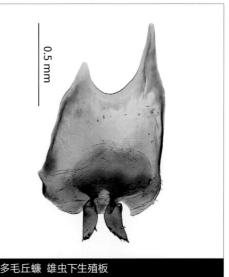

多毛丘蠊 雄虫 　　多毛丘蠊 雄虫下生殖板

黑背丘蠊 *Sorineuchora nigra* (Shiraki, 1908)

体连翅长9.5~11.0 mm。褐色至黑色；前胸背板中域黑色，延伸至前缘，两侧区和后缘透明。前翅、腹部及足褐色至黑色，无明显斑纹。雄虫下生殖板稍不对称，后缘两侧斜截，两尾刺不对称，硕大，位于后缘中部。

分布：重庆（长寿、万州、丰都、北碚、璧山、酉阳、江津），湖北（大别山），四川（会理、峨眉山），广西（龙州），浙江（天目山），湖南（衡山），安徽（黄山），海南（五指山），贵州（雷公山、梵净山），台湾（阿里山）；日本。

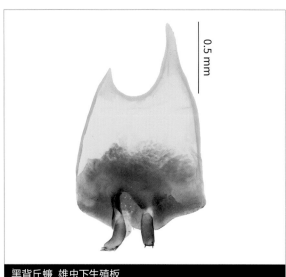

黑背丘蠊 雄虫下生殖板

黑背丘蠊 马泽豪摄于浙江天目山

掸邦丘蠊 *Sorineuchora shanensis* (Princis, 1950)

体连翅长7.0~8.5 mm。体黑白相间；头顶复眼间具1对平行白色横带。前胸背板中域黑色，具对称的白色斑纹，两侧和前后缘透明，具细碎白斑纹。前翅黑色，侧缘基半部透明，翅脉白色，纹路不连续。雄虫下生殖板钝圆的三角状凸出，端部中间具小凹陷，两尾刺近似，位于端部两侧。

分布：云南（西双版纳、普洱、临沧）；缅甸。

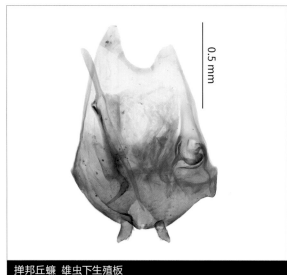

掸邦丘蠊 雄虫下生殖板

掸邦丘蠊 邱鹭摄于云南镇沅

斑翅丘蠊 *Sorineuchora undulata* (Bey-Bienko, 1958)

体连翅长10.8 mm。体黑褐色；复眼间具褐色横带，面部黄色，具一三角形褐色斑块，触角褐色。前胸背板中域黑褐色，边缘透明。前翅深褐色，侧缘透明，具一些褐色小斑。足浅黄色，基节褐色，腹部黑褐色，每节边缘黄白色。雄虫下生殖板后缘中部具透明薄膜，两尾刺粗壮，不等大，左尾刺大于右尾刺。

分布：云南（西双版纳、普洱）。

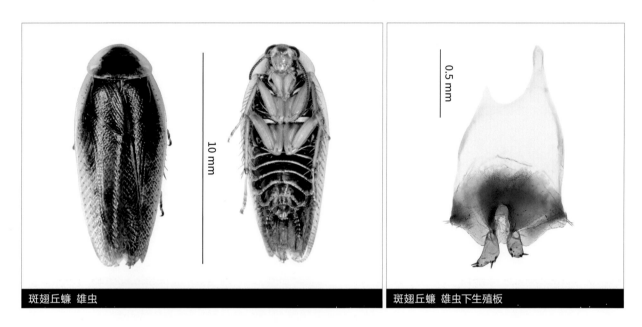

斑翅丘蠊 雄虫　　　　斑翅丘蠊 雄虫下生殖板

绿丘蠊 *Sorineuchora viridis* Li, Che, Zheng et Wang, 2017

体连翅长9.4~11.2 mm。体绿色，死后绿色褪去，变为白色，整个虫体表面散布白色小斑点。雄虫下生殖板后缘中部具小凹，两尾刺近似，着生若干小刺。

分布：海南（霸王岭、鹦哥岭），云南（屏边、河口）。

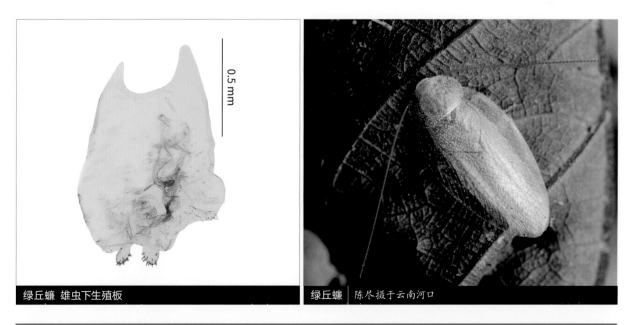

绿丘蠊 雄虫下生殖板　　　　绿丘蠊　陈尽摄于云南河口

蜚蠊科

BLATTIDAE

夜晚停息在叶片表面的蜚蠊科昆虫 | 陈尽 摄于西双版纳

　　体小至大型，具翅或无。雄虫通常具1对细长的圆柱状或渐细、相似、对称的尾刺。雌虫下生殖板向中线纵向分成两瓣。卵生，卵荚鞘质。习性通常较为隐蔽，栖居于枯木、树皮等夹缝中，夜晚出来活动，出没于灌木丛、树干、枝条、地表等场所；遇到危险时有些种类能够分泌黏液或喷射酸性液体用于防御。该科包含一些十分常见的卫生害虫，常出没于人居场所，如东方蜚蠊*Blatta orientalis*，美洲大蠊*Periplaneta americana*，澳洲大蠊*P. australasiae*，黑胸大蠊*P. fuliginosa*等。不少种类具有经济价值，如美洲大蠊被开发作为药材使用，侧缘雪蠊（即樱桃红蟑螂）*Shelfordella lateralis*被广泛用作宠物饲料。带蠊亚科Polyzosteriinae和原蠊亚科Archiblattinae一些种类因为长相奇特，被作为宠物饲养。世界性分布；全世界已知超过50属600余种；中国已知12属39种（含2存疑属）。

　　目前该科被划分为5个亚科（Archiblattinae、Blattinae、Duchailluiinae、Macrocercinae、Polyzosteriinae），其中国内分布有原蠊亚科Archiblattinae、带蠊亚科Polyzosteriinae和蜚蠊亚科Blattinae。

原蠊亚科 \ Archiblattinae

雄虫具翅，雌虫具短翅或无。前胸背板加厚，表面粗糙，有时具刚毛，长大于宽；腿节近圆柱状，无刺或近缺失，胫节刺稀疏。该亚科常栖居于朽木或灌木丛中，种类较少，也较为少见，主要分布于东洋区，目前仅包含4属8种；我国分布1属1种。

原蠊亚科的代表霍氏拱蠊 | 邱鹭摄，东南亚产

带蠊亚科 \ Polyzosteriinae

雄虫和雌虫通常无翅或仅具短翅芽。跗节相对较短，粗壮，跗节所有分节下均无刺，有时后足第1和第2跗分节下具刺，或者仅中足第1跗分节下具刺，跗垫和中垫大，爪通常不对称；尾须短，分节不明显。常在地表或灌木上攀爬。主要分布在大洋洲、东南亚、太平洋的一些岛屿以及南北美洲。世界已知22属300余种；我国分布2属3种。

泽蠊 | 邱鹭摄于贵州

蜚蠊亚科 \ Blattinae

体通常较光滑，雄虫通常具翅，雌虫具翅，或仅具短翅，甚至无翅。跗节细长，第1到第2跗节下具刺，有时后足第3跗节具刺，跗垫和中垫小，爪对称；尾须长，渐细，分节明显。该亚科是蜚蠊科最大的一个亚科，为世界性分布的一类蜚蠊，全世界已知25属300多种；中国已知9属35种。

取食大步甲尸体的美洲大蠊 | 何力摄于攀枝花

中国蜚蠊科分亚科分属检索表

1 前胸背板表面粗糙, 具刚毛, 边缘加厚, 不向腹面弯, 长大于宽; 腿节近圆柱状, 无刺或近缺失, 胫节刺十分稀疏 ⋯⋯⋯⋯
⋯⋯⋯⋯⋯⋯⋯⋯⋯⋯⋯⋯⋯⋯⋯⋯⋯⋯⋯⋯⋯⋯ 原蠊亚科 Archiblattinae 原角蠊属 *Protagonista*

前胸背板表面通常光滑, 边缘不加厚, 向腹面弯 (除平板蠊属 *Homalosilpha*), 长小于宽; 腿节扁平状, 通常具强刺, 胫节具
强刺 ⋯⋯ 2

2 跗节细长, 第1到第2跗节下具刺, 有时后足第3跗节具刺, 跗垫和中垫小, 爪对称; 尾须长, 渐细, 分节明显 ⋯⋯⋯⋯⋯
⋯⋯⋯⋯⋯⋯⋯⋯⋯⋯⋯⋯⋯⋯⋯⋯⋯⋯⋯⋯⋯⋯⋯⋯⋯⋯⋯⋯⋯⋯⋯⋯⋯ 3 蜚蠊亚科 Blattinae

跗节相对较短, 粗壮, 跗节所有节下均无刺, 或者后足第1和第2跗节下具刺, 有时中足第1跗节下具刺, 跗垫和中垫大, 爪通
常不对称; 尾须短, 分节不明显 ⋯⋯⋯⋯⋯⋯⋯⋯⋯⋯⋯⋯⋯⋯⋯⋯⋯⋯⋯⋯ 9 带蠊亚科 Polyzosteriinae

3 前翅退化呈小叶状, 置于中胸背板两侧, 无后翅 ⋯⋯⋯⋯⋯⋯⋯⋯⋯⋯⋯⋯⋯⋯⋯⋯⋯ 斑蠊属 *Neostylopyga*

前后翅不呈小叶状, 发育完全, 或缩短 ⋯⋯⋯⋯⋯⋯⋯⋯⋯⋯⋯⋯⋯⋯⋯⋯⋯⋯⋯⋯⋯⋯⋯⋯⋯ 4

4 前胸背板圆盘状, 边缘不向下弯 ⋯⋯⋯⋯⋯⋯⋯⋯⋯⋯⋯⋯⋯⋯⋯⋯⋯⋯⋯⋯⋯⋯⋯⋯⋯⋯⋯⋯⋯ 5

前胸背板非圆盘状, 边缘向下弯 ⋯⋯⋯⋯⋯⋯⋯⋯⋯⋯⋯⋯⋯⋯⋯⋯⋯⋯⋯⋯⋯⋯⋯⋯⋯⋯⋯⋯⋯ 6

5 后足胫节外缘3排刺 ⋯⋯⋯⋯⋯⋯⋯⋯⋯⋯⋯⋯⋯⋯⋯⋯⋯⋯⋯⋯⋯⋯⋯⋯⋯⋯⋯ 平板蠊属 *Homalosilpha*

后足胫节外缘2排刺 ⋯⋯⋯⋯⋯⋯⋯⋯⋯⋯⋯⋯⋯⋯⋯⋯⋯⋯⋯⋯⋯⋯⋯⋯⋯⋯⋯⋯ 拟平板蠊属 *Mimosilpha*

6 雄虫腹部第1背板总不特化; 后胸背板后缘不往后伸 ⋯⋯⋯⋯⋯⋯⋯⋯⋯⋯⋯⋯⋯⋯⋯⋯⋯⋯⋯⋯⋯ 7

雄虫腹部第1背板特化或者不特化; 后胸背板后缘往后伸 ⋯⋯⋯⋯⋯⋯⋯⋯⋯⋯⋯⋯⋯⋯⋯⋯⋯⋯⋯⋯ 8

7 雌雄异型, 雄虫翅较长, 通常不达腹部末端; 雌虫前翅鳞片状或正方形, 不达后胸背板后缘 ⋯⋯⋯⋯ 蜚蠊属 *Blatta*

雌雄近似, 前翅半角质, 翅脉退化, 长度不及腹部第4或第5背板, 或刚好超过腹部末端 ⋯⋯⋯ 杜蠊属 *Dorylaea*

8 雄虫腹部第1背板总特化; 后胸背板后缘往后伸, 伸出部分后缘圆弧状; 右阳茎R1末端通常不特化成刺状 ⋯⋯⋯⋯⋯⋯
⋯⋯⋯⋯⋯⋯⋯⋯⋯⋯⋯⋯⋯⋯⋯⋯⋯⋯⋯⋯⋯⋯⋯⋯⋯⋯⋯⋯⋯⋯⋯⋯⋯⋯⋯ 郝氏蠊属 *Hebardina*

雄虫腹部第1背板通常特化, 较少不特化; 后胸背板后缘往后伸, 伸出部分两后角尖锐; 右阳茎R1末端特化出2~3根刺 ⋯⋯
⋯⋯⋯⋯⋯⋯⋯⋯⋯⋯⋯⋯⋯⋯⋯⋯⋯⋯⋯⋯⋯⋯⋯⋯⋯⋯⋯⋯⋯⋯⋯⋯⋯⋯⋯ 大蠊属 *Periplaneta*

9 雌雄同型, 具退化的翅芽状前翅, 置于中胸背板两侧, 前翅内缘弧状, 后角缓弧状; 或无翅 ⋯⋯ 黑蠊属 *Melanozosteria*

雌雄异型, 雄虫具退化的翅芽状前后翅, 分别置于中胸背板和后胸背板两侧, 雌虫仅具前翅, 翅内缘平直, 后角略尖 ⋯⋯
⋯⋯⋯⋯⋯⋯⋯⋯⋯⋯⋯⋯⋯⋯⋯⋯⋯⋯⋯⋯⋯⋯⋯⋯⋯⋯⋯⋯⋯⋯⋯⋯⋯⋯ 滑蠊属 *Laevifacies*

原角蠊属 *Protagonista* Shelford, 1908

　　雌雄异型，体表明显被毛。前胸背板粗糙，长大于宽。雄虫翅发育完全，超过腹部末端；雌虫翅退化，短截。足细长，刺稀疏。

　　该属隶属于原蠊亚科Archiblattinae，主要分布于东洋区。世界已知2种，中国分布1种。

郁原角蠊 雌虫　邱鹭摄于云南普洱

郁原角蠊 *Protagonista lugubris* Shelford, 1908

体狭长，雄虫体连翅长19.0~24.5 mm，雌虫体长19.0~20.0 mm。体褐色至暗黑色，体表粗糙，被毛。头顶外露，复眼间距小于两触角窝间距，具椭圆形单眼，触角短于体长。前胸背板粗糙，具刚毛和短毛。前胸背板近矩形，表面粗糙，具刻点，着生有刚毛和细毛，边缘加厚。翅表面具短毛，具大刻点，泛金属光泽，雌虫前翅近方形。爪对称，不特化。雄虫第1背板特化，中央具一毛簇；肛上板对称，后缘中央内凹，尾须圆锥状，分节；下生殖板几乎对称，尾刺圆柱形。栖居于朽木内，夜晚出来活动，可见于灌木丛中或林间空地上。

分布：海南（鹦哥岭、吊罗山、五指山、保亭），广西（十万大山、桂平），云南（西双版纳、普洱）；越南。

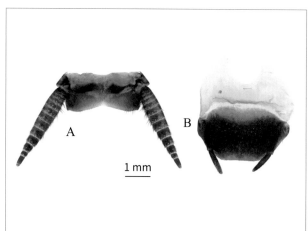

郁原角蠊 雄虫肛上板（A）和下生殖板（B）

郁原角蠊 雌虫 陈尽摄于云南西双版纳

郁原角蠊 雄虫 李昕然摄于海南鹦哥岭

蜚蠊属 *Blatta* Linnaeus, 1758

雌雄异型，雄虫翅短，不达腹端，雌虫前翅退化，叶状或方形，后翅无。雄虫腹部第1背板不特化。

该属隶属于蜚蠊亚科Blattinae，主要分布于古北区，世界已记录2种，中国1种。

东方蜚蠊 *Blatta orientalis* Linnaeus, 1758

体狭长，雌雄异型。雄虫体长19.8~25.1 mm，雌虫体长18.1~30.0 mm。体光滑，棕色至深褐色。头顶外露，两眼间距大于两触角窝间距。雄虫前胸背板近四边形，边缘钝圆；雌虫近半圆，边缘钝圆。雄虫前翅缩短，不达腹端；雌虫前翅小叶状，后翅无。雄虫肛上板横宽，略呈方形的，后缘近平直，稍内凹；雌虫肛上板突出呈两瓣状，钝圆，中间内凹。雄虫下生殖板后缘突出，呈缓弧形，两尾刺细长，对称。该种是卫生害虫，国内主要见于新疆。

分布：新疆（莎车、轮台、托克逊、叶城），北京；世界性分布。

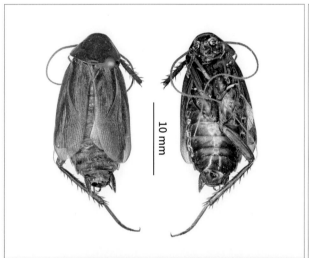

东方蜚蠊 雄虫

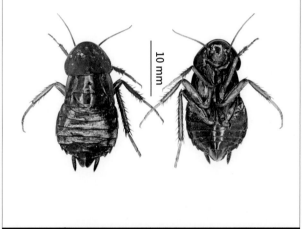

东方蜚蠊 雌虫

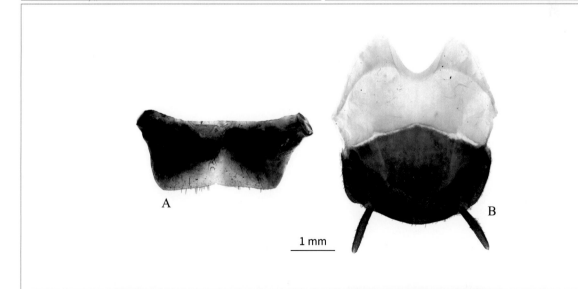

东方蜚蠊 雄虫肛上板（A，尾须已移除）和下生殖板（B）

郝氏蠊属 *Hebardina* Bey-Bienko, 1938

雌雄近似。体小，光亮。翅具长短二型。雄虫腹部第1背板特化，具1束毛簇。跗节长，腹面具刺，跗垫发育完全、明显。

该属隶属于蜚蠊亚科Blattinae，主要分布在中国、日本、马来西亚、印度尼西亚、缅甸以及非洲国家。世界记录17种，中国分布3种，其中包括最广布且最常见的丽赫氏蠊*Hebardina coninna*，其余2种分布在台湾；本图鉴收录1种。

丽郝氏蠊 *Hebardina concinna* (Haan, 1842)

长翅型个体，翅显超过腹端，雄虫体连翅长17.6~19.1 mm，雌虫体连翅长18.1~19.3 mm；短翅型个体，翅不达腹端，雄虫体连翅长13.3~15.8 mm，雌虫体连翅长16.5~17.4 mm。体深红棕色，十分光亮，足颜色稍浅。前胸背板近梯形，前缘和后侧角十分钝圆。腹部第1背板特化，具密集毛簇。雄虫肛上板横宽，较短，侧角平滑，后缘中间稍内凹，不明显。下生殖板稍不对称，尾刺小。该种广布我国南方，尤其热带地区更为多见，常出没于城市郊野环境。

分布：中国南方；缅甸，马来西亚，印度尼西亚（苏门答腊、爪哇岛）。

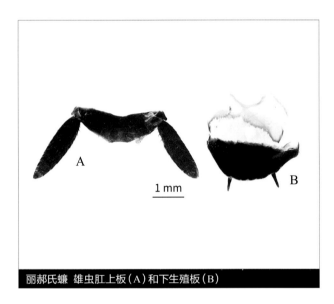

丽郝氏蠊 雄虫肛上板（A）和下生殖板（B）

丽郝氏蠊 短翅型｜邱鹭摄于云南盈江

平板蠊属 *Homalosilpha* Stål, 1874

雌雄近似。身体十分扁平。头顶外露，触角细长，长于身体。前胸背板平坦，近六边形，通常为白色并具有黑色斑纹，背板边缘加厚隆起，不往下弯。翅发达，均超过腹部末端。后足胫节外缘具3排刺。雄虫腹部第1背板不特化。若虫腹部通常黑白色相间，酷似斑马纹路。

该属隶属于蜚蠊亚科Blattinae；主要分布东亚、东南亚和非洲的一些国家；常栖居于树皮下，其扁平的身体能够帮助其快速藏匿于狭小的空间中，因其特殊的外形，目前已有数种被开发成为热门的宠物。世界共计12种，中国已知5种，本图鉴收录2种。

平板蠊 若虫 | *邱鹭摄，云南产*

平板蠊 成虫 | *邱鹭摄，云南产*

本图鉴平板蠊属 *Homalosilpha* 分种检索表

前胸背板具一大黑斑 ·· 拟黑斑平板蠊 *Homalosilpha gaudens*

前胸背板具对称的稀疏条斑 ·· 弧带平板蠊 *Homalosilpha arcifera*

弧带平板蠊 *Homalosilpha arcifera* Bey-Bienko, 1969

体连翅长30.3 mm。整个身体颜色较浅，呈现半透明的浅黄色，头顶两眼之间具宽的黑带，面部淡黄色，具一倒π形斑纹。前胸背板前缘弧形，后侧角平截，后缘稍突出；近白色，具黑色边缘，中域有稀疏的斑纹，左右对称，后缘黑色。前翅淡黄色，半透明，臀区颜色加深，褐色。腹部背面黄黑二色呈条状相间，腹面淡黄色，具棕色斑点。基节和腿节淡黄色，胫节和跗节棕色。尾须棕色。雄虫肛上板基部黑色，端部黄色，近梯形，后侧角强烈向两侧突出，尖端锐利，侧缘和后缘圆弧状内凹；下生殖板两侧角不对称，右侧角较左侧角更明显地向外延伸出一刺突。

分布：云南（金平、西双版纳）；越南。

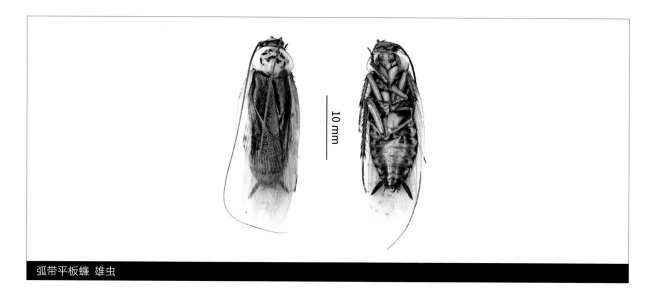

弧带平板蠊　雄虫

拟黑斑平板蠊 *Homalosilpha gaudens* Shelford, 1910

雌虫体连翅长27.9 mm。整体黑褐色，头顶间具一横向白色条带，唇基苍白，触角基部黑色，端半部褐色。前胸背板端半部圆弧形，基半部近梯形，后缘向后凸出；背板边缘稍具黑色，除中域具一大黑斑延伸至背板后缘外，其余区域白色。足黑色，后足胫节褐色。腹部黑色，腹部中央颜色较浅。

分布：广西（环江），台湾（南投）；越南。

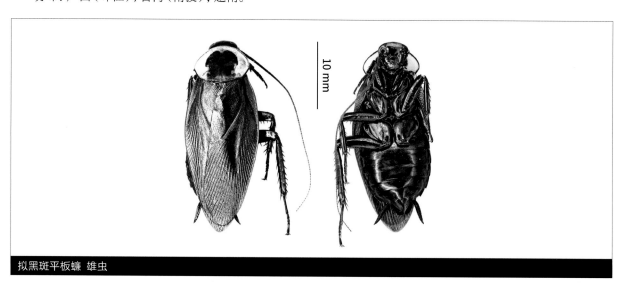

拟黑斑平板蠊　雄虫

拟平板蠊属 *Mimosilpha* Bey-Bienko, 1957

雌雄近似。该属除后足胫节外缘具2排刺，所有足腿节有弱而稀疏的刺外，其他特征和平板蠊属相似。

该属隶属于蜚蠊亚科Blattinae。世界仅知1种，分布于我国云南。

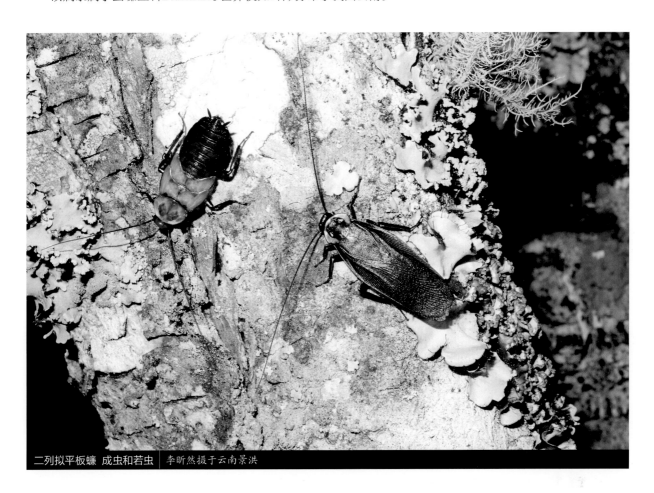

二列拟平板蠊 成虫和若虫 ｜ 李昕然摄于云南景洪

二列拟平板蠊 *Mimosilpha disticha* Bey-Bienko, 1957

体连翅长18.0~21.5 mm。体棕色。面部黑褐色。前胸背板端半部较凸出，基半部圆弧状，最宽处位于中部靠近基部的位置；背板具一大黑斑，延伸至后缘，侧缘和前缘白色。前翅红褐色。足黑褐色，胫节和跗节浅红褐色。雄虫肛上板近梯形，两侧缘呈内凹的弧状，端部中央呈三角形内凹；下生殖板横阔，后缘具2个浅凸。

分布：云南（西双版纳）。

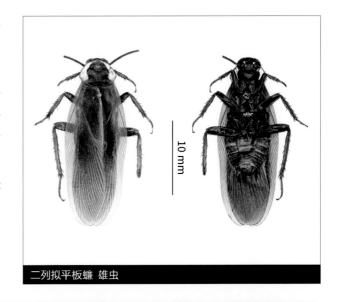

二列拟平板蠊 雄虫

斑蠊属 *Neostylopyga* Shelford, 1911

雌雄近似。前胸背板梯形。前翅退化为小叶状，位于中胸背板两侧；后翅无。胫节具强刺，在外缘排列成3排；通常跗节跗垫小，爪对称，具较大的中垫。雄虫第1背板不特化。

该属隶属于蜚蠊亚科Blattinae，环热带分布（非洲、亚洲和大洋洲），有些种类具有鲜明的体色；世界共记载28种，但为人熟知的种类很少，最著名也最常见的种类即是脸谱斑蠊*Neostylopyga rhombifolia*；中国分布1种。

脸谱斑蠊 *Neostylopyga rhombifolia* (Stoll, 1813)

雄虫体长23.6~23.9 mm，雌虫体长24.0~28.0 mm。体多斑纹，黑黄色相间。前胸背板近半圆。雌雄前翅均为小叶状，后翅无。肛上板宽大，后缘具深凹，末端透明。下生殖板对称，横宽，后缘圆弧形，尾刺着生处内凹，尾刺对称，细长。该种颜色鲜明，容易与我国蜚蠊科其他种类相区别，是环热带广布的卫生害虫，在我国热带和部分亚热带地区十分常见。

分布：海南（三亚），四川（盐源），贵州（罗甸），福建（福州、龙海、霞浦），广西（鹿寨），台湾，云南（西双版纳、元江、河口），广东（潮安、灵山）；日本，菲律宾，马来西亚，斯里兰卡。

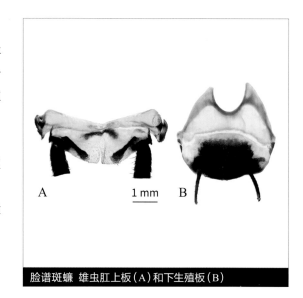

A　　1 mm　　B

脸谱斑蠊 雄虫肛上板（A）和下生殖板（B）

脸谱斑蠊 | 邱鹭摄于云南元江

大蠊属 *Periplaneta* Burmeister, 1838

　　雌雄异型或近似。前后翅至少雄虫发达,长超过腹部末端,少数种类雌虫翅短,不达腹部末端;前翅革质,后翅膜质,半透明。足细长,前足腿节内侧下缘具1排强刺,较密,中后足的刺稍长,但稀疏,各足胫节有强刺3排;后足跗节长,第1节最长,大于其余几节之和,各节小垫及爪间垫明显。雄虫第1背板特化或不特化。肛上板形状各异。下生殖板左右对称,尾刺细长,位于后缘两侧角处。

　　该属隶属于蜚蠊亚科Blattinae,世界广布,大部分种类生活在野外,可出现于灌木、草丛、树皮等场所,也有不少种类与人类关系较为密切,尤其是美洲大蠊*Periplaneta americana*、澳洲大蠊*Periplaneta australasiae*、黑胸大蠊*P. fuliginosa*等是室内常见的卫生害虫。世界共记载56种,中国分布21种,本图鉴收录14种。

大蠊成虫 | 邱鹭摄于云南盈江

本图鉴大蠊属 *Periplaneta* 分种检索表

1 前胸背板表面具斑纹 ·· 2

　前胸背板不具斑纹 ·· 4

2 前翅不同色,基部侧缘黄色 ································· 澳洲大蠊 *Periplaneta australasiae*

　前翅同色 ·· 3

3 雄虫腹部第1背板不特化 ······································ 美洲大蠊 *Periplaneta americana*

　雄虫腹部第1背板特化 ··· 褐斑大蠊 *Periplaneta brunnea*

4 雄虫肛上板后缘中部凸出 ·· 5

　雄虫肛上板后缘中部平截或凹陷 ·· 7

本图鉴平板蠊属 *Homalosilpha* 分种检索表

美洲大蠊 *Periplaneta americana* (Linnaeus, 1758)

雌雄同型,体连翅长33.5~40.8 mm。体红棕色,前胸背板浅黄色,端半部具2个对称的红褐色大斑,轮廓清晰,两大斑连接处常愈合并向后延伸出1条线,后缘具宽的黑色边,足黄褐色。前后翅发育完全,长度超过腹部末端。雄虫肛上板宽大,向后强烈凸出,后缘中部具一深裂,尾须细长。雄虫下生殖板简单,尾刺十分细长。该种是十分常见的卫生害虫,其分布已经遍及世界各地;常出没于人居环境及其周围,纯野外环境不可见。

分布:中国各省,尤以华中、华南和华西地区最为常见;世界范围较为广布。

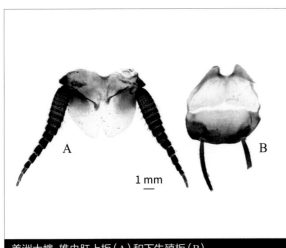

美洲大蠊 雄虫肛上板(A)和下生殖板(B)

美洲大蠊 邱鹭摄于广西桂林

深黑大蠊 *Periplaneta atrata* Bey-Bienko, 1969

雄虫体连翅长40.7~43.8 mm。体壮硕,黑栗色,光亮。前胸背板宽大,横椭圆形。肛上板呈方形强烈凸出,后侧角呈刺状向两侧凸出,后缘中部具三角状凹陷,尾须硕大;下生殖板横阔,两侧稍不对称,后缘近平直,仅中部稍向内凹,尾刺细长,平直。

分布:云南(西双版纳)。

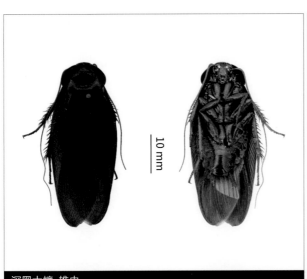

深黑大蠊 雄虫

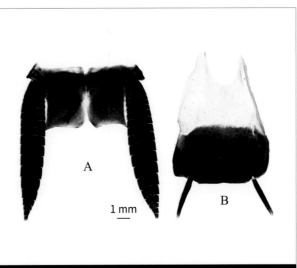

深黑大蠊 雄虫肛上板(A)和下生殖板(B)

澳洲大蠊 *Periplaneta australasiae* (Fabricius, 1775)

雌雄同型，体连翅长28.9~30.9 mm。体红褐色，前胸背板黄色，端半部具2个对称的大黑斑，两黑斑中部常愈合，前胸背板前缘、侧缘具窄的黑色边，后缘具宽的黑色边，翅侧缘基部黄色，其余红褐色。雄虫第1背板特化，前缘中央有1束毛簇。雄虫肛上板近方形，两侧角尖锐，后缘中部具小凹，尾须粗壮。雄虫下生殖板后缘中部具2个钝圆的突起，尾刺较细长。该种是十分常见的卫生害虫，形态上与美洲大蠊近似，但其体型明显小于美洲大蠊，前胸背板斑纹以黑色为主，前翅侧缘基部具有黄色域，肛上板和下生殖板也明显区别于后者；在我国主要分布于热带沿海地区，通常出没于人居环境周围，较少出现在室内。

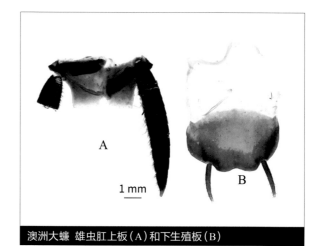

澳洲大蠊 雄虫肛上板（A）和下生殖板（B）

分布：云南，广西，广东，福建以及海南等热带和亚热带地区；世界广布。

澳洲大蠊 邱鹭摄于广西靖西

赫定大蠊 *Periplaneta svenhedini* Hanitsch, 1933

雌雄异型，雄虫体连翅长26.1~29.2 mm，雌虫体长18.3~19.8 mm。体深黑褐色至黑色。雄虫腹部第1背板特化，前缘中央有1束毛簇。雄虫肛上板基部急剧缩小，仅在中间部分以方形裂片强烈突出，侧缘近平直，后缘为一弓形凹口；腹面中部有一弯曲的条状凸带，其上密布小刺状突起。肛侧板长条状，末端弯钩状；尾须长，对称。下生殖板对称，尾刺长，后缘稍内凹。

分布：甘肃（陇南），重庆（缙云山），湖南（永州），台湾。

赫定大蠊 雄虫　　　　　　赫定大蠊 雄虫肛上板（A）和下生殖板（B）

赫定大蠊 雌虫 ｜ 罗新星摄于重庆缙云山

褐斑大蠊 *Periplaneta brunnea* Burmeister, 1838

雌雄同型，体连翅长28.9~30 mm。体红褐色，前胸背板黄色，边缘褐色，端半部具两褐色斑，通常轮廓较模糊，足颜色较浅。雄虫腹部第1背板特化，前缘中央有1束毛簇。雄虫肛上板简单，宽短，尾须细长；下生殖板后缘中部横短，中央具钝角状浅凹，两侧角钝圆，尾刺细长，略向内弯。该种近似澳洲大蠊和美洲大蠊，但其前胸背板的斑纹较为模糊，肛上板和下生殖板与后两者区别也较为显著；主要分布于我国热带沿海地区，常出没于室内。

分布：云南（西双版纳、福贡、怒江、泸水、腾冲、芒市、大理、玉溪），贵州（罗甸），广西（南宁），福建（沙县、福州、邵武、武夷山），海南（三沙）；环热带广布。

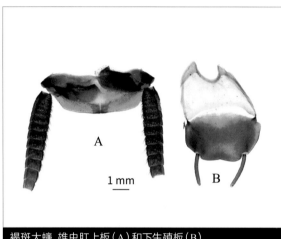

褐斑大蠊 雄虫肛上板（A）和下生殖板（B）

褐斑大蠊 *邱鹭摄于云南芒市*

淡赤褐大蠊 *Periplaneta ceylonica* Karny, 1908

雌雄异型，雄虫体连翅长33.8~35.5 mm，雌虫体长29.5 mm。体褐红色。雄虫翅发达，超过腹端，雌虫翅退化，前翅方形，仅达腹部第1背板末端。雄虫第1背板特化，具1束毛簇；肛上板横阔，后缘呈两钝圆形，中间具凹；下生殖板横阔，向两侧延伸，后缘中部简单，稍突出，尾须细长。该种是华南地区较为常见的一种大蠊，常见于灌木丛中。

分布：海南（尖峰岭、霸王岭、吊罗山、黎母山、保亭、七仙岭），云南（普洱、盈江、金平、瑞丽），广西（桂平、南宁、金秀、十万大山、上思），广东（广州、南昆山），福建（福州、福鼎），湖南（临武）；印度，斯里兰卡。

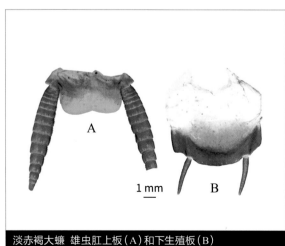

淡赤褐大蠊 雄虫肛上板（A）和下生殖板（B）

交配中的淡赤褐大蠊 *李昕然摄于海南黎母山*

侧突大蠊 *Periplaneta constricta* Bey-Bienko, 1969

体连翅长32~33 mm。体深黑棕色,足颜色变浅。第7背板后角尖锐,雄虫肛上板近梯形,后缘具宽凹;下生殖板近梯形,两侧稍不对称,右侧向内凹,后缘中部(两尾刺间)具钝角状宽凹,近尾刺处向两侧各延伸出一小角突,尾刺大小适中,较细。

分布:云南(屏边、西双版纳、沧源),广西(金秀、田林),海南(保亭)。

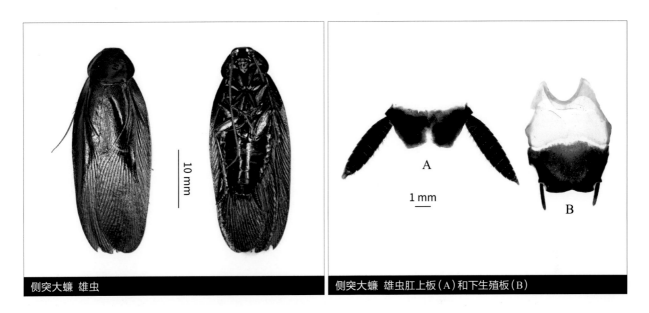

侧突大蠊 雄虫

侧突大蠊 雄虫肛上板(A)和下生殖板(B)

黑胸大蠊 *Periplaneta fuliginosa* (Serville, 1838)

雌雄同型,体连翅长24.9~33.9 mm。体深红棕色。前胸背板深黑褐色,宽大,光亮。雄虫第1背板特化,前缘中央有1束毛簇。雄虫肛上板近方形,两后侧角稍向外扩,中部具小凹,尾须较长。雄虫下生殖板后缘具2个钝圆突起,两突起中间呈钝角向内凹,尾刺细长。该种是我国南方较常见的室内卫生害虫,也可发现于公园、绿化带等环境,常躲藏于树洞或树缝当中。

分布:中国南方地区;世界范围较为广布。

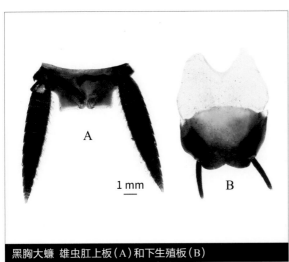

黑胸大蠊 雄虫肛上板(A)和下生殖板(B)

黑胸大蠊 邱鹭摄于重庆北碚

红带大蠊 *Periplaneta fulva* Bey-Bienko, 1969

体连翅长44.5 mm。体红褐色,头顶复眼间具3条模糊的深红色纵向条带。前胸背板宽大。雄虫肛上板近半圆形;下生殖板后缘内凹不显著,两尾刺之间相距较远。

分布:云南(西双版纳)。

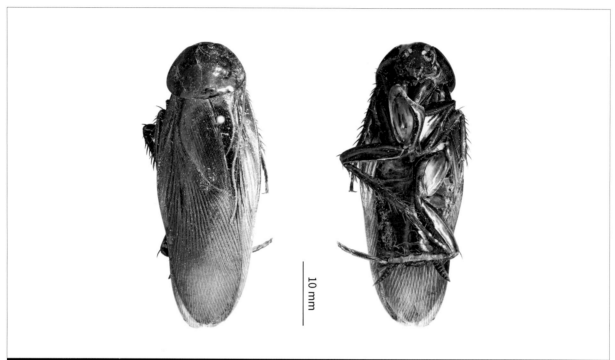

红带大蠊 雄虫

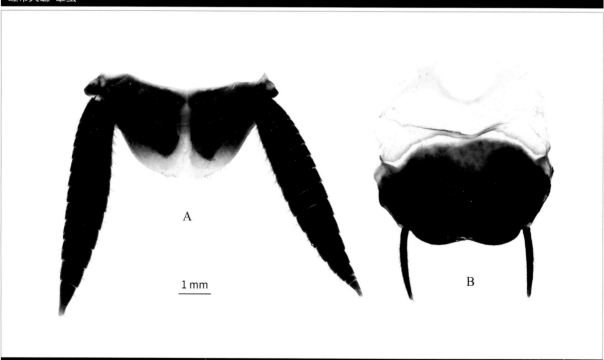

红带大蠊 雄虫肛上板(A)和下生殖板(B)

日本大蠊 *Periplaneta japonica* Karny, 1908

雌雄异型，雄虫体连翅长29.5 mm，雌虫体长18~23 mm。体褐色至黑褐色。雄虫翅超腹端，雌虫翅仅达腹部一半。雄虫腹部第1背板特化，具1束毛簇；肛上板两侧角具刺状突起，后缘内凹较宽，中间具深凹；下生殖板后缘中部稍向内凹陷，尾须细长。该种在中国主要分布在北方，是一种卫生害虫。

分布：辽宁（沈阳），北京；日本。

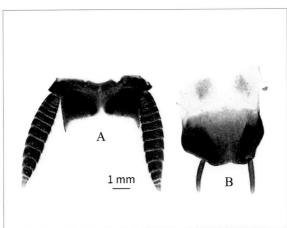

日本大蠊 雄虫肛上板（A）和下生殖板（B）

日本大蠊 雄虫 ｜ 刘晔摄于北京

日本大蠊 雌虫 ｜ 刘晔摄于北京

卡氏大蠊 *Periplaneta karnyi* (Shiraki, 1931)

　　雌雄近似，体连翅长15.7~20.5 mm。体黄褐色。翅超过腹部末端。雄虫第1背板特化，中央具1束毛簇；肛上板横阔，具两钝圆的突起，中央具凹；下生殖板横阔，后缘中央稍凹陷，尾刺细长对称。该种在大蠊属中体型较小，是中国沿海地区的室内卫生害虫。

　　分布：广西（十万大山），广东（广州），台湾（屏东、高雄）；泰国，越南。

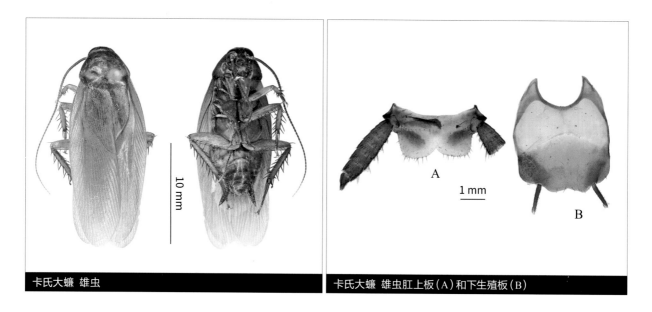

卡氏大蠊　雄虫　　　　　　　　卡氏大蠊　雄虫肛上板（A）和下生殖板（B）

潘氏大蠊 *Periplaneta panfilovi* Bey-Bienko, 1969

　　体连翅长38.3~39.2 mm。体棕色，头深褐色。雄虫肛上板近三角形，向端部逐渐收敛，端部呈两乳突状，两侧斜面上各具一刺突，尾须粗壮；下生殖板露出部分近半圆形，左右两叶稍不对称，后缘中部呈两瓣状凸出，钝圆，尾刺细长，相似，稍内弯。

　　分布：云南（盈江、西双版纳）。

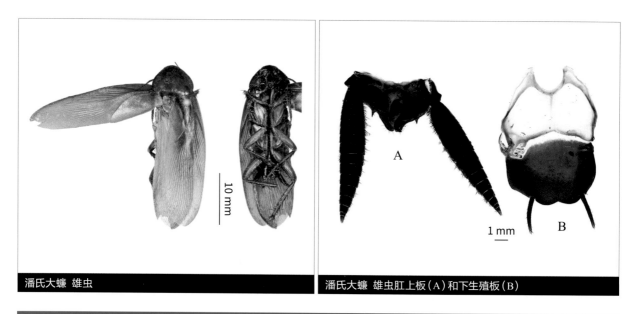

潘氏大蠊　雄虫　　　　　　　　潘氏大蠊　雄虫肛上板（A）和下生殖板（B）

谢氏大蠊 *Periplaneta semenovi* Bey-Bienko, 1950

雌雄异型，雄虫体连翅长28.0 mm，雌虫体长20.1 mm。体棕色，足褐黄色。前胸背板雄虫较小，横椭圆形，雌虫宽大，近半圆。雄虫翅发育完全，超过腹端，雌虫退化，前翅呈方形。雄虫肛上板横阔，略呈梯形，后缘中部具宽凹，尾须较短；下生殖板简单，后缘圆弧状，尾刺短。

分布：四川（平武），云南（泸水）。

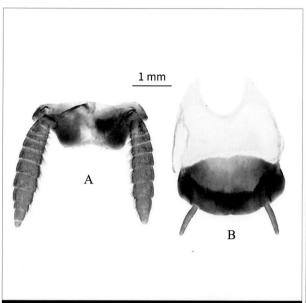

谢氏大蠊 雄虫肛上板（A）和下生殖板（B）

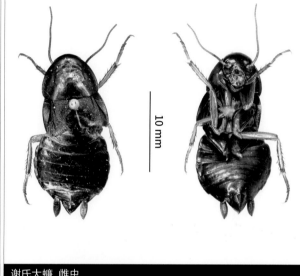

谢氏大蠊 雌虫

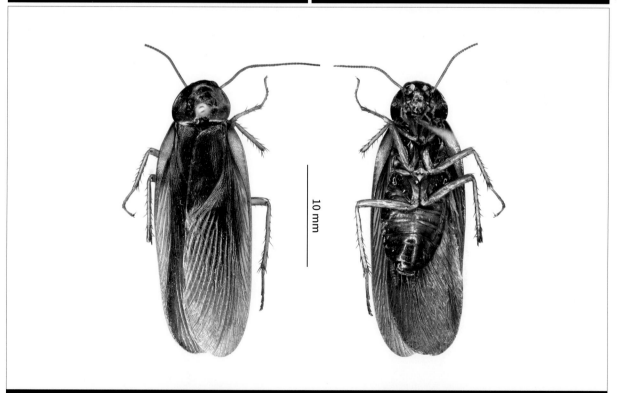

谢氏大蠊 雄虫

二叶大蠊 *Periplaneta sublobata* Bey-Bienko, 1969

体连翅长29.1~29.6 mm。前胸背板和前翅褐色，腹面黑褐色。前胸背板较小。雄虫肛上板强烈向后凸出，近半圆，后缘中部具三角形深凹，凹口两侧各具有一刺状突起，呈三角形；下生殖板横阔，简单，后缘中部弧状，尾刺大小适中，稍内弯。

分布：云南（西双版纳）。

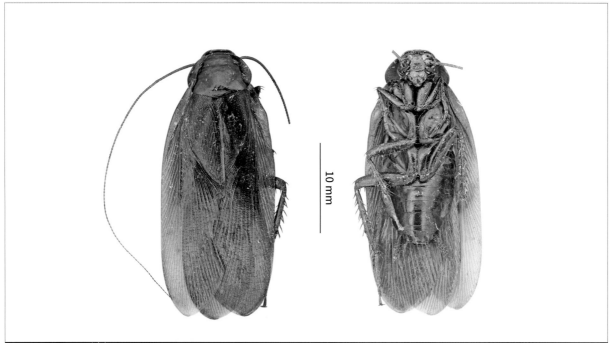

二叶大蠊 雄虫

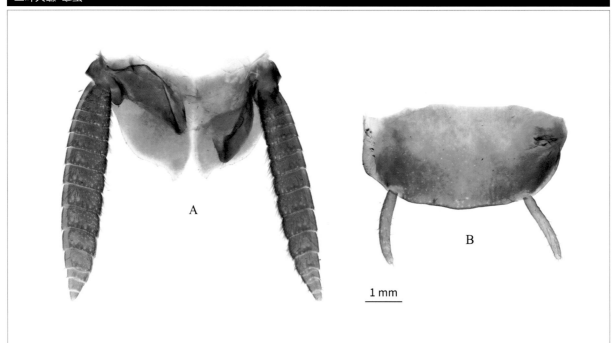

二叶大蠊 雄虫肛上板（A）和下生殖板（B）

滑蠊属 *Laevifacies* Liao, Wang et Che, 2019

雌雄近似，雄虫具退化的前翅和后翅，呈小叶状，雌虫仅具退化的前翅，后翅无。前胸背板近半圆形。后足第1跗节下具刺。

该属隶属于带蠊亚科Polyzosteriinae，与黑蠊属*Melanozosteria*相似，但雄虫具退化的后翅，而后者无。该属目前仅知分布于中国，世界共计1种，中国分布1种。

四翼滑蠊 *Laevifacies quadrialata* Liao, Wang et Che, 2019

体长椭圆，体长15.8~22.0 mm。体表黑亮，触角中部数节和端部数节乳白色，其余黑棕色到黑色。复眼间距宽，单眼小，近退化。前胸背板近半圆形。雄虫前后翅均为三角形，雌虫前翅三角形。足短粗，胫节具强刺。雄虫肛上板后缘中部呈两钝圆状凸出，中部内凹；雌虫肛上板凸出部分较大；尾须粗壮，分节明显，末节尖锐，雌虫较雄虫圆。雄虫下生殖板简单，两尾刺间向后突出，边缘较圆，尾刺细长；雌虫明显分瓣。该种栖居于灌木丛中。

分布：海南（鹦哥岭、吊罗山、五指山）。

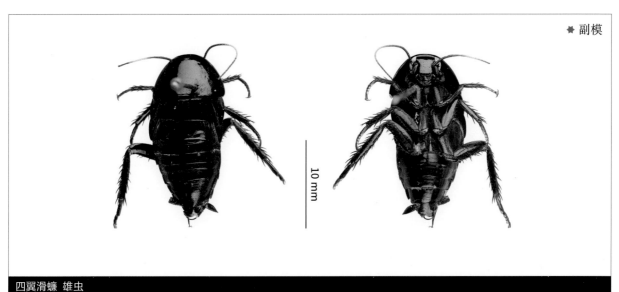

✦ 副模

10 mm

四翼滑蠊 雄虫

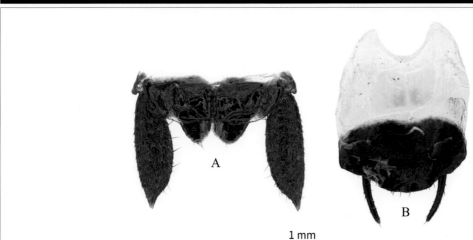

A

B

1 mm

四翼滑蠊 雄虫肛上板（A）和下生殖板（B）

黑蠊属 *Melanozosteria* Stål, 1874

雌雄近似，翅退化为翅芽状，或无。体卵圆形，通常暗黑色，体表光亮或粗糙。后足第1跗节通常具刺，爪通常不对称。第9背板通常钝。

该属隶属于带蠊亚科Polyzosteriinae，主要分布于澳大利亚以及东南亚地区。种类达40余种，我国分布2种，本图鉴收录1种。

亮黑蠊 *Melanozosteria nitida* (Brunner von Wattenwyl, 1865)

体椭圆形，雌雄近似，前翅均退化为翅芽状，无后翅，体长22.1~26.1 mm。体表黑亮，触角端半部色浅，其余均为黑色。复眼间距宽，单眼稍退化。前胸背板近半圆形。前翅小叶状，末端超过中胸背板后缘。足短粗，胫节具强刺；跗节第1节最长，约等于其余几节之和。腹部各节后侧角尖，往后伸。雄虫肛上板近梯形，横阔，后缘中部明显内凹，边缘具毛；雌虫肛上板窄而长，后缘中部具半圆形内凹；尾须粗壮，分节明显，末节尖锐。雄虫下生殖板近梯形，近后侧角处各具一粗大的刺突，尾刺着生于刺突外侧，尖锐而粗壮；雌虫明显分瓣。该种栖居于灌木丛中，为亚洲和大洋洲广布种。

分布：广西（上思、金秀），台湾；菲律宾，马来西亚，泰国，新几内亚，澳大利亚，新西兰。

10 mm

亮黑蠊 雄虫

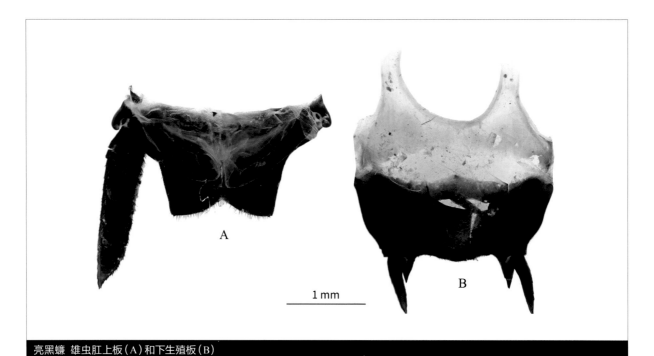

A

B

1 mm

亮黑蠊 雄虫肛上板（A）和下生殖板（B）

地鳖蠊科

CORYDIIDAE

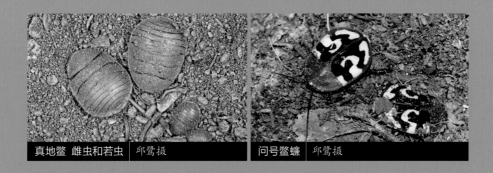

真地鳖 雌虫和若虫 | 邱鹭摄

问号鳖蠊 | 邱鹭摄

　　体微型至大型，形态和体色多样，雄虫一般狭长，雌虫通常呈卵圆形；体表一般明显被毛。复眼通常发达，单眼发达、缩小或缺失，触角丝状或栉状，唇基多发达。前胸背板横椭圆或半圆形，一般多毛。雄性具翅，雌性不具翅或具短翅，在休息态时，有翅个体后翅臀域仅向腹面折叠一次，收敛于后翅其余部分下方。肛上板雄虫一般横阔，雌虫呈半圆形。下生殖板形态多样，通常简单，雄虫尾刺1对或1个，雌虫下生殖板多宽大鼓圆，或呈瓣状。雄性外生殖器通常复杂，常分为左阳茎和右阳茎，左阳茎一般具发达的钩状阳茎（异板蠊钩状阳茎缺失）。卵生，卵荚一般较硬，脊部通常具锯齿状突起，表面具纵纹。若虫一般近似无翅雌虫，发育期较长。地鳖的栖息场所多样，一般营高度隐蔽的生活，喜干燥，可栖居于松散的腐殖质或泥土中、朽木内、洞穴中、树干的夹缝里等，也有的种类具蚁栖或螱栖性。

　　该科大多数种类鲜为人知，但也有一些较为著名的种类，如作为中药原料的中华真地鳖*Eupolyphaga sinensis*（土元或者土鳖）是中国地鳖蠊中最为常见、最为广布的种类。有些种类因为鲜明的体色被开发作为宠物，如印度的问号鳖蠊*Therea olegrandjeani*。世界性分布；全世界已知40余属200多种，我国目前分布14属53种（含亚种）。

　　目前该科被划分为3个亚科，即地鳖蠊亚科Corydiinae、小地鳖蠊亚科Euthyrrhaphinae和拉丁蠊亚科Latindiinae，中国均有分布，另外还有十余个亚科未能确定的属。地鳖蠊亚科和小地鳖蠊亚科在形态上都是比较典型的地鳖蠊，它们大多唇基发达，体表被有短毛或刚毛；而拉丁蠊亚科和大部分亚科未定属体型一般较小，在形态上近似姬蠊科的种类。

地鳖蠊亚科 \ Corydiinae

体型通常较大，体表明显被毛，复眼发达，唇基明显加厚。前胸背板横椭圆或半圆形。雄虫具翅，雌虫具翅或无，无翅个体卵圆形。该亚科在地鳖蠊科里面种类最为丰富，占据地鳖蠊科约半数种类，是最为典型的地鳖类群，包含许多大众所熟知的地鳖，如中华真地鳖*Eupolyphaga sinensis*、带纹真鳖蠊*Eucorydia dasytoides*、冀地鳖*Polyphaga plancyi*等。依据雌虫是否具翅将该亚科划分为2个族，即鳖蠊族Corydiini（具翅）和地鳖族Polyphagini（不具翅）。常栖居于疏松干燥的腐殖质内或朽木夹缝中，主要分布于北半球，少部分出现在澳大利亚、非洲南部和南美洲。世界已知20余属150余种；国内已知8属39种（含亚种）。

云南真地鳖 雄虫 ｜ *邱鹭摄于云南维西*

小地鳖蠊亚科 \ Euthyrrhaphinae

体型小，体色多变，体表明显具刚毛，雌雄通常都具翅，头横阔，复眼通常较小，位于头部两侧，单眼小，触角较短，唇基为地鳖蠊科里面最为发达的类群，后唇基通常占据整个面部，上边缘明显超过触角窝，翅脉简单或退化。许多报道称该亚科的成员被发现于社会性昆虫的巢穴内（白蚁、蚂蚁和胡蜂）。该亚科存在争议，Rehn (1951)依据翅脉将该亚科分为个独立的亚科，分别为前翅加厚的小地鳖蠊亚科Euthyrrhaphinae，前后翅脉严重退化的透翅蠊亚科Holocompsinae，以及翅脉简单的弱蠊亚科Tiviinae。但是也有的学者依据唇基发达这一主要特征将这3个亚科作为族（Euthyrrhaphini、Holocompsini、Tiviini）归到小地鳖蠊亚

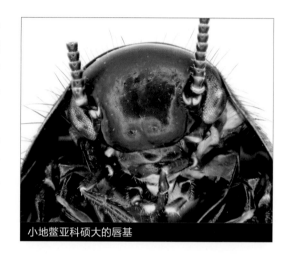

小地鳖亚科硕大的唇基

科Euthyrrhaphinae里面。由于仅依据翅脉特征划分高级阶元证据略显不足，加上这3个类群其实在形态和生活习性上呈现高度的相似性（体型，唇基，雄性外生殖器，栖居于社会性昆虫的巢穴内等），本图鉴采用族的划分方法将这3类地鳖归入小地鳖亚科里面。该亚科采集难度很大，国内鲜有报道，本图鉴记录国内分布的2个族：透翅蠊族Holocompsini和弱蠊族Tiviini。分布：世界性分布。世界已知5属40种；中国分布2属，其中已定名种类仅1种，为东洋蜉蠊*Holocompsa debilis*，另外还有弱蠊属*Tivia*的未定名种类被报道过。

拉丁蠊亚科 \ Latindiinae

体微型至小型，纤弱，体通常被毛或具稀疏不明显的刚毛，复眼间距宽，单眼小或缺失，翅脉简单，脉纹较少，尾须细长，雄性下生殖板通常对称，雌性下生殖板分瓣。雄性外生殖器复杂，钩状阳茎通常较发达。该亚科研究较少，其生活习性亦不详，部分种类可发现于灌木丛或者朽木内。主要分布于南北美洲、大洋洲和亚洲。世界已知15属46种；中国分布3属3种。

拉丁蠊亚科中国的代表刺尾贝蠊 短翅型 | 许浩摄于西藏墨脱

相似异板蠊 雄虫 | 邱鹭摄于云南普洱

另外，除上述3个亚科外，我国还分布有1个亚科未能确定的属，即异板蠊属*Ctenoneura*。关于这个属的具体介绍参见"异板蠊属"部分。

中国地鳖蠊科分亚科分属检索表

1 体光滑，前胸背板和前翅无毛，雄虫下生殖板特化，强烈不对称，仅具一尾刺，无钩状阳茎 ·············· 异板蠊属 *Ctenoneura*

  体粗糙，通常前胸背板明显被毛，或仅具稀疏刚毛，或仅若虫期被毛，雄虫下生殖板对称或略不对称，具两尾刺，具钩状阳茎
  ·· 2

2 唇基上缘超过触角窝上缘，强烈隆起，硕大 ·· 3 小地鳖蠊亚科 Euthyrrhaphinae

  唇基上缘不超过触角窝上缘，仅具明显分界或隆起程度适中 ··· 4

3 前后翅翅脉退化，近缺失 ··· 蜷蠊属 *Holocompsa*

  前后翅翅脉未退化，稀疏 ··· 弱蠊属 *Tivia*

4 体小型，唇基仅具明显分界，隆起不明显 ·· 5 拉丁蠊亚科 Latindiinae

  体通常大型，唇基隆起程度适中，明显分为前唇基和后唇基两部分 ············· 7 地鳖蠊亚科 Corydiinae

5 爪垫缺失，雄虫腹部背板不特化 ··· 6

  具爪垫，雄虫腹部背板特化 ··· 眉蠊属 *Brachylatindia*

6 体型较大，光滑，爪简单，尾须端部刺较长 ··· 贝蠊属 *Beybienkonus*

  体型较小，被毛，爪锯齿状，尾须端部刺较短 ·· 纤蠊属 *Sinolatindia*

7 雄虫触角栉状 ··· 栉地鳖蠊属 *Ctenoblatta*

  雄虫触角非栉状 ·· 8

8 雌虫具翅 ·· 9

  雌虫不具翅 ··· 11

9 体通常具强烈的蓝绿色金属光泽，前翅和腹部通常具橙黄色区域 ··············· 真鳖蠊属 *Eucorydia*

  体色通常暗淡，褐色至黑褐色 ·· 10

10 雌虫小，仅10 mm，前胸背板不甚加厚；雄虫不详 ······························· 袖鳖蠊属 *Minicorydia*

  雌虫大，超过25 mm，前胸背板明显加厚；雄虫后翅具CuA环状结构 ············· 棕鳖蠊属 *Ergaula*

11 前翅腹面观具Sc突起 ·· 12

  前翅腹面观不具Sc突起 ·· 地鳖属 *Polyphaga*

12 不具爪垫 ·· 浑地鳖属 *Epipolyphaga*

  具爪垫 ·· 13

13 体型较大，体连翅长22.3~36.8 mm；雄性外生殖器R2不具2块附属骨片 ········· 真地鳖属 *Eupolyphaga*

  体型较小，体连翅长13.7~15.8 mm；雄性外生殖器R2具2块附属骨片 ········· 闽地鳖属 *Minpolyphaga*

栉鳖蠊属 *Ctenoblatta* Qiu, Che et Wang, 2018

　　雄虫体中型,被毛不显著;雌虫不详。复眼鼓圆,单眼发育良好,触角栉状。前胸背板增厚,均色,密布粗糙刻点,分布有极短的细毛,前翅革质,增厚,ScP具明显突起,后翅透明。足上刺较短,爪垫缺失,肛上板透明,十分凸出,超出下生殖板且能从腹侧观察到,后缘中部具凹陷;下生殖板近梯形,中部凹陷,尾须短小,分布于两后侧角顶点。

　　该属隶属于地鳖蠊亚科Corydiinae,世界仅知1种,分布于中国神农架。

栗色栉鳖蠊 *Ctenoblatta impubis* Qiu, Che et Wang, 2018

　　雄虫体连翅长29.1 mm,体狭长,栗色,被毛不明显。头褐色,两复眼饱满,两眼间距显窄于触角窝间距,触角从第7节开始呈栉状。前胸背板近八角形,加厚,表面具刻点,被极其短小的毛。前翅革质增厚,栗色,腹面观ScP突起明显。足上刺短粗,爪垫缺失。肛上板被毛,透明,强烈凸出,尖端具两圆形突起,中间凹陷;尾须长,褐色;下生殖板近梯形,后缘具细小的刚毛,尾刺短小,黑色。该种雄虫可上灯。

　　分布:湖北(神农架)。

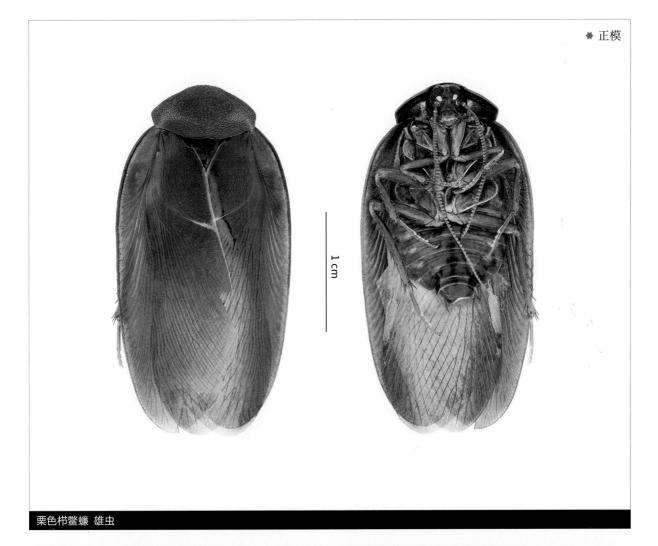

★ 正模

1 cm

栗色栉鳖蠊　雄虫

浑地鳖属 *Epipolyphaga* Qiu, Che et Wang, 2019

雌雄异型。雄虫体大型，壮硕，具翅。头圆，两复眼间距宽，约等于单眼间距，稍宽于触角窝间距。单眼小，单眼间无脊。前胸背板宽大，近半圆形。翅短宽；前翅厚，ScP域十分发达，ScP腹面具突起；后翅具融合脉（两条脉合为1条脉的情况），臀域缩小退化。足细长，强壮，爪垫缺失。尾须稍短，尾刺短小，不等大。雌虫无翅，卵圆形，中胸和后胸背板后侧角较圆；爪垫缺失。

该属隶属于地鳖蠊亚科Corydiinae，世界仅知1种，分布于中国云南。

夜晚出来活动的悟空浑地鳖雄虫和雌虫 ｜ 邱鹭摄于云南德钦

悟空浑地鳖 *Epipolyphaga wukong* Qiu, Che et Wang, 2019

雄虫体连翅长32.5 mm，体宽22.5 mm，体黄褐色。头黑色。前胸背板黄褐色，中域具对称的斑纹。翅浅褐色，具稀疏的褐色斑点。足除转节外均为褐色，腹部褐色。雌虫体长28.2 mm，体深褐色，前胸背板黄色，具有类似雄虫的斑纹。

分布：云南（德钦）。

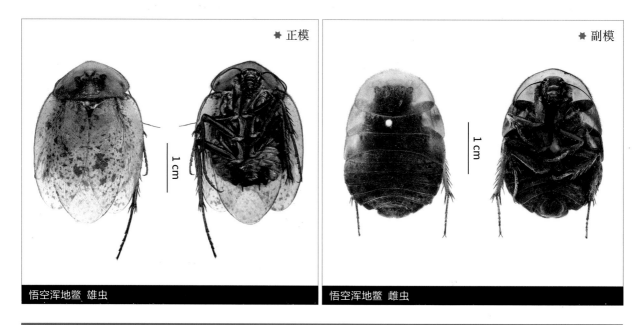

悟空浑地鳖 雄虫　　　　　　　　　　　悟空浑地鳖 雌虫

棕鳖蠊属 *Ergaula* Walker, 1868

雌雄异型明显。雄虫体棕色至棕黑色，前翅通常具大小不同的透明斑纹，或无斑。复眼和单眼发达；前翅腹侧ScP具突起，后翅CuA脉基部具一环状结构，是识别该属的一个重要特征。爪垫发达；腹部前2节侧膜具可外翻的腺体；肛上板横阔，被毛，中部边缘微微凹陷，尾须细长；下生殖板鼓圆，被刺状刚毛，两尾刺相似，细长。雌虫体大型，体壁强烈增厚，似甲虫，浑圆，被毛，棕色至棕黑色，不具斑纹。头硕大，复眼细长，单眼小但明显；前胸背板宽大，半圆形，具小瘤突，增厚，前翅短，短于或者仅略微超过腹部末端，顶端圆或者略尖锐，后翅极退化，翅脉网状；肛上板浑圆，中部具微凹，下生殖板扩大，鼓圆。有报道称该属栖居于朽木树洞中的白蚁巢穴内，雄虫可上灯。

该属隶属于地鳖蠊亚科Corydiinae，世界已知7种，中国分布1种。主要分布于东洋区和非洲沙哈拉南部。

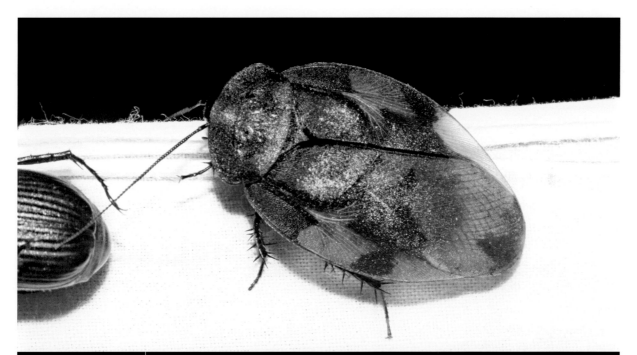

受灯光吸引的广纹棕鳖蠊 | 张巍巍摄于海南

广纹棕鳖蠊 *Ergaula nepalensis* (Saussure, 1893)

雄虫体连翅长30.0~36.0 mm，体褐色，宽大，雌虫不详。雄虫复眼硕大，两眼间距十分窄。前胸背板褐色，不具斑，增厚，具细小刻点，并被有极短的褐色毛，边缘加厚，前缘两侧为背板最宽处。前翅褐色，具明显白色透明斑纹；处于停息态时，前翅侧缘各具一大的不规则斑块，端部具宽大的白色透明区，尖端稍泛褐色，左前翅臀域端部缝合处具一白色透明小斑。雄虫肛上板横阔，密被短毛，褐色，后缘中部透明，略呈梯形，但后侧角呈圆形，后缘中部凹陷，尾须细长；下生殖板褐色，具刺状刚毛，圆形，尾刺细长，被毛。

广纹棕鳖蠊 雄虫

分布：海南（五指山、尖峰岭、鹦哥岭、霸王岭、吊罗山），广东（广州），广西（金秀）；印度，越南，缅甸。

真鳖蠊属 *Eucorydia* Hebard, 1929

体小型至中型，雌雄近似，均具翅，雄虫翅较雌虫狭长。通常体色鲜艳，金属蓝绿色至蓝色，也有近黑色的种类；前翅通常具有鲜艳的橙黄色斑纹，腹部亦具有鲜艳橙色域。触角近端部2—6节白色，其余各节深色，雄虫上唇特化，横阔，中部具一圆形印痕，下颚须第3节膨大凹陷并被毛，雌虫上唇和下颚须正常不特化。前胸背板横阔，有时具黄斑。足具爪垫。雄虫腹部侧缘具臭腺，第8节背板特化，两侧角呈针状凸出；肛上板短，横阔，被毛，中部凹陷，凹陷的形状依不同种类稍有不同；下生殖板较圆，凸出，尾刺粗而长，弯曲。雌虫肛上板较大，半圆形，尾须短小，下生

带纹真鳖蠊 若虫 ｜ 邱鹭摄，海南尖峰岭产

殖板宽大，后端凸出，鼓圆。若虫通常褐色至深褐色，被毛，触角近端部白色。卵荚脊部具1排锯齿状突起。该属蜚蠊较少见。雄虫可访花，白天可出现于高树的花上；雌虫可躲藏在活树或枯木树皮下；若虫喜欢躲藏在朽木等腐殖质中，发育时间较长。

该属隶属于地鳖蠊亚科Corydiinae，世界已知19种，中国分布10种，本图鉴收录10种。主要分布于东洋区。

带纹真鳖蠊 雌成虫 ｜ 邱鹭摄，海南尖峰岭产

本图鉴真鳖蠊属 *Eucorydia* 分种检索表

1 前翅端半部黑色或蓝紫色，略带金属光泽 ··· 2

　前翅端半部黄色，基部金属蓝绿色至蓝色 ··· 3

2 前翅端部两侧各具一小黄斑，两小黄斑中间具白毛条带 ····················· 玲珑真鳖蠊 *Eucorydia linglong*

　前翅端部具条带或大黄斑 ·· 4

3 前翅臀域完全金属蓝绿色至蓝色 ··· 5

　前翅臀域黄色或具黄色域 ·· 9

4 前翅基部具白毛或灰毛 ·· 6

　前翅基部不具浅色毛 ··· 8

5 前翅金属色和黄色域交界近似梯形 ·· 脐真鳖蠊 *Eucorydia hilaris*

　前翅金属色和黄色交界W形 ·································· 丽真鳖蠊 *Eucorydia splendida*

6 前翅基部具灰色和黑色的混合毛域 ·············· 桂林真鳖蠊 *Eucorydia guilinensis*

　前翅基部具白毛域 ·· 7

7 体大型，前翅较狭长 ··· 毛肩真鳖蠊 *Eucorydia pilosa*

　体中型，前翅短粗 ··· 汤氏真鳖蠊 *Eucorydia tangi*

8 体小型，前翅端半部具较宽黄色横带，R2较狭长，具长突起 ··········· 云南真鳖蠊 *Eucorydia yunnanensis*

　体中至大型，前翅端半部条带变异较大，R2较圆，具小隆起 ············ 带纹真鳖蠊 *Eucorydia dasytoides*

9 前翅端半部中央具金属蓝斑 ····························· 威氏真鳖蠊 *Eucorydia westwoodi*

　前翅端半部中央不具金属蓝斑 ······················· 藏南真鳖蠊 *Eucorydia xizangensis*

带纹真鳖蠊 *Eucorydia dasytoides* (Walker, 1868)

　　雄虫体连翅长18.6~22.3 mm，雌虫体长12.0~17.5 mm，金属蓝绿色。前翅基半部金属蓝绿色，端半部具一横向的橙黄色条带，有时该条带被间断为3部分（浙江和福建的种群），或从中间间断为左右两部分（台湾台东种群），端部黑色，稍具金属紫色。腹部端部黑色，其余橙黄色，有时腹部中部黑色，两侧黄色。成虫访花，白天常在高处飞行活动，若虫可发现于朽木中。该种为真鳖蠊属的优势种，广布于中国华南地区以及越南北部。

　　分布：福建（厦门、武夷山、南平、福州），浙江（天目山、大盘山），贵州（梵净山、镇远、沿河），湖南（岳阳、怀化、壶瓶山），江西（井冈山），广西（花坪、大瑶山），云南（彝良），海南（尖峰岭、霸王岭），台湾（台东、桃源）；越南。

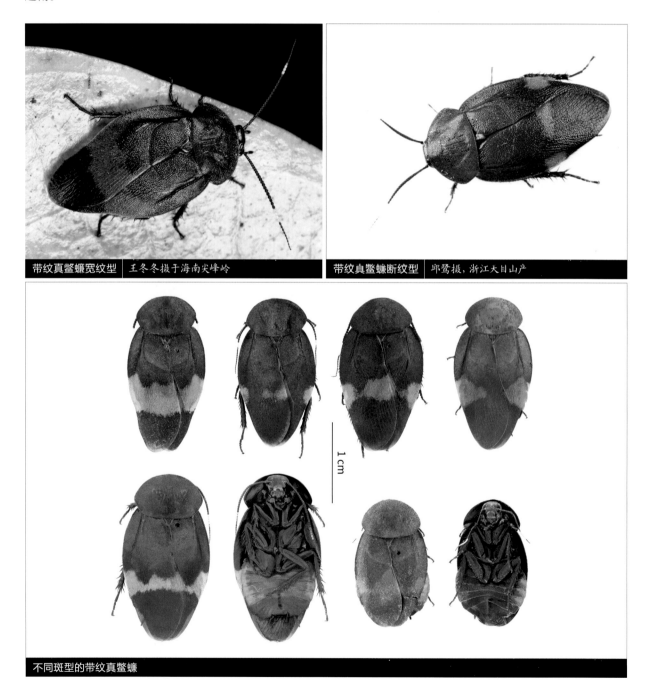

带纹真鳖蠊宽纹型　王冬冬摄于海南尖峰岭

带纹真鳖蠊断纹型　邱鹭摄，浙江大目山产

1 cm

不同斑型的带纹真鳖蠊

桂林真鳖蠊 *Eucorydia guilinensis* Qiu, Che et Wang, 2017

体连翅长13.8~14.2 mm，前胸背板混杂有黄白色和黑色的刚毛，前翅金属绿色，基部具黄白色毛，端半部具一黄带。腹部腹板末4节深褐色，其余黄色，中部稍具褐色，背板末2节和第3—4节的侧面深褐色，稍具金属光泽，其余黄色。雄虫肛上板后缘凹陷较宽。

分布：广西（桂林）。

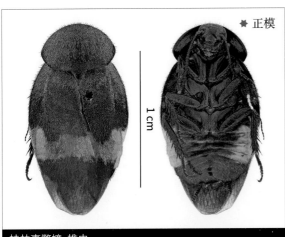

★ 正模

1 cm

桂林真鳖蠊 雄虫　　　　桂林真鳖蠊 雌虫　邱鹭摄于广西桂林

脐真鳖蠊 *Eucorydia hilaris* (Kirby, 1903)

体长18.0 mm，前翅基半部金属蓝色，整个端半部黄色，两色交界处呈梯形向黄色域凸出。腹板末2节和倒数第3节侧缘黑色，其余黄色。该种近似丽真鳖蠊 *Eucorydia splendida*，但其前翅斑纹形状与后者有区别，脐真鳖蠊蓝色和黄色边界中部区域起伏较小，而丽真鳖蠊呈W波浪形；另外脐真鳖蠊雄虫肛上板后缘形状呈钝角凹陷，而后者呈圆角凹陷。

分布：云南（绿春、西盟）。

脐真鳖蠊 雄虫　王建赟摄于云南绿春

玲珑真鳖蠊 *Eucorydia linglong* Qiu, Che et Wang, 2017

体长11.0~12.7 mm，体小型，金属蓝绿色至蓝色。前翅端部两侧缘各具有1个小黄斑，前翅基部具有白毛组成的斑块，两黄斑间由一白毛组成的条带相连。

分布：海南（尖峰岭、黎母山），云南（文山、个旧），广西（崇左、百色），贵州（茂兰）；越南。

玲珑真鳖蠊 雄虫 ｜ 王冬冬摄于海南尖峰岭

玲珑真鳖蠊 雌虫 ｜ 刘晔摄于广西崇左

毛肩真鳖蠊 *Eucorydia pilosa* Qiu, Che et Wang, 2017

体长13.8~15.1 mm,体中型,金属蓝色,泛紫色光泽。前翅基部具白色毛域,端半部近中部具一横向的橙黄色带。腹板末2节,倒数第3—4节侧缘黑色,稍具光泽,其余黄色。

分布:云南(普洱、西双版纳)。

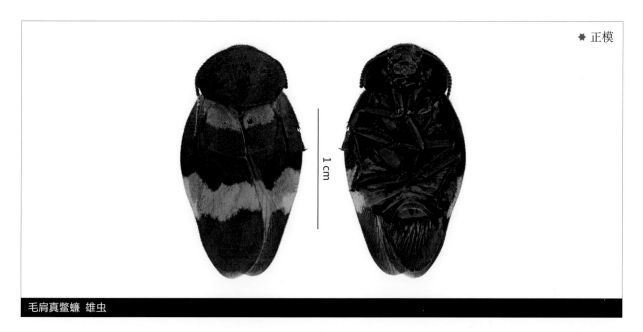

★ 正模

毛肩真鳖蠊 雄虫

丽真鳖蠊 *Eucorydia splendida* Qiu, Che et Wang, 2017

体长16.2 mm,前翅基半部金属蓝绿色,端半部黄色,两颜色交界线呈W形;后翅黄色。腹板末3节及倒数第4节侧缘黑色,其余黄色。雄虫肛上板后缘呈圆弧状凹陷,两侧角较圆。

分布:云南(泸水、保山)。

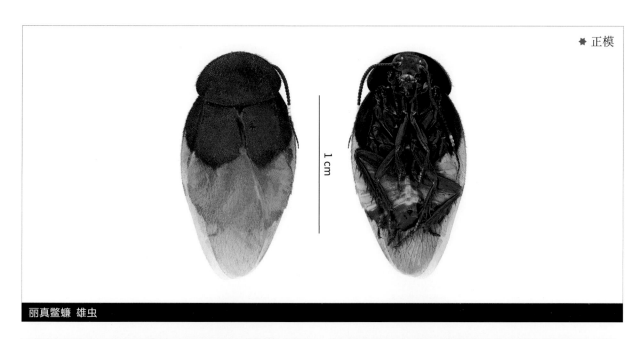

★ 正模

丽真鳖蠊 雄虫

汤氏真鳖蠊 *Eucorydia tangi* Qiu, Che et Wang, 2017

体连翅长15.9~16.3 mm，体短宽，前胸背板具灰白色毛，前翅金属蓝绿色，端半部具一不规则黄带，几近截为3段，前翅基部具狭窄灰白色毛域，毛域沿左翅内边缘延伸至黄带。腹部中部褐色，两侧黄色，腹板末4节褐色。

分布：贵州（江口）。

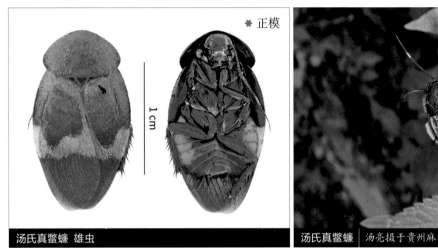

★ 正模

| 汤氏真鳖蠊 雄虫 | 汤氏真鳖蠊 | 汤亮摄于贵州麻阳河 |

威氏真鳖蠊 *Eucorydia westwoodi* (Gerstaecker, 1861)

体长15.5~17.0 mm，前翅整体橙黄色，停息状态下，两侧各具一金属蓝紫色条带，金属蓝紫色条带通常延伸至侧缘中部，并在近中部位置向前翅中央延伸出圆形大斑，在条带围成的区域中间具有一心形金属蓝紫色大斑，前翅端缘金属蓝紫色。腹部除腹板末4节以外其余橙黄色。

分布：云南（盈江）；印度，尼泊尔。

| 威氏真鳖蠊 | 邱鹭摄，云南盈江产 |

藏南真鳖蠊 *Eucorydia xizangensis* Woo et Feng, 1988

　　体长16.5 mm，前翅橙色，基半部具圆形金属蓝斑；后翅黄色。腹板除末4节外橙色。雄虫肛上板后缘近平截。

　　分布：西藏（墨脱）。

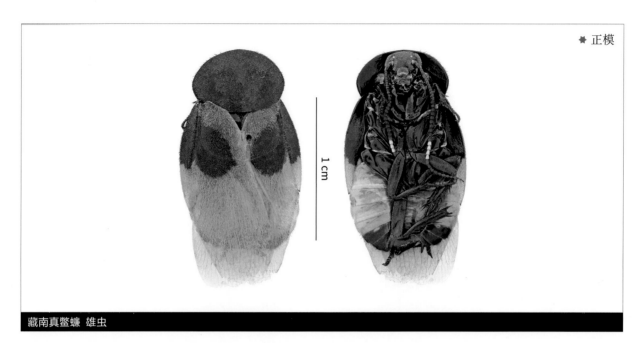

藏南真鳖蠊 雄虫

云南真鳖蠊 *Eucorydia yunnanensis* Woo, Guo et Feng, 1986

　　体连翅长14.8~15.3 mm，前翅金属蓝绿色至蓝色，端半部具一宽大的橙色横带。腹部腹板末3节黑色，倒数第4节两侧缘黑色，其余黄色。雄虫肛上板后缘中部强烈凹陷，两侧角较圆，尾须长。

　　分布：云南（西双版纳），贵州（安顺）。

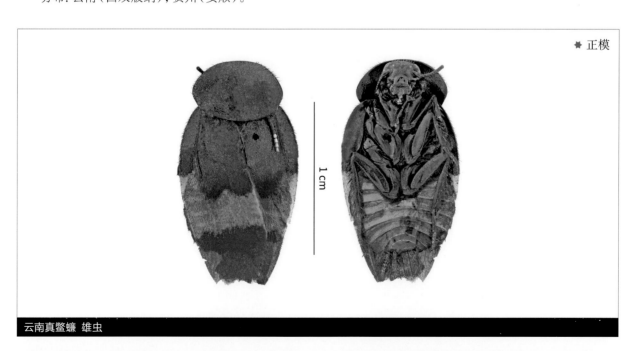

云南真鳖蠊 雄虫

真地鳖属 *Eupolyphaga* Chopard, 1929

雌雄异型。雄虫具翅，体连翅长22.3~36.8 mm。体通常狭长，被毛，体色暗淡。复眼发达，占据面部两侧，单眼发达，单眼间具一横脊。前胸背板横椭圆形，前缘通常具黄白色边，部分种类为均色；表面密被短毛和刚毛，边缘具长刚毛。前翅通常发育完全，显超过腹部末端，通常为半透明膜质，具斑纹，部分种类均色无斑，前翅ScP脉具突起。足具爪垫。下生殖板横向，后缘密被刚毛，边缘通常凹陷或者波浪状，两尾刺短小，大小不均等。雄虫不具翅，卵圆形，体长15.2~30.2 mm，体宽10.6~21.5 mm。体色暗淡，棕黄色到黑色，通常具模糊的斑纹。卵荚鞘质，脊部具锯齿状突起，不同种类突起形状不同，卵荚表面通常具肋纹。栖居于人居环境、干燥的陆地和潮湿的森林。雌虫和若虫通常栖居于一狭小的空间，隐藏于干燥而疏松的沙土、泥渣或木屑内。

该属隶属于地鳖蠊亚科Corydiinae，世界已知22种（含亚种），中国均有分布，本图鉴收录22种（含亚种）。主要分布于中国以及俄罗斯南部。

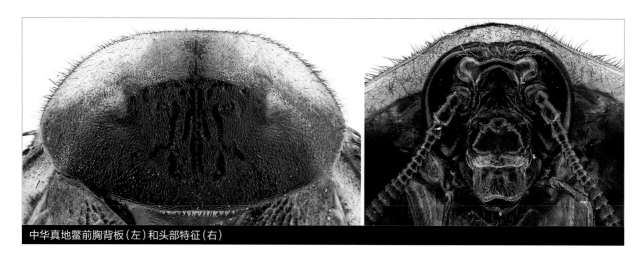

中华真地鳖前胸背板（左）和头部特征（右）

本图鉴真地鳖属 *Eupolyphaga* 检索表（雄虫）

1 前翅完全均色, 不具斑点 ·· 昆明真地鳖 *Eupolyphaga fusca*

  前翅具斑点 ··· 2

2 前翅黑色, 仅具几个模糊斑点, 腹部橙色 ·· 壮真地鳖 *Eupolyphaga robusta*

  前翅透明, 具许多深色斑点 ·· 3

3 翅短, 仅超过腹端3.4~6.5 mm ·· 4

  翅发育完全, 超过腹端8.0 mm以上 ·· 5

4 腹部褐色, 分布于珠穆朗玛峰地区 ······························· 珠峰真地鳖指名亚种 *Eupolyphaga everestiana everestiana*

  腹部黄色, 端部稍呈深褐色, 分布山南地区 ···························· 珠峰真地鳖任氏亚种 *Eupolyphaga everestiana reni*

5 腹部和足不都是暗淡的黄色 ··· 6

  腹部和足皆为暗淡的黄色 ·· 10

6 腹部不具斑点 ··· 7

  腹部具斑点, 中部具一纵线 ··· 9

7 前胸背板大体为均色 ·· 8

  前胸背板前端明显具浅色边缘 ·· 14

本图鉴真地鳖属 *Eupolyphaga* 检索表（雄虫）

8 前翅具稠密而融合的斑点 ··· 壶瓶真地鳖 *Eupolyphaga hupingensis*

  前翅具疏散的斑点，外侧缘褐色 ··· 黑腹真地鳖 *Eupolyphaga xuorum*

9 前胸背板褐色至深褐色，前端具浅色边缘 ··· 11

  前胸背板黄色，中部具一不规则的团斑图案 ···················· 苍山真地鳖 *Eupolyphaga maculata*

10 前胸背板褐色，前缘黄色 ·· 中华真地鳖 *Eupolyphaga sinensis*

   前胸背板均色，红褐色至褐色 ·· 韩氏真地鳖 *Eupolyphaga hanae*

11 前胸背板褐色，前端具微弱的黄色缘，前翅外侧缘褐色，斑点细小而分散 ············ 董氏真地鳖 *Eupolyphaga dongi*

   前胸背板褐色，前端具浑浊的黄色缘 ··· 12

12 足黑色 ·· 斑腹真地鳖 *Eupolyphaga nigrifera*

   足褐色至深褐色，混合有黄色 ··· 13

13 体褐色，前翅具稠密斑点 ························· 冯氏真地鳖永胜亚种 *Eupolyphaga fengi yongshengensis*

   体深褐色，前翅具疏松斑点 ··························· 冯氏真地鳖指名亚种 *Eupolyphaga fengi fengi*

14 复眼间距等宽于单眼间距 ··· 西藏真地鳖 *Eupolyphaga thibetana*

   复眼间距显窄于单眼间距 ··· 15

15 前翅具分散的斑点 ··· 16

   前翅具稠密或者融合的斑点 ··· 17

16 体深褐色至黑色，前胸背板具窄的白色前缘 ··· 19

   体黄褐色，前胸背板具宽的黄白色前缘 ························· 云南真地鳖 *Eupolyphaga yunnanensis*

17 前翅具模糊而细小的斑点，前胸背板具黄色前缘，黄色前缘未延伸至背板两侧，体腹面为黑色 ·····

   ··· 淡斑真地鳖 *Eupolyphaga daweishana*

   前翅具混合的斑点，体腹面为褐色 ··· 18

18 前胸背板具黄色前缘，黄色前缘中部狭窄，向两侧变宽 ··········· 神农真地鳖 *Eupolyphaga shennongensis*

   前胸背板具黄白色前缘，黄白色前缘中部狭窄，两侧变宽，然后向背板两侧急剧变窄 ·····

   ··· 玉龙真地鳖 *Eupolyphaga hengduana*

19 体深褐色，前翅具较大但稀疏的斑点 ··· 20

   体黑色，前翅具较小和较稠密的斑点 ·························· 狭缘真地鳖 *Eupolyphaga nigrinotum*

20 体大，不含翅长17.8~20.1 mm，前胸背板具刚毛，前端具十分狭窄或不明显的浅色边缘 ··· 吴氏真地鳖 *Eupolyphaga wooi*

   体小，不含翅长15.6~16.8 mm，前胸背板和头具长毛，前胸背板具明显的浅色前缘 ········ 多毛真地鳖 *Eupolyphaga pilosa*

大围真地鳖 *Eupolyphaga daweishana* Qiu, Che et Wang, 2018

雄虫体连翅长31.3 mm。体中型，狭长，褐色。头黑色，具光泽，两复眼间距适中。前胸背板褐色，前缘具白色窄边，窄边中部较窄，两侧变宽，然后又急剧向背板两侧变窄。前翅透明，浅褐色，具稠密而模糊的小褐色斑。足黑褐色，各节连接处稍具黄色。腹部光滑，黑褐色。雌成虫不详，雌若虫黄褐色，具黑褐色斑纹。卵荚脊上的锯齿状突起较大，稍弯曲，尖端较钝。

分布：云南（屏边）。

大围真地鳖　卵荚

大围真地鳖　雌若虫

★ 正模

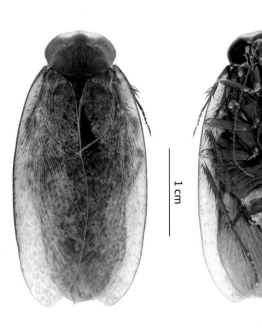

大围真地鳖　雄虫

稠斑真地鳖 *Eupolyphaga densiguttata* Feng et Woo, 1988

雄虫体连翅长28.0~31.0 mm，黄褐色。头栗色，颜色往头顶逐渐加深，两复眼间距适中。前胸背板褐色，前缘白色。前翅浅黄褐色，密布细小无规则的褐色斑点。足和腹部浑浊的褐色。雌虫不详。

分布：云南（安宁、宾川）。

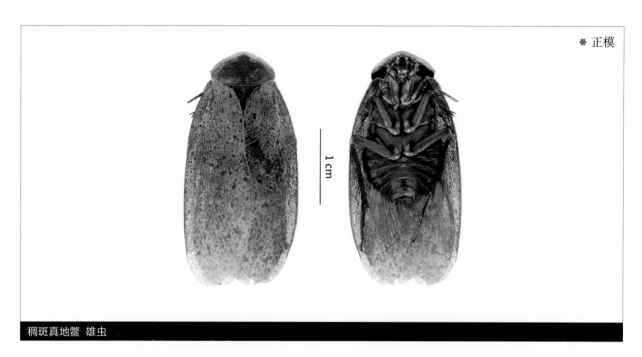

稠斑真地鳖　雄虫

董氏真地鳖 *Eupolyphaga dongi* Qiu, Che et Wang, 2018

雄虫体连翅长28.2~29.5 mm，体褐色。头具长毛，头顶及单眼间黑色，两复眼间距较窄，前胸背板近均色，前缘具极窄的黄色域。前翅透明，外侧缘基半部褐色，其余区域具有稀疏的细小褐色斑。足和腹部深褐色，腹部具有稠密的黄色疹状斑点，中部具一纵线。雌虫红褐色。

分布：云南（保山）。

董氏真地鳖　雄虫

董氏真地鳖　雌虫　邱鹭摄于高黎贡山

珠峰真地鳖 *Eupolyphaga everestiana* (Chopard, 1922)

雄虫体连翅长22.3~24.2 mm。体短粗，黄褐色。头顶和单眼间深棕黑色，两复眼间距宽，约等于单眼间距。前胸背板较短宽，深褐色，前缘具宽大的黄白色边缘。翅短宽，仅略微超过腹端，前翅透明，均匀而分散地分布有不规则的深褐色斑点。足和腹部浅棕黄色。雌虫体长20.1~21.1 mm，体宽11.8~13.3 mm。体红褐色到深褐色。该种翅有一定退化趋势，其前后翅仅略微超过腹部末端。目前已知2个亚种，即分布于珠穆朗玛峰的珠峰真地鳖指名亚种 *Eupolyphaga everestiana everestiana* (Chopard, 1922) 和分布于山南地区的珠峰真地鳖任氏亚种 *Eupolyphaga everestiana reni* Qiu, Che et Wang, 2018。该种分布海拔可高达5 638.8 m，可能是目前已知分布海拔最高的蜚蠊。

分布：西藏（珠穆朗玛峰、山南地区）。

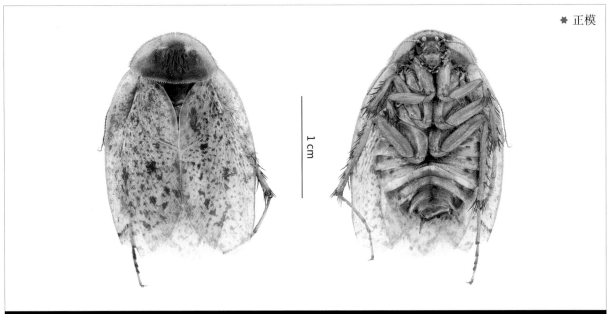

✷ 正模

珠峰真地鳖任氏亚种 雄虫

✷ 副模

珠峰真地鳖任氏亚种 雌虫

冯氏真地鳖 *Eupolyphaga fengi* Qiu, Che et Wang, 2018

雄虫体连翅长26.1~28.1 mm。体狭长,身体短小,深褐色。头褐色至深褐色,两复眼间距窄至适中。前胸背板褐色,前缘为浑浊带斑的黄色,背板边缘棱角不甚分明,前缘略凸出和平截,两侧角较圆。前翅透明,浅褐黄色,具有细小而稀疏分散的褐色斑,小斑周围还额外具有几个大斑。足深褐色,混合有黄色斑纹。腹部光滑,深褐色,不规则地具有黄色斑点,中部具1条黄色纵线。雌虫不详。该种有2个亚种,其中分布永胜县的冯氏真地鳖永胜亚种 *Eupolyphaga fengi yongshengensis* Qiu, Che et Wang, 2018区别于分布紫溪山的指名亚种的特征为前翅斑纹,前者相当稠密,而后者较为稀疏。

分布:云南(紫溪山、丽江)。

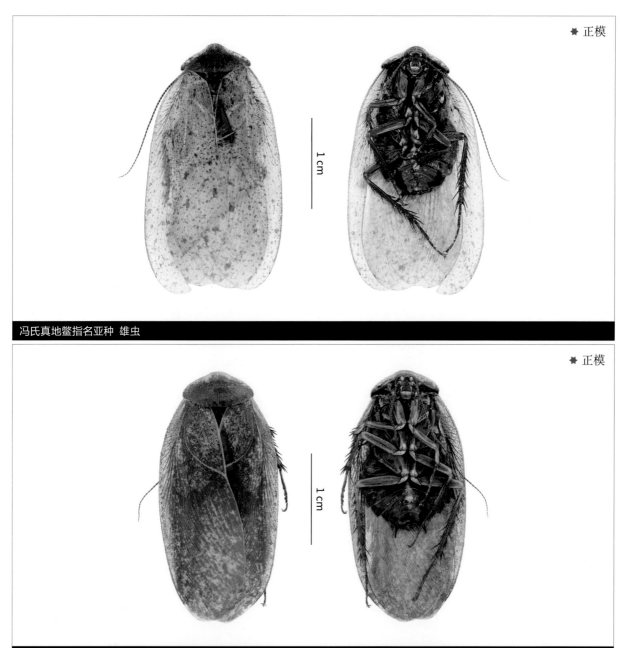

★ 正模

冯氏真地鳖指名亚种 雄虫

★ 正模

冯氏真地鳖永胜亚种 雄虫

昆明真地鳖 *Eupolyphaga fusca* Chopard, 1929

雄虫体连翅长28.8~31.0 mm。该种雄虫体褐色，均色无斑，容易识别；雌虫通体褐色。主要分布于云南昆明和大理等地区，可发现于朽木和洞穴内。

分布：云南（昆明、宾川）。

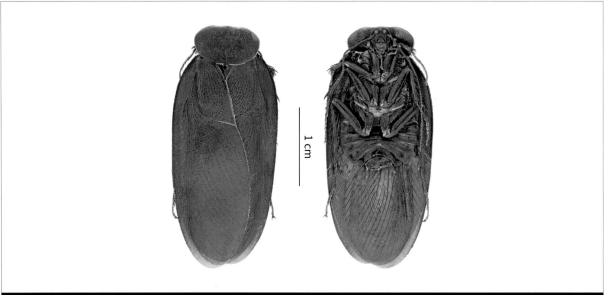

昆明真地鳖 雄虫

昆明真地鳖 雄虫　邱鹭摄，云南昆明产

韩氏真地鳖 *Eupolyphaga hanae* Qiu, Che et Wang, 2018

雄虫体连翅长27.6~36.8 mm。头圆，长等于宽，红褐色，向头顶颜色逐渐加深，两复眼间距窄。前胸背板红褐色。前翅深褐色，不规则地具有许多透明的小斑，翅边缘和端部更为稠密。足和腹部橙黄色。雌虫体长24.3~27.9 mm，体宽18.4~20.5 mm，黑褐色。若虫体色黄褐色至深褐色，有些个体腹部为黄色。卵荚脊部锯齿状突起发达，弯曲。

分布：四川（都江堰、遂宁、泸州），重庆（四面山、缙云山），贵州（习水）。

2 mm

韩氏真地鳖 卵荚

韩氏真地鳖 雄虫 ｜ 邱鹭摄，重庆四面山产

韩氏真地鳖 雌虫 ｜ 邱鹭摄，四川遂宁产

玉龙真地鳖 *Eupolyphaga hengduana* Woo et Feng, 1992

雄虫体连翅长29.6~32.2 mm，栗色。头深褐色，两复眼间距适中。前胸背板褐色，前缘具明显的狭窄白边。前翅浅褐黄色，强烈而稠密地具有细小浑浊的褐色斑，斑点朝端部逐渐变得稀疏。足和腹部褐色。雌虫不详。

分布：云南（丽江）。

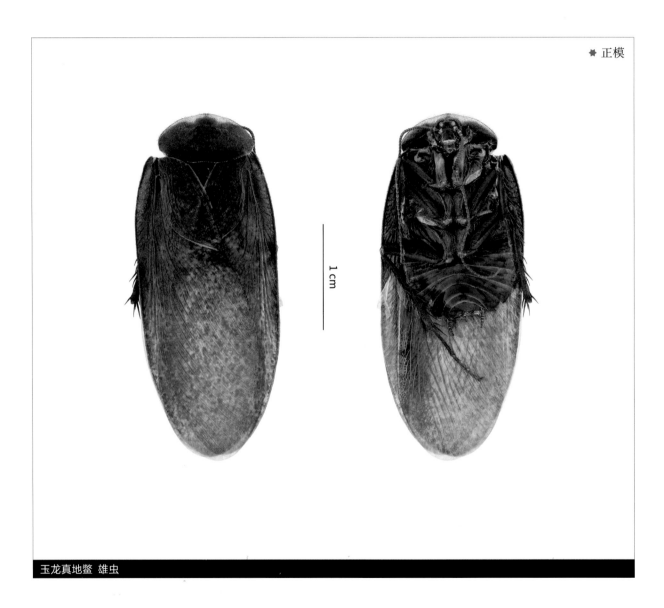

❋ 正模

1 cm

玉龙真地鳖 雄虫

壶瓶真地鳖 *Eupolyphaga hupingensis* Qiu, Che et Wang, 2018

雄虫体连翅长32.8~34.4 mm。头圆，黑色，两复眼间距窄。前胸背板褐色，前缘色稍浅。前翅透明，棕黄色，具稠密的褐色小斑块，斑块聚集，隔离出许多透明的斑点。足和腹部棕黑色。雌虫体大型，黑褐色，与韩氏真地鳖和神农真地鳖雌虫近似。卵荚脊部锯齿状突起发达而弯曲，排列紧密。

分布：湖南（壶瓶山、张家界）。

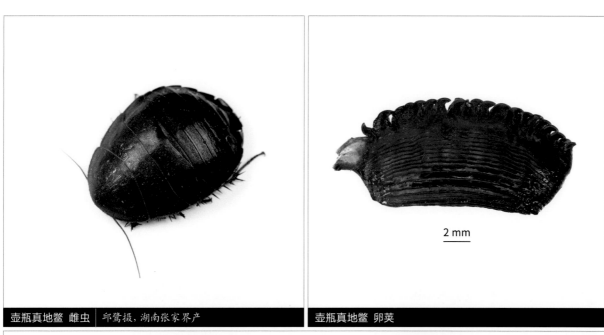

壶瓶真地鳖 雌虫　邱鹭摄，湖南张家界产

壶瓶真地鳖 卵荚

2 mm

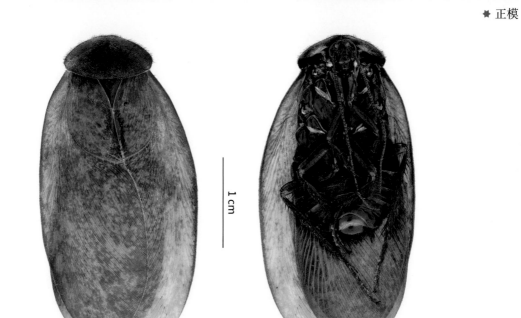

★ 正模

壶瓶真地鳖 雄虫

1 cm

苍山真地鳖 *Eupolyphaga maculata* Qiu, Che et Wang, 2018

　　雄虫体连翅长24.4~24.8 mm，体小而狭长，黄褐色。头深褐色，两复眼间距窄。前胸背板棕黄色，中域和后侧具有一团深褐色疹状斑点，其余部分稀疏地具有一些小斑点，背板表面具有黄色短毛，但没有明显的长刚毛。前翅较宽，透明，稀疏地具有微小、大小不等的浅褐色斑。足深褐色。腹部深褐色，具黄色斑点，被毛不明显，腹部中间具有一宽的黄色纵线。雌虫不详。

　　分布：云南（大理）。

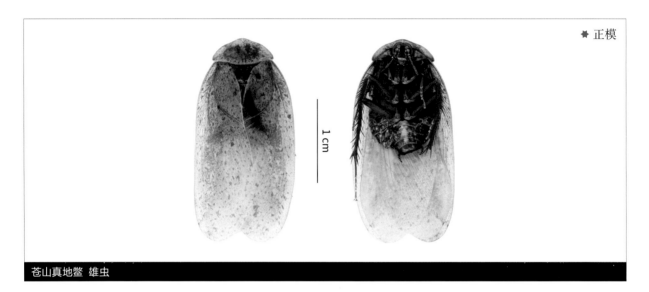

★ 正模

苍山真地鳖　雄虫

斑腹真地鳖 *Eupolyphaga nigrifera* Qiu, Che et Wang, 2018

　　雄虫体连翅长26.8 mm。体狭长，黑褐色。头黑色，具光泽，两复眼间距适中。前胸背板深褐色，前缘和两侧深棕黄色，具暗淡的斑点。前翅狭长，黄色透明，具有稠密而细碎的深褐色斑点。足深褐色。腹部被毛不明显，褐黄色，具稠密的深褐色斑块，中部具一纵线。雌虫不详。

　　分布：云南（昆明）。

★ 正模

斑腹真地鳖　雄虫

狭缘真地鳖 *Eupolyphaga nigrinotum* Qiu, Che et Wang, 2018

雄虫体连翅长24.1~27.2 mm。体型小，黑褐色。头黑色，两复眼间距适中。前胸背板棕黑色，前缘具狭窄但明显的白色边缘。前翅透明，表面稀疏而均匀地具有棕黑色的小斑。足深棕黑色。腹部棕黑色，稍具光泽，朝端部颜色加深。雌虫体长17.4~19.3 mm，体宽10.6~12.2 mm。体近均色，深褐色到棕黑色，腹部腹面黑色，有时具有浑浊的褐色斑，中间有一白色纵线。卵荚脊部锯齿状突起明显，短而弯曲，顶端尖锐，卵荚表面纵线明显。

分布：云南（鸡足山、马耳山）。

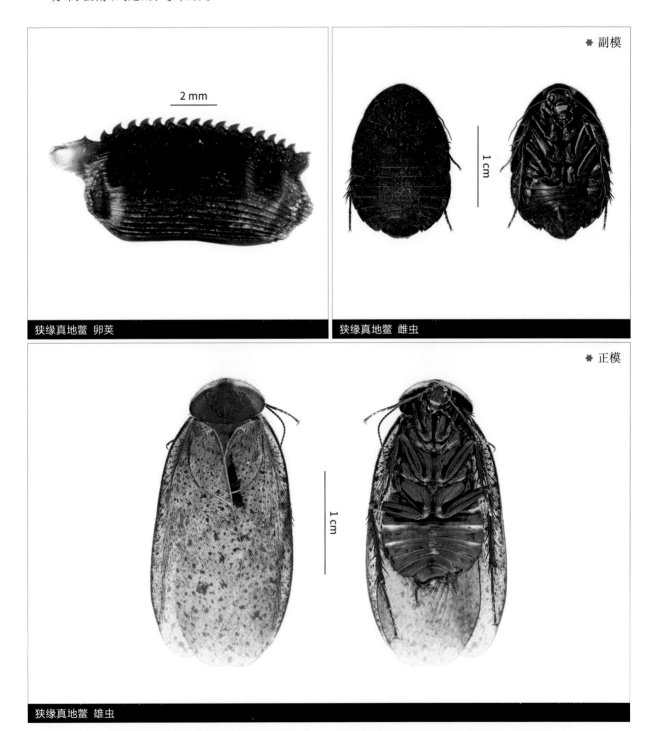

★ 副模

★ 正模

狭缘真地鳖 卵荚

狭缘真地鳖 雌虫

狭缘真地鳖 雄虫

多毛真地鳖 *Eupolyphaga pilosa* Qiu, Che et Wang, 2018

　　雄虫体连翅长26.9~29.2 mm。体型小,褐色,被长毛。头深褐色,具长毛,两复眼间距窄。前胸背板深褐色,前缘具黄色窄边,背板表面具长毛,边缘具刚毛。前翅透明,浅棕黄色,稀疏地分布有大小不等的深褐色斑点,基部斑点更稠密。足具长毛,深褐色。腹部光滑,深褐色,中部具有一间断的纵线。雌虫体小,体长15.2~17.6 mm,体宽10.6~11.9 mm。体褐色,中胸和后胸背板中域各具有两浅黄色斑,腹部背面中部具一褐色纵线,各节背板中部略带黄色,腹部中部具一黄色纵线。卵荚脊上锯齿状突起明显,但短小,呈三角形,卵荚表面纵线较浅,不明显。

　　分布: 云南(维西)。

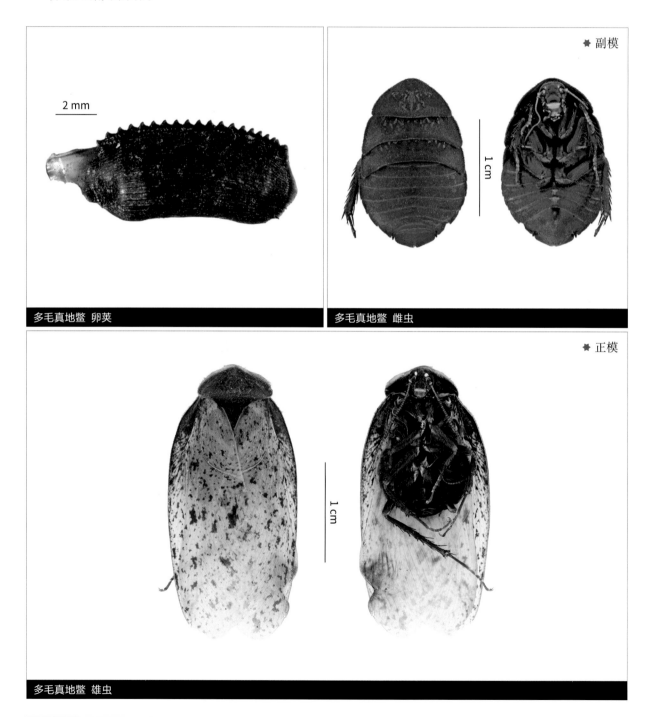

多毛真地鳖 卵荚

★ 副模

多毛真地鳖 雌虫

★ 正模

多毛真地鳖 雄虫

壮真地鳖 *Eupolyphaga robusta* Qiu, Che et Wang, 2018

雄虫体连翅长30.7~32.0 mm。体宽大，前胸背板前缘白色，腹部黄色，或整体黑色时腹末端黄色，前翅具模糊稀疏的浅色斑，有时近无，其余部分均为黑色。雌虫大型，黑色。卵荚脊部锯齿状突起发达，强烈弯曲没排列紧密，卵荚表面肋纹细密。

分布：四川（汶川、茂县）。

壮真地鳖 雄虫 | 邱鹭摄，四川汶川产

壮真地鳖 雌虫 | 邱鹭摄于四川汶川

2 mm

壮真地鳖 卵荚

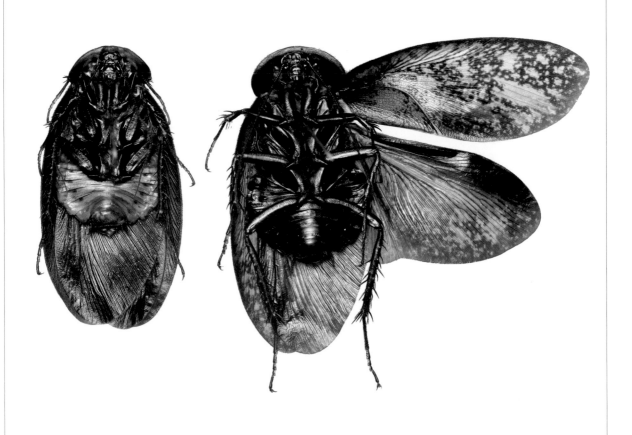

壮真地鳖 雄虫腹部颜色变异

神农真地鳖 *Eupolyphaga shennongensis* Qiu, Che et Wang, 2018

雄虫体连翅长32.5~32.7 mm，体大而宽。两眼间距较窄。前胸背板深褐色，前缘黄色，半透明。前翅棕黄色，透明，两侧缘颜色加深，具浑浊的深褐色污斑，透明部分被污斑分隔成为许多小斑点，分布均匀。足和腹面褐色。

分布：湖北（神农架林区）。

★ 正模

1 cm

神农真地鳖　雄虫

中华真地鳖 *Eupolyphaga sinensis* (Walker, 1868)

雄虫体连翅长28.5~33.5 mm。两眼间距窄。前胸背板棕色，前缘黄白色，有时前缘黄白色域扩大。前翅具稠密融合的棕色斑块，有时斑块变稀少。足和腹部黄白色。雌虫体长23.4~30.2 mm，体宽17.8~21.5 mm。均色，背部深褐色，腹面红棕色；肛上板横阔，后缘较平直。卵荚脊上锯齿状突起明显，强烈弯曲，每一个突起尖端弯向下一个突起的背部。该种目前已大量人工繁殖供药用，是该属中最常见的种类，尤以北京、河南、河北、山东等省市最为多见。该种可通过雄虫黄白色的腹面，以及雌虫红褐色的腹面快速识别。

分布：北京，河北（张家口、承德、石家庄、邯郸、保定、秦皇岛、邢台、唐山），河南（南阳、新乡、信阳），内蒙古（贺兰山、包头、科尔沁、赤峰、鄂尔多斯、扎赉特旗），辽宁（大连），吉林（抚松），天津（蓟县），陕西（延安），山西（运城、吕梁），宁夏（固原、中卫、石嘴山），山东（青岛、济南、德州、蓬莱、烟台、平度、临沂），江苏（武进），安徽（六安、宿州），上海，湖北（襄阳），重庆（武隆），贵州（遵义），云南（西双版纳）；俄罗斯。

中华真地鳖 雌虫　刘晔摄于北京

中华真地鳖 卵荚

2 mm

1 cm

中华真地鳖 雄虫

西藏真地鳖 *Eupolyphaga thibetana* (Chopard, 1922)

　　雄虫体连翅长28.6~32.0 mm。头顶和额黑色，两复眼间距宽，约等于单眼间距。前胸背板前缘具黄白边。前翅具分离的褐色斑点，大小不一。足和腹部浅褐色到褐色。雌虫体长21.1~22.8 mm，体宽12.9~15.0 mm。体均色，橙黄色至深褐色。该种主要分布在青藏高原腹地，已经适应了极端的高海拔环境，其雌雄形态都近似云南真地鳖*Eupolyphaga yunnanensis*，但该种雄虫两眼间距显著宽于后者，翅通常较短宽，可据此加以区别；而雌虫难以区分。

　　分布：西藏（拉萨、日喀则、山南）。

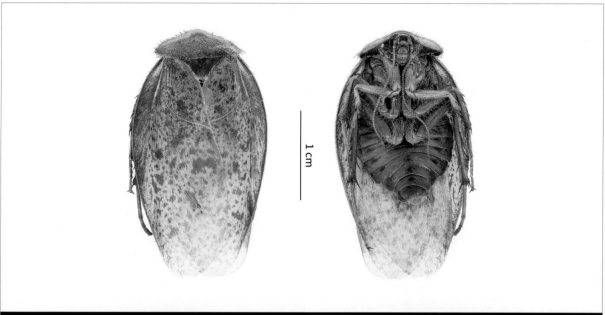

西藏真地鳖　雄虫

西藏真地鳖　雌虫

吴氏真地鳖 *Eupolyphaga wooi* Qiu, Che et Wang, 2018

雄虫体连翅长28.1~31.5 mm。体中至大型，狭长。头黑褐色，两复眼间距适中。前胸背板褐色至深褐色，前缘具极窄的白边，有时白边近消失。前翅透明，浅黄褐色，分布有稀疏、小而清晰的褐色斑，其间还夹杂着若干褐色大斑，翅基部边缘通常斑纹更密。足褐色至深褐色。腹部被毛，两侧缘浅黄褐色，中部和端部深褐色至黑褐色。雌虫体长19.3~20.2 mm，体宽13.2~14.5 mm，褐色至黑色，体背中部具2排模糊黄色纵斑，腹部中部具一模糊黄色纵线。卵荚脊上锯齿状突起较小，弯曲，三角形，尖端锐利，呼吸管道不可见，卵荚表面纵线明显。

吴氏真地鳖 卵荚

分布：云南（哀牢山、保山、临沧、昆明）。

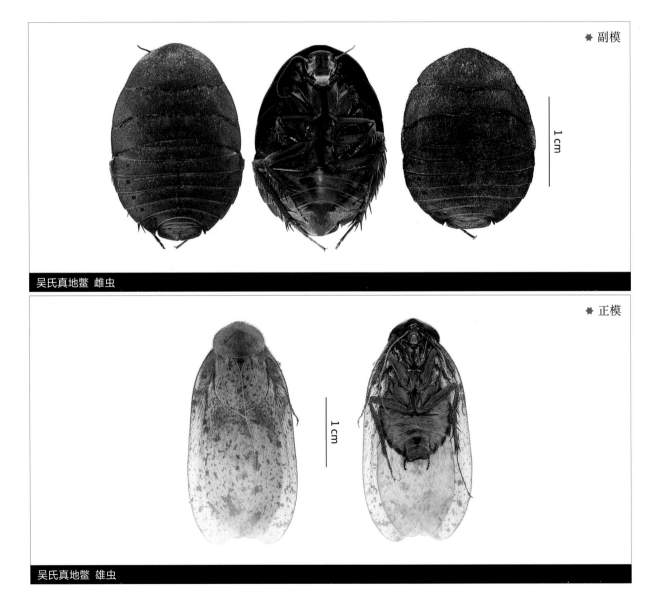

★ 副模

吴氏真地鳖 雌虫

★ 正模

吴氏真地鳖 雄虫

黑腹真地鳖 *Eupolyphaga xuorum* Qiu, Che et Wang, 2018

　　雄虫体连翅长30.3~32.3 mm。体狭长，棕黑色。头棕黑色，两复眼间距窄。前胸背板褐色，前缘色较浅。前翅透明，泛黄，外边缘深褐色，其余区域均匀地分布有不规则的深褐色斑。足和腹部黑色，光滑。雌虫不详。

　　分布：四川（石棉）。

★ 正模

1 cm

黑腹真地鳖 雄虫

云南真地鳖 *Eupolyphaga yunnanensis* (Chopard, 1922)

雄虫体连翅长26.2~36.4 mm。头顶深褐色，两复眼间距窄。前胸背板棕色，前缘黄白色。前翅具稀疏分离的棕色斑点，大小不均等。足和腹部淡黄色到浅黄褐色。雌虫体长17.7~29.5 mm，体宽11.8~19.0 mm。通常黄褐色至深红褐色。卵荚脊上锯齿状突起弱小，微微凸出，近钝角三角形。该种主要分布于我国西南高海拔地区，川西地区种群个体明显较大，而藏南和云南地区种群个体通常较小。

分布：西藏（察隅、墨脱、波密、米林、察雅、昌都、左贡、八宿），四川（平武、马尔康、松潘、若尔盖、丹巴、九龙、雅江、炉霍、德格、康定、道孚、色达），云南（维西、德钦、大理、洱源、大姚、姚安、安宁、丽江），甘肃（文县），内蒙古（贺兰山），青海（玉树），贵州（平塘），江西（庐山），广西（防城港）。

2 mm

云南真地鳖 卵荚

云南真地鳖 雌虫 | 张巍巍摄于西藏察隅

云南真地鳖 雄虫 | 邱鹭摄于四川平武

袖鳖蠊属 *Minicorydia* Qiu, Che et Wang, 2018

体小型,仅知雌性,雌虫卵圆形,形态近似甲虫,被毛显著。头圆,头顶被毛;两复眼间距显宽丁触角窝间距,复眼小,表面晶状体明显,单眼小,白色。前胸背板近半圆形,最宽处位于后侧角,前缘和侧缘较圆,后缘稍突出;背板表面密被短毛。前翅革质,增厚,缩短,明显短于腹部末端,表面密被短毛,腹面观Sc突起明显,后翅严重退化。足稍被毛,足上刺短,具爪垫。腹部被毛显著,肛上板被毛,半圆,中部具纵线,尾须短小;下生殖板凸出,稍鼓圆,被毛。

该属隶属于地鳖蠊亚科Corydiinae,世界仅知1种,分布于中国四川。

茂县袖鳖蠊 *Minicorydia maoxiana* Qiu, Che et Wang, 2018

雌虫体长10.3 mm。体褐色,被毛显著。头顶具黄色毛,复眼小,分居两侧,单眼白色,触角窝侧各具一小黄斑。前胸背板褐色,被黄褐色毛。前翅革质,褐色,仅达肛上板基部,端部浑圆,表面具黄褐色毛,Sc突起明显;后翅短小,不能飞行。足短,褐色,爪垫小,足上刺短小。腹部黄褐色,被毛,肛上板半圆形,中部具一纵线,尾须短刺状;下生殖板较大,凸出。

分布:四川(茂县)。

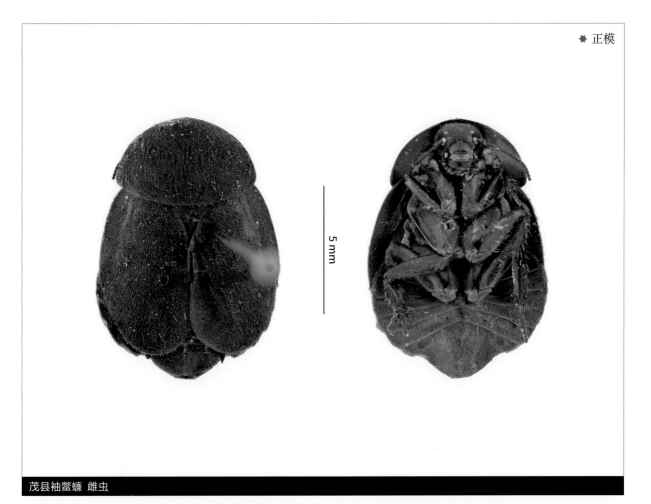

★ 正模

5 mm

茂县袖鳖蠊 雌虫

闽地鳖属 *Minpolyphaga* Qiu, Wang et Che, 2019

雌雄异型。雄虫体小型，具翅。复眼小，两眼间距宽，宽于单眼间距和触角窝间距，单眼间具脊。前胸背板横椭圆形。翅正常发育。足具爪垫。雄虫右阳茎R2和R1M间具2块小骨片。雌虫无翅，体小，单眼和爪垫缺失。

该属隶属于地鳖蠊亚科Corydiinae，世界仅知1种，分布于我国福建。

云洞闽地鳖 雄虫　邱鹭摄于福建漳州

云洞闽地鳖 *Minpolyphaga inexpectata* Qiu, Wang et Che, 2019

雄虫体连翅长13.7~15.7 mm，体除前胸背板前缘和足转节黄白色外，其余均为褐色。雌虫体长12.8~13.5 mm，体褐色，头顶黄色，中胸和后胸背板，足转节略带黄色污斑，腹部腹板黄褐色，略带褐色污斑。卵荚具弯曲的锯齿状突起。

分布：福建（漳州）。

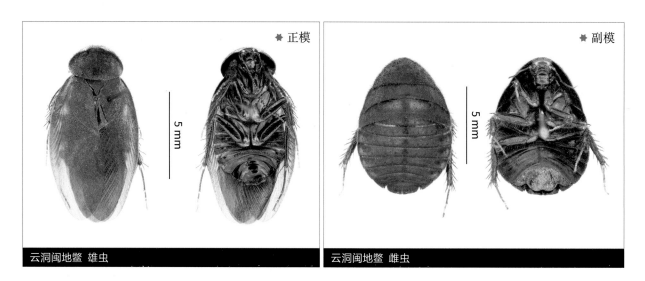

★ 正模　　　　　★ 副模

云洞闽地鳖 雄虫　　　　云洞闽地鳖 雌虫

地鳖属 *Polyphaga* Brullé, 1835

雌雄异型。雄虫大型，体连翅长30~35 mm。体壁厚，体棕色至棕黑色，前胸背板前缘总是白色，前翅深褐色至黑褐色，臀域与其余部分交界边缘白色，ScP脉腹面不具突起。足细长，具爪垫。雌虫大型，无翅，椭圆形，体壁厚，体长27~40 mm，体宽20.5~29 mm。除冀地鳖*Polyphaga plancyi*具明显黄色斑纹外，其余种类皆为深褐色至黑褐色。前胸背板前缘具白边（除冀地鳖），前胸、中胸、后胸背板边缘都密布长刚毛（除冀地鳖）。主要栖居于干燥的土内，常出没于人居环境周围。

该属隶属于地鳖蠊亚科Corydiinae，世界已知5种，国内分布2种，本图鉴收录2种。主要分布于地中海区域至中亚地区，向南分布至俄罗斯、中国和印度。

本图鉴地鳖属 *Polyphaga* 分种检索表（雌虫）

体深褐色，前胸背板前缘白色 ··· 中亚地鳖 *Polyphaga obscura*

体褐色，具明显黄斑纹 ·· 冀地鳖 *Polyphaga plancyi*

中亚地鳖 *Polyphaga obscura* Chopard, 1929

雄虫形态上近似冀地鳖雄虫。雌虫体长 30.7~33.5 mm，体宽 22.5~24.6 mm。体近均色，深褐色。前胸背板深褐色，拱形，前缘具白边，边缘密被长刚毛，中胸和后胸背板两侧边缘亦具有长刚毛。爪垫缺失。肛上板横阔，顶端不甚凸出，中部具一尖端微凹并延伸出一纵向的刻痕。

分布：新疆（喀什）；阿富汗，乌兹别克斯坦，土库曼斯坦。

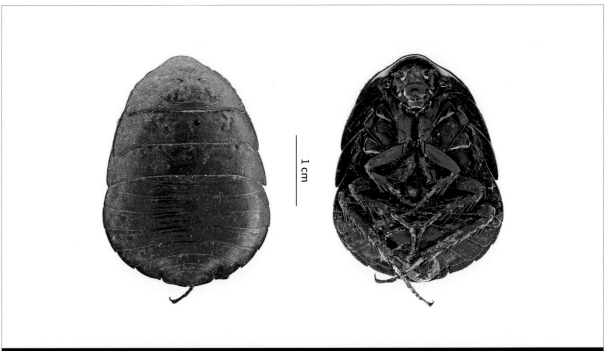

1 cm

中亚地鳖 雌虫

冀地鳖 *Polyphaga plancyi* Bolívar, 1882

雄虫体连翅长29.8~34.1 mm，体宽短，深栗色，弱被毛。前胸背板横椭圆形，具稀疏的短刚毛，前缘黄白色。前翅宽大加厚，革质，深褐色。爪垫小，三角形。肛上板横向，被短毛，中部边缘具微凹，下生殖板宽大丰满，边缘密被刚毛，尾刺短粗。雌虫体长31.2~36.4 mm，体宽22.2~24.6 mm。体深褐色具大量褐黄色斑纹，被毛不显著。

分布：北京，河北（顺平、赤城、保定、衡水），河南（新乡），山东（聊城、齐河、济南），陕西（西安、周至、咸阳、太白山），山西（晋城、运城、晋中、临汾），湖南（永顺），江苏；俄罗斯。

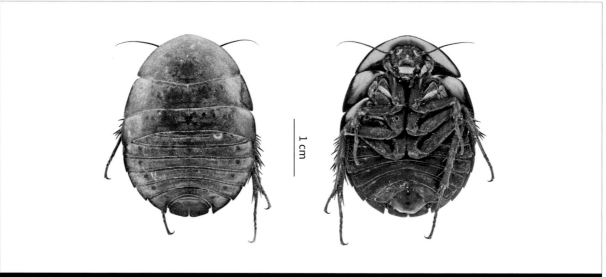

冀地鳖 雌虫

冀地鳖 雄虫　邱鹭摄，山西临汾产

蜚蠊属 *Holocompsa* Burmeister, 1838

体微小型，通常不到10 mm，被毛，暗淡或稍具色彩和斑纹。头横阔，复眼位于头部两侧，单眼小，触角较短，唇基发达，后唇基占据整个面部，明显分为左右两部分，后唇基前缘界限不明显。前胸背板横向，具刚毛。翅透明，具斑纹，前后翅端部翅脉近缺失，仅基部具残余脉。

该属隶属于小地鳖蠊亚科Euthyrrhaphinae，形似小型半翅目昆虫，世界记录10种，我国记录1种。分布于美洲、东亚、东南亚和印度洋岛屿。

东洋蜚蠊 *Holocompsa debilis* Walker, 1868

体小型，约5.5 mm，体色暗淡，深咖啡色。头横椭圆，褐色，触角褐色；前胸背板近梯形，褐色，前侧缘稍圆，后缘近平截，密被黄色短刚毛；前翅休息态中部具一横向透明带，基部深褐色，端部透明，褐色；足短，褐色，刺长，黄色；腹部褐色，肛上板雄虫呈梯形，雌虫呈三角形，后缘具长毛，尾须短粗，下生殖板雄虫横阔，窄小，而雌虫呈瓣状凸出。

分布：海南（陵水），广西（北海、金秀），台湾（台北）；马来西亚，印度尼西亚，日本，菲律宾，新几内亚，斯里兰卡。

东洋蜚蠊 | 王吉申摄于广西金秀

贝蠊属 *Beybienkonus* Qiu, Wang et Che, 2019

体型在该亚科中较大，体光滑，具长短翅二型现象。头长椭圆形，稍外露。单眼退化成两白斑。前胸背板光滑。前足腿节刺式C1型，后足腿节具2枚硕大的刺，后足胫节端部具2枚大刺。爪简单，对称，不具爪垫。肛上板横阔，中部向后突出呈钝圆的三角状，尾须长，端部具长刺。雄虫下生殖板简单，近对称，尾刺近对称。雌虫下生殖板分瓣。若虫体被微毛，近似短翅成虫。

该属隶属于拉丁蠊亚科Latindiinae，世界仅知1种，分布于中国。

刺尾贝蠊 若虫 ｜ 邱鹭摄，云南盈江产

刺尾贝蠊 *Beybienkonus acuticercus* (Bey-Bienko, 1957)

体黄褐色，短翅型体长8.5~10.6 mm，长翅型体连翅长10.9~12.5 mm。复眼小，间距宽，大于单眼间距和触角窝间距。唇基小，近梯形。前胸背板短翅型为半圆形，长翅型为横椭圆形，表面被毛不显著。短翅型不能飞行，前翅仅达腹部第4—5背板，近三角形，钝圆，翅脉简单，后翅短小，狭长而弯曲，仅达腹部第1—3背板；长翅型前后翅发育完全，能够飞行（目前仅发现于雌虫当中，且个体稀少），翅脉简单。雄虫后足十分壮硕，并在腿节基部和胫节基部具有发达的强刺，雌虫刺明显较短。肛上板横阔，中部凸出，近三角形，尖端钝圆，中间稍具凹陷，尾刺细长，尖端具长刺。雄虫下生殖板简单，尾刺短，雌虫分瓣。若虫浅黄色，被微毛。卵荚小，表面不具肋纹，但脊部具小齿。该种

刺尾贝蠊 短翅型 ｜ 邱鹭摄，云南盈江产

具长短翅多型现象，后足发达（尤其是雄虫），行动迅速，可携带食物快速移动，并用强健的后足击退抢食的同类，主要栖居于朽木和枯木树皮下面。

分布：云南（盈江、芒市），西藏（墨脱）。

刺尾贝蠊 长翅型 ｜ 邱鹭摄，云南盈江产

眉蠊属 *Brachylatindia* Qiu, Wang et Che, 2019

体小型，体表光滑，雌雄异型不明显，均为短翅，不会飞行。雄虫：头近卵圆形，长大于宽，头顶不外露。复眼较小，上缘具1排刺状毛，似眉毛，单眼缺失。前胸背板近三角形，稍圆，具不明显的微刺。中胸和后胸背板有不同程度的退化。前翅短小，仅达第2背板中部，后翅退化，十分短小。前足腿节刺式C2型，端部不具长刺，中后足腿节端部和后缘端部各具一长刺，爪简单，对称，具爪垫。腹部第4背板特化，具腺体。肛上板近梯形。下生殖板对称，尾刺简单。雄性外生殖器复杂，钩状阳茎粗壮。雌虫近似雄虫，下生殖板分瓣。

该属隶属于拉丁蠊亚科Latindiinae，世界已知1种，分布于中国。

许氏眉蠊 *Brachylatindia xui* Qiu, Wang et Che, 2019

雄虫体长6.2 mm，体浅黄褐色。头长椭圆形，头顶较圆，凸出，复眼间距大于触角窝间距，单眼缺失，唇基近梯形，不甚凸出。前胸背板钝圆的三角状。中胸背板窄，半圆形，后胸背板中部向后凸出，抵达腹部第1背板中部，凸出部分近方形。前翅仅达腹部第2背板边缘，叶状，钝圆，翅脉退化。后翅十分短小，三角状，翅脉不明显。前足腿节具1排密集的微刺，端部具1根大刺和1根小刺，爪简单，对称，爪垫微小。腹部第4背板具带毛的腺体。肛上板近梯形，中部具透明斑，端缘凹陷，尾须端末节长刺状。下生殖板对称，尾刺简单。雄性外生殖器复杂，钩状阳茎粗壮。若虫近似成虫，但体表明显被短刚毛。

分布：西藏（察隅）。

★ 正模

2 mm

许氏眉蠊 雄虫

纤蠊属 *Sinolatindia* Qiu, Che et Wang, 2016

雄虫体小型，狭长而扁平，纤弱被毛。头横阔，三角形，两复眼位于头部两侧，间距十分宽，显著宽于触角窝间距，单眼缺失。前胸背板半圆形，被毛。前足腿节短粗，刺式C1型，后缘具成排的锯齿状微刺，爪对称，具锯齿。前后翅发育完全，右翅具广阔的透明区域，后翅CuA仅具2~3条脉。肛上板对称，横阔，尾须细长，下生殖板简单，两尾刺近似。雄性外生殖器十分复杂，L3相当细长。

该属隶属于拉丁蠊亚科Latindiinae，世界已知1种，分布于中国。

素色纤蠊 *Sinolatindia petila* Qiu, Che et Wang, 2016

雄虫体连翅长6.8~7.0 mm。体浅棕黄色，透明。前胸背板除中域褐黄色外，其余透明。左前翅褐黄色，右前翅基半部褐黄色，端半部逐渐变透明。体扁平，狭长，被毛明显。头外露，近三角形，宽大于长，头顶近平截，面部平坦，两复眼位于头部两侧，间距宽，显著大于触角窝间距，复眼表面由许多凸出的小晶体构成，单眼缺失。前胸背板半圆形，密被短毛，前缘稍凸出，前缘两侧倾斜，两侧缘近平行，后缘平截，后侧缘钝圆。前后翅发育完全，明显超过腹端，翅脉不甚明显。前翅除右翅透明区外密被短毛。爪垫缺失，爪小而对称，齿状。肛上板横阔，对称，被短毛，端部中央凹陷，中部透明，尾须细长，被毛，尖端锐利。下生殖板近对称，被毛，两侧具明显的长刚毛，后缘中部圆，凸出，尾刺近似，被长刚毛。雄性外生殖器相当复杂，左阳茎具相当延长的L3，尖端呈直角弯曲3次。雌虫不详。

分布：云南（普洱、西双版纳）。

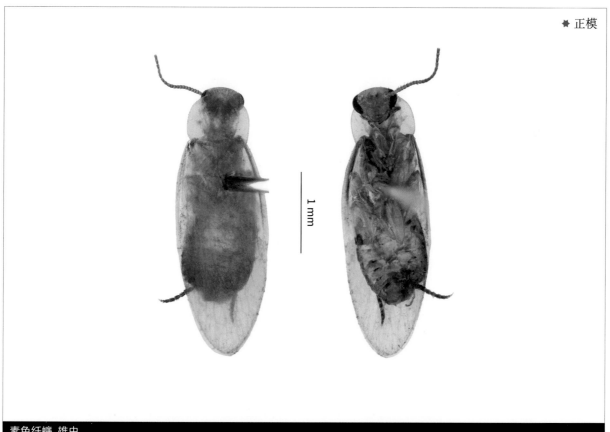

★ 正模

1 mm

素色纤蠊 雄虫

异板蠊属 *Ctenoneura* Hanitsch, 1925

雌雄异型，一般棕黄色到黑褐色。雄虫体型小，体表不被毛，光亮。头顶圆，两复眼间距宽，单眼几近退化。前胸背板光亮不被毛，近横椭圆。前后翅发育完全，明显超过腹端。前翅革质，光亮无毛，R与M间总有1条加插脉，CuA脉简单，分支少，通常仅分叉1次；后翅在RA和RP间有一翅痣，R和M间总有1条加插脉。前足腿节刺式C1型，爪对称，爪垫小或缺失。腹部背板不特化；肛上板横阔，特化出不同形状，尾须长，被毛，有时基部各节特化出小突起；下生殖板不对称，特化出不同形状。雄性外生殖器简单，左阳茎退化，十分简单，无钩状阳茎结构；右阳茎高度特化为许多长条状的结构。雌虫无翅，体光亮，复眼缩小，爪垫缺失，肛上板横阔，半圆形，后缘中部具微凹，尾须短粗，端部具一长刺，下生殖板瓣状。卵荚椭圆，脊部锯齿状，表面具横

异板蠊 雄虫 | 邱鹭摄于云南玉溪

纹。喜栖居于湿润森林内的朽木当中（尤以热带雨林为甚），有时也会出现在林地的灌木和草丛中。

该属为亚科未定属，世界已知33种，中国已知10种，本图鉴收录8种。主要分布于东洋区。

异板蠊 雌虫 | 邱鹭摄于云南盈江

本图鉴异板蠊属 *Ctenoneura* 检索表（雄虫）

霸王异板蠊 *Ctenoneura bawangensis* Qiu, Che et Wang, 2017

　　雄虫体连翅长9.2 mm，体深黑褐色。肛上板中部强烈凸出，尖端具两钝圆的小突起，中间透明，肛上板两侧角锐利，尾须长，基部2节愈合，内侧缘稍凸出。下生殖板不对称，向右凸出，尖端钝，左侧呈斜坡状，右侧扩大，右侧缘具一小叶，左侧具两小叶，端部小叶盘状，中间具一细长尾刺，背面观下生殖板尖端具两突起，基部突起较宽短，端部突起较长。

　　分布：海南（霸王岭）。

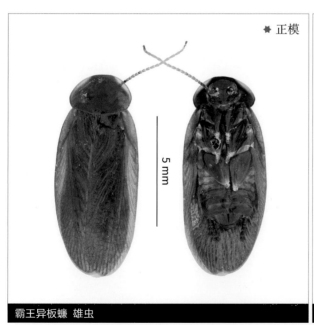

霸王异板蠊 雄虫

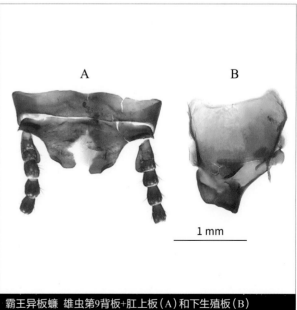

霸王异板蠊 雄虫第9背板+肛上板（A）和下生殖板（B）

弱须异板蠊 *Ctenoneura delicata* Qiu, Che et Wang, 2017

雄虫体连翅长9.5~10.0 mm，体褐色至深褐色。肛上板横阔，后缘中部近梯形，并具有两不明显小突起，两突起中央透明，尾须长，基部具指向内部的小突起；下生殖板不对称，中部鼓圆，端部向右侧凸出，尖端较钝，一指形突起位于尖端左侧，尾刺短小，微弱透明，着生于下生殖板左侧。

分布：海南（吊罗山）。

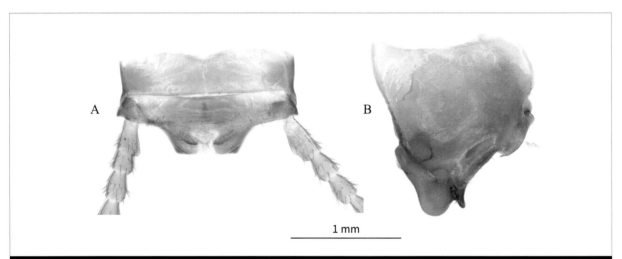

弱须异板蠊 雄虫第9背板+肛上板（A）和下生殖板（B）

弱须异板蠊 雄虫 | 邱鹭摄于海南吊罗山

延骨异板蠊 *Ctenoneura elongata* Qiu, Che et Wang, 2017

　　雄虫体连翅长10.5~10.8 mm，体褐色，前胸背板两侧透明，前翅黄褐色，侧缘色明显变浅。肛上板横阔，简单，中部具一透明区；尾须长，稍被毛，各节正常。下生殖板不对称，右侧具筒状的延长结构，一未分离的下生殖骨片从该筒状结构穿出，暴露于体外，弯曲，细长如针，下生殖板近中部，靠近延长结构处凹陷，一尾刺位于左侧，着生于一缺口内。

　　分布：云南（贡山、泸水）；缅甸。

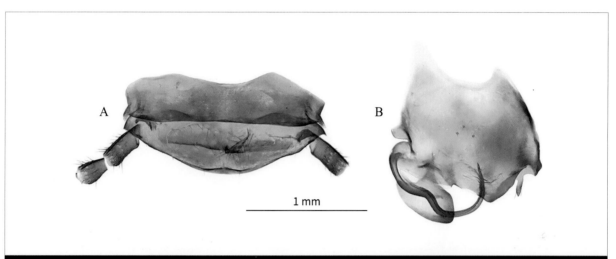

延骨异板蠊　雄虫第9背板+肛上板（A）和下生殖板（B）

★ 正模

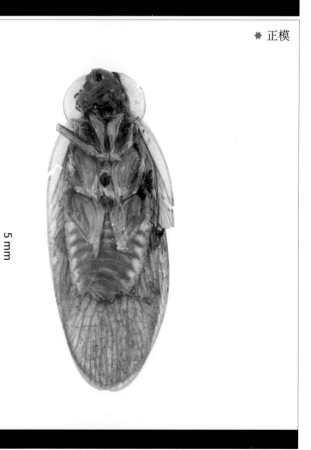

延骨异板蠊　雄虫

黑旋风异板蠊 *Ctenoneura heixuanfeng* Qiu, Che et Wang, 2017

雄虫体连翅长11.0~11.5 mm，黑褐色或近黑色，足胫节，跗节以及触角黄褐色。肛上板不规则三角形，中部具一大而扁平的突起；下生殖板不对称，向右凸出，尖端具一朝左的钩状突起，左侧缘具2个薄片状结构，而右侧具1个，左侧近端部的薄片状结构特化为一盘状，中央着生一细长的尾刺，背面亦具一骨片折叠其下，下生殖板靠近右薄片结构有1块中空、不规则的骨片。雌虫无翅，体长6.8~7.0 mm，体光滑，褐色至黑褐色，触角近基部黄色，其余深褐色，尾须黄褐色，尖端具一长刚毛；下生殖板瓣形。卵荚脊部具小锯齿，表面具细小的纵纹，卵鼓圆，背面观可见其形状。

分布：海南（吊罗山、五指山、尖峰岭）。

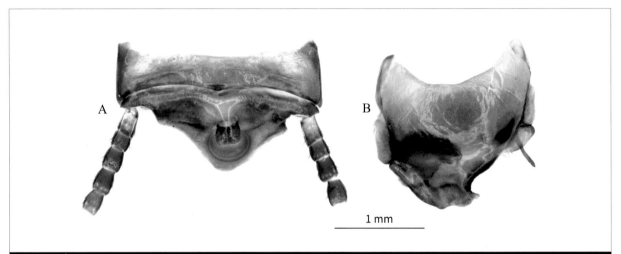

1 mm

黑旋风异板蠊 雄虫第9背板+肛上板（A）和下生殖板（B）

黑旋风异板蠊 雄虫 邱鹭摄于海南吊罗山

1 mm

黑旋风异板蠊 卵荚

5 mm

黑旋风异板蠊 雌虫

旋骨异板蠊 *Ctenoneura helicata* Qiu, Che et Wang, 2017

雄虫体连翅长11.0~11.5 mm，体黄褐色。肛上板横阔，简单，中部透明；尾须长，被毛，基部3节呈圆形。下生殖板不对称，右侧具一延长结构，左侧具一深裂的凹口，一尾刺位于此凹口的左侧的一个突起上面，背面观可见一下生殖骨片，细长而弯曲，基部扩大较圆，近基部呈锐角弯曲，其余部分细长，螺旋状扭曲，尖端包埋在延长结构里面。

分布：云南（西双版纳）。

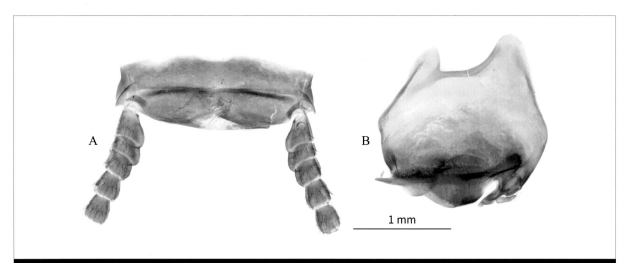

1 mm

旋骨异板蠊 雄虫第9背板+肛上板（A）和下生殖板（B）

✦ 副模

5 mm

旋骨异板蠊 雄虫

双突异板蠊 *Ctenoneura papillaris* Qiu, Che et Wang, 2017

　　雄虫体连翅长10.0~10.2 mm，体褐色。肛上板横阔，后缘透明，中部具两乳状突起，两侧角具锐利的突起，尾须长，基部具指向内侧的圆形突起；下生殖板不对称，中部鼓圆，端部向右侧凸出，尖端扩大，呈鸡冠状，尾部观可见冠状后缘呈波浪形弯曲，尾须壮硕，位于下生殖板左侧，下生殖板中部内表面具一大一小圆形斑。

　　分布：海南（尖峰岭）。

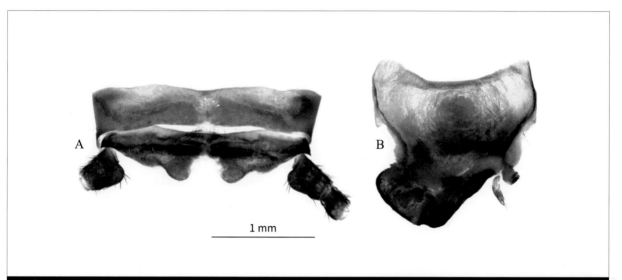

双突异板蠊　雄虫第9背板+肛上板（A）和下生殖板（B）

★ 正模

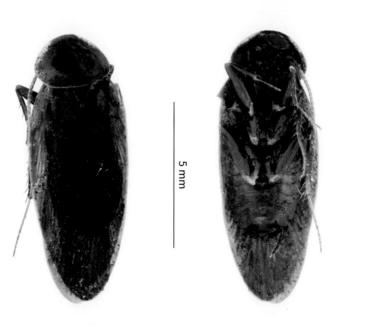

双突异板蠊　雄虫

相似异板蠊 *Ctenoneura simulans* Bey-Bienko, 1969

雄虫体连翅长11.1 mm，体褐黄色。肛上板横阔，简单，中部具小范围透明区，尾须细长，各节近圆形，逐渐向端部缩小。下生殖板不对称，未解剖状态下，腹面观简单，解剖下后观察可发现右侧具一相当延长的突起，形成1个沟槽结构指向右方，尾部观可见左侧具一缺口，一短尾刺位于缺口左侧的一小突起上；下生殖板内侧具一细长的下生殖骨片，一头扩大呈圆形，弯曲，另一头尖锐，包裹于下生殖板的延长结构内。雌虫不详。

分布：云南（西双版纳）。

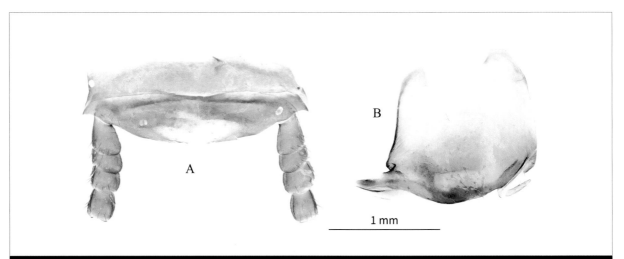

相似异板蠊 雄虫第9背板+肛上板（A）和下生殖板（B）

相似异板蠊 雄虫　殷子为摄于云南纳板河

云南异板蠊 *Ctenoneura yunnanea* Bey-Bienko, 1957

雄虫体连翅长9.4~9.5 mm，体褐黄色，足胫节端部和跗节色稍浅，尾须黄色。肛上板十分短，横宽，尾须基部无特化；下生殖板不对称，后缘近中部左侧具1个钳状凹口，凹口左侧具1根长尾刺。雌虫不详。

分布：云南（芒市、盈江）。

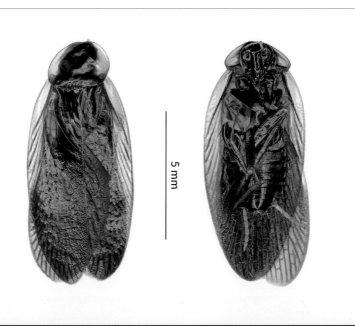

云南异板蠊 雄虫

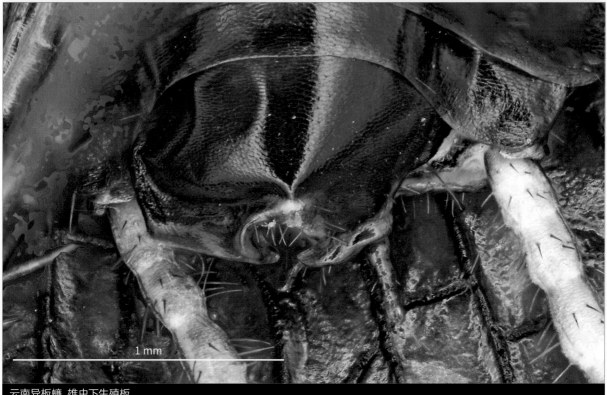

云南异板蠊 雄虫下生殖板

隐尾蠊科

CRYPTOCERCIDAE

隐尾蠊 成虫 | *邱鹭摄于陕西秦岭*

　　雌雄近似，无翅，黑褐色，体壁坚硬，体表具刻点。头圆，复眼较小，分居头部两侧，单眼缺失，触角较短，念珠状。前胸背板加厚，呈斜坡状，向后逐渐隆起；前缘上翘，前缘中部凹陷，背板中域具4个明显的突起，突起间具凹陷，延伸至背板后部。前足腿节腹缘刺式D3—D5型（具3~5个大刺）；爪对称，不特化，中垫缺失。腹部背板各节边缘均上翘加厚，第7背板向后延伸盖住第8和第9背板，以及肛上板。雄虫下生殖板具1对尾刺，通常被第7腹板遮挡而不可见。卵生，卵荚狭长。低龄若虫体白色，似白蚁，高龄若虫体色逐渐加深，呈红褐色，近似成虫，但背板起伏程度低，瘤突不明显。

　　主要栖居于高纬度或高海拔的潮湿森林内，是一类食木性蜚蠊。"一夫一妻"制，亚社会性，双亲共同照顾幼体直至其发育成熟。其发育期可长达数年（4~7年），是一种寿命很长的昆虫。隐尾蠊是研究昆虫进化的热点类群，近年的分子系统学研究表明隐尾蠊与白蚁具有很近的亲缘关系，也因此证实了白蚁是一类社会性蜚蠊。目前世界仅知1属。分布于中国、俄罗斯、韩国、朝鲜、美国。

隐尾蠊属 *Cryptocercus* Scudder, 1862

隐尾蠊不同种间形态极其近似，单纯依靠外部形态特征往往难以达到鉴定的目的。目前，隐尾蠊的鉴定主要综合雄虫染色体数、分子数据、雌虫解剖特征以及详细的产地记录来进行识别。其中雌虫解剖特征常用到雌虫受精囊的形状、基瓣片骨化区域的形状以及侧腹板的形状。隐尾蠊雌虫的2个受精囊大小和形状有别，导管长度亦不同，导管基部连接在基瓣片上，基瓣片膜质，含4个骨化程度较高的区域，侧腹板常着生密集的小刺。卵荚通常狭长，侧表面

隐尾蠊的生境示例：湖北神农架1700 m ｜ 邱鹭摄

具肋，背面具弱齿。由于隐尾蠊形态特征很难界定，因此本图鉴不再编制相关检索表，本图鉴记录隐尾蠊种类的分布地均精确到乡镇或山脉，方便读者快速参考。全世界共计37种，中国已记录31种，本图鉴收录14种。

隐尾蠊的生境示例：四川红原3200 m ｜ 邱鹭摄

隐尾蠊的生境示例：云南丽江玉龙雪山3250 m | 柏奇坤摄

隐尾蠊的生境示例：黑龙江宁安350 m | 柏奇坤摄

隐尾蠊成虫和低龄若虫 | 李昕然摄于湖北神农架

一对隐尾蠊成虫 | 邱鹭摄于四川黑水

隐尾蠊的卵荚 | 邱鹭摄于四川黑水

半扇门隐尾蠊 *Cryptocercus banshanmenensis* Bai, Wang, Wang, Lo et Che, 2018

体长28.5 mm。雄虫染色体数2*n*=29。雌虫受精囊不等大，近圆形，基瓣片骨化区域骨化程度高，侧腹板不具强骨化区域或斑纹，刺集中在端部。

分布：四川（丹巴半扇门镇）。

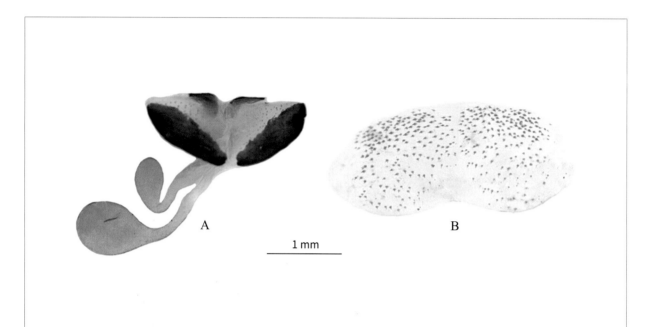

A　　　　　　1 mm　　　　　　B

半扇门隐尾蠊 雌虫基瓣片+受精囊（A）和侧腹板（B）

★ 副模

1 cm

半扇门隐尾蠊

长白隐尾蠊 *Cryptocercus changbaiensis* Bai, Wang, Wang, Lo et Che, 2018

体长24.5~25.5 mm。雄虫染色体数2*n*=25。雌虫受精囊不等大，均为圆形，基瓣片骨化区域基部两处面积较小，骨化程度小，端部两处粗大，骨化程度较强，侧腹板基部两侧各具有1个骨化小斑，不甚明显，刺密度适中。

分布：吉林（长白山）。

长白隐尾蠊 雌虫基瓣片+受精囊（A）和侧腹板（B）

★ 正模

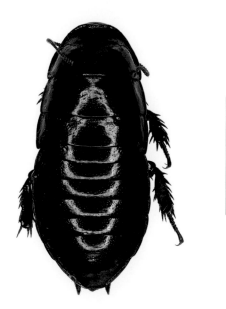

长白隐尾蠊

城口隐尾蠊 *Cryptocercus chengkouensis* Bai, Wang, Wang, Lo et Che, 2018

体长25.5~27.5 mm。雄虫染色体数2n=29。雌虫受精囊不等大，均为椭圆形，管道较粗大，基瓣片骨化区域骨化程度强，基部两处较小，端部两处粗大，内侧弯曲，侧腹板宽大，两侧各具有1个强骨化的区域，刺稍密集。

分布：重庆（城口东安镇）。

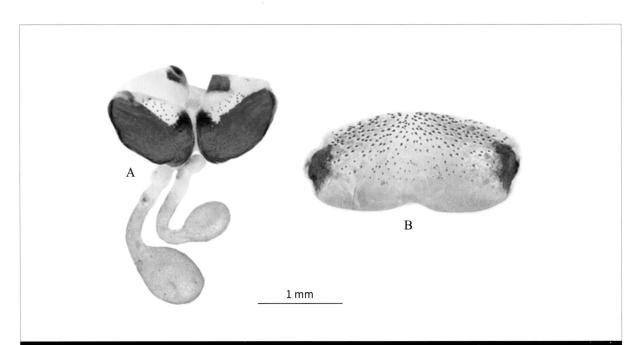

1 mm

城口隐尾蠊 雌虫基瓣片+受精囊（A）和侧腹板（B）

★ 正模

1 cm

城口隐尾蠊

格西沟隐尾蠊 *Cryptocercus gexigouensis* Wang et Che, 2019

体长21.6~26.7 mm。雄虫染色体数$2n=43$。雌虫受精囊不等大，形状较圆，基瓣片骨化区域骨化程度较高，面积大，侧腹板两侧各具有1个稍骨化的狭长斑，刺密度适中。

分布：四川（雅江河口镇和八角楼乡）。

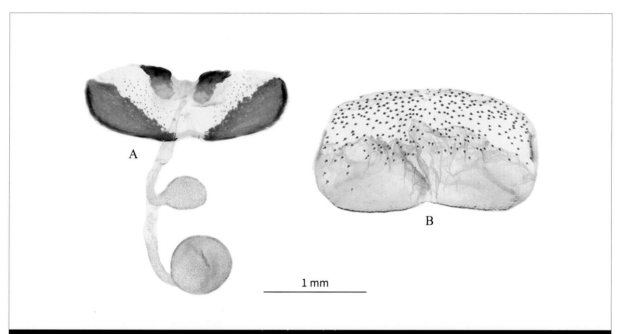

1 mm

格西沟隐尾蠊 雌虫基瓣片+受精囊（A）和侧腹板（B）

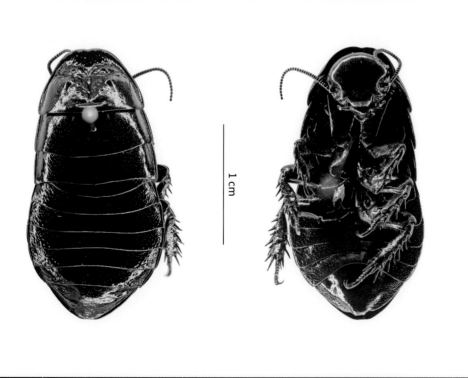

1 cm

格西沟隐尾蠊

卡公隐尾蠊 *Cryptocercus kagongensis* Wang et Che, 2019

体长20.1~26.4 mm。雄虫染色体数2*n*=45。雌虫受精囊不等大，较小一个为椭圆形，较大一个为圆形，稍不规则，基瓣片骨化区域基部两处较小，端部两处较狭长，侧腹板稍椭圆，基部两侧各具有1个稍骨化的小块，刺稍稀疏。

分布：四川（理塘君坝乡）。

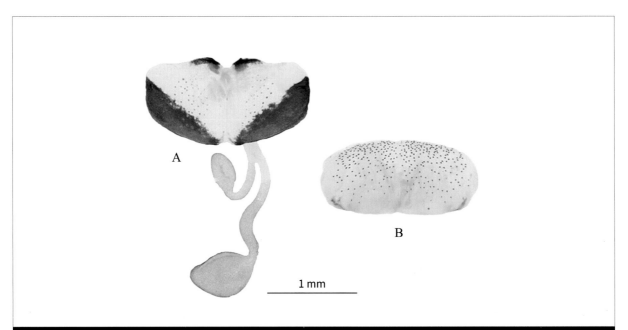

1 mm

卡公隐尾蠊 雌虫基瓣片+受精囊（A）和侧腹板（B）

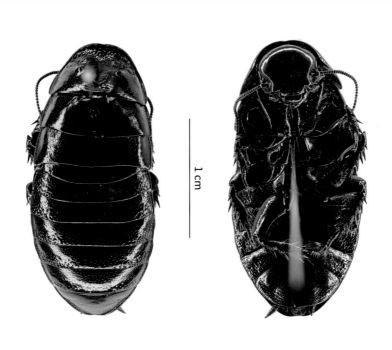

1 cm

卡公隐尾蠊

老君隐尾蠊 *Cryptocercus laojunensis* Bai, Wang, Wang, Lo et Che, 2018

体长23.6~25.5 mm。雄虫染色体数2*n*=21。雌虫受精囊不等大，圆形，基瓣片骨化区域骨化程度高，端部两个区域占据基瓣片一半以上面积，与膜质区域的界线呈弧形，侧腹板两侧各具有1个斑疹状强骨化区域，面积较大，刺较稀疏，集中在侧面。

分布：云南（丽江老君山）。

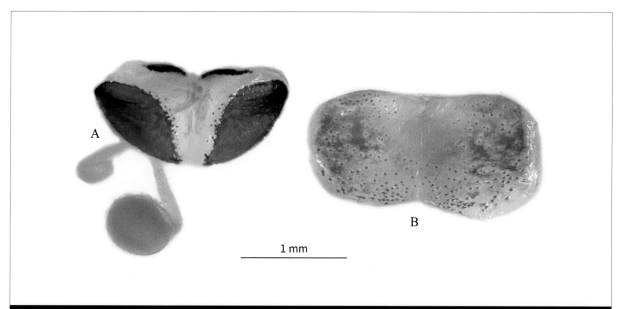

老君隐尾蠊 雌虫基瓣片+受精囊（A）和侧腹板（B）

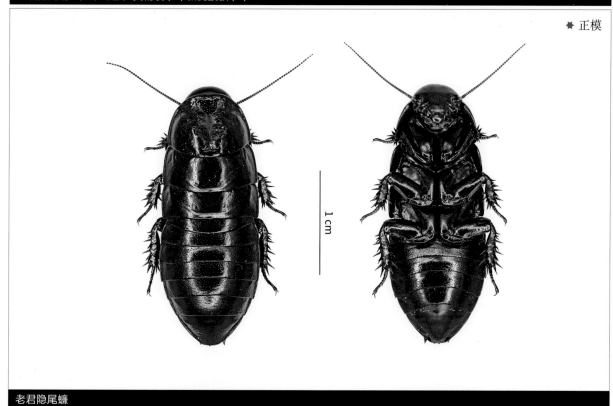

★ 正模

老君隐尾蠊

栾川隐尾蠊 *Cryptocercus luanchuanensis* Bai, Wang, Wang, Lo et Che, 2018

体长26.5~27.5 mm。雄虫染色体数$2n=39$。雌虫受精囊不等大，长椭圆形，端部较突出，基瓣片骨化区域骨化程度高，端部两个区域占据基瓣片一半以上面积，内侧向基部弯曲，侧腹板近两侧各具有1个强骨化区域，面积较大，刺较稀疏，集中在端部。

分布：河南（栾川龙峪湾）。

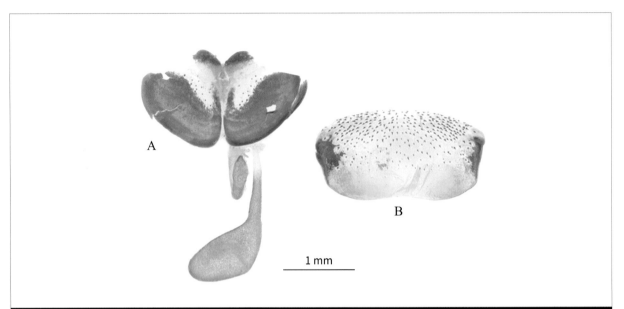

1 mm

栾川隐尾蠊 雌虫基瓣片+受精囊（A）和侧腹板（B）

★ 正模

1 cm

栾川隐尾蠊

玛洛沟隐尾蠊 *Cryptocercus maluogouensis* Wang et Che, 2019

体长14.2~19.5 mm。雄虫染色体数$2n=43$。雌虫受精囊不等大,较小一个为不规则的长条形,较大一个为长椭圆形,基瓣片骨化区域基部两处较小,端部两处面积较大,侧腹板宽大,基部两侧各具有1个稍骨化的长斑,不甚明显,刺稍稀疏。

分布:四川(康定贡嘎山乡)。

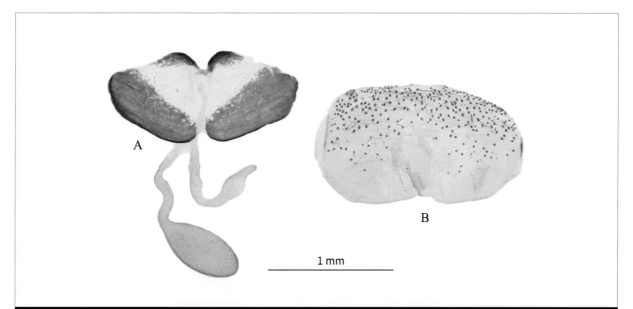

玛洛沟隐尾蠊 雌虫基瓣片+受精囊(A)和侧腹板(B)

玛洛沟隐尾蠊 若虫

普达措隐尾蠊 *Cryptocercus pudacuoensis* Bai, Wang, Wang, Lo et Che, 2018

体长26.5~27.5 mm。雄虫染色体数2n=21。雌虫受精囊不等大，均为椭圆形，较大者相当膨大，基瓣片骨化区域骨化程度高，端部两个区域占据基瓣片一半以上面积，与膜质区的界限不规整，侧腹板近基部两侧各具有一团斑疹状强骨化区域，面积较小，刺较稀疏，集中在端部。

分布: 云南（香格里拉普达措）。

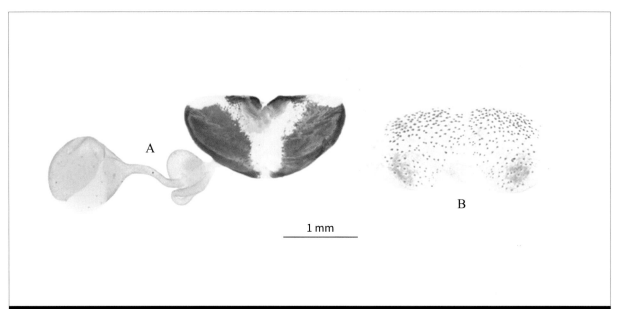

1 mm

普达措隐尾蠊 雌虫基瓣片+受精囊（A）和侧腹板（B）

★ 正模

1 cm

普达措隐尾蠊

三岔隐尾蠊 *Cryptocercus sanchaensis* Wang et Che, 2019

体长21.0~24.3 mm。雄虫染色体数2n=35。雌虫受精囊不等大，较小一个为椭圆形，端部凸出，较大一个为长椭圆形，基瓣片骨化区域骨化程度适中，基部两处较小，端部两处狭长，侧腹板宽大，两侧各具有1个稍骨化的小斑，不甚明显，刺稍稀疏。

分布：四川（石棉栗子坪）。

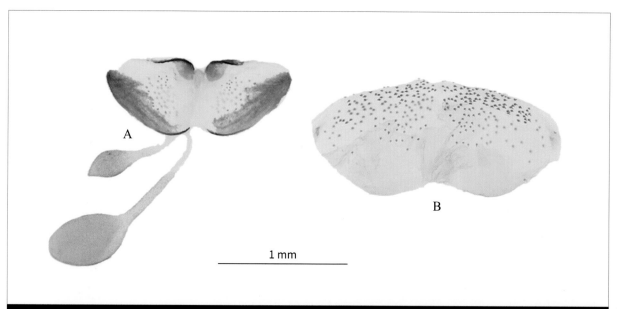

1 mm

三岔隐尾蠊 雌虫基瓣片+受精囊（A）和侧腹板（B）

1 cm

三岔隐尾蠊

塔子沟隐尾蠊 *Cryptocercus tazigouensis* Wang et Che, 2019

体长20.3~21.4 mm。雄虫染色体数2*n*=35。雌虫受精囊不等大，形状稍狭长，其中较小者端部具小突起，基瓣片骨化区域骨化程度较高，面积较大，侧腹板横阔，两侧各具有1个骨化小点，刺密度适中。

分布：四川（理县朴头乡）。

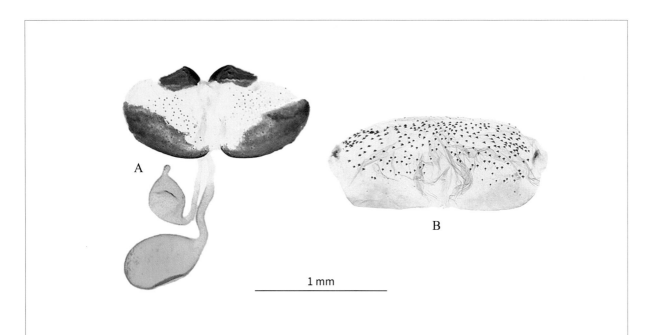

1 mm

塔子沟隐尾蠊 雌虫基瓣片+受精囊（A）和侧腹板（B）

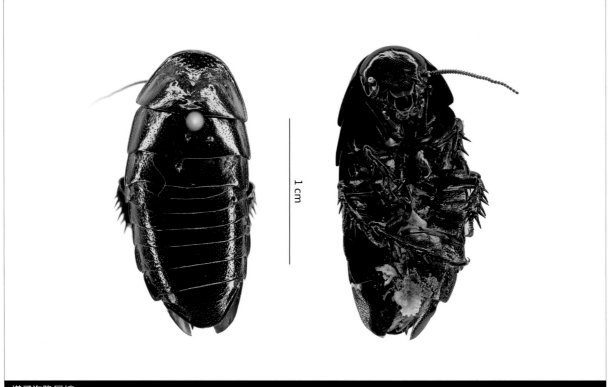

1 cm

塔子沟隐尾蠊

田坝隐尾蠊 *Cryptocercus tianbaensis* Bai, Wang, Wang, Lo et Che, 2018

体长24.5 mm。雄虫染色体数2*n*=35。雌虫受精囊不等大，长圆形，基瓣片骨化区域骨化程度高，基部两处骨化区域较大，侧腹板两侧缘各具1个强骨化斑，中部具有一骨化斑，刺集中在端部。

分布：四川（泸定田坝乡）。

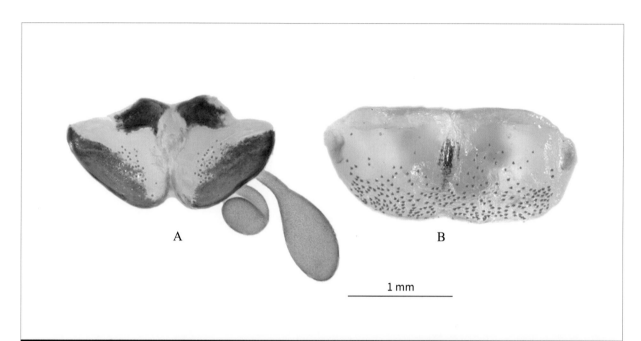

1 mm

田坝隐尾蠊　雌虫基瓣片+受精囊（A）和侧腹板（B）

★ 副模

1 cm

田坝隐尾蠊

维西隐尾蠊 *Cryptocercus weixiensis* Bai, Wang, Wang, Lo et Che, 2018

体长21.0~22.5 mm。雄虫染色体数不详。雌虫受精囊不等大，椭圆形，基瓣片骨化区域骨化程度高，侧腹板两侧各具一团斑疹状强骨化区域，面积较大，刺密度适中，分布较均匀。

分布：云南（维西攀天阁乡）。

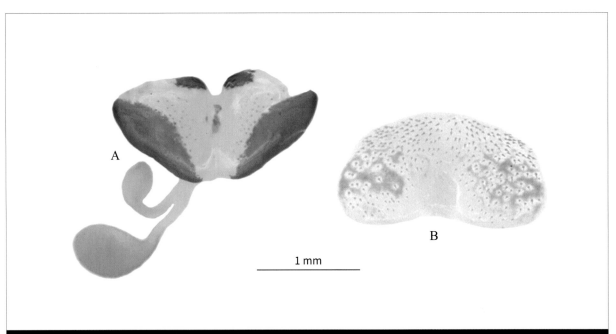

维西隐尾蠊　雌虫基瓣片+受精囊（A）和侧腹板（B）

★ 正模

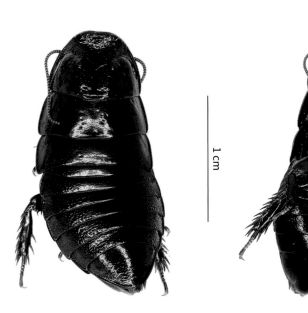

维西隐尾蠊

卧龙隐尾蠊 *Cryptocercus wolongensis* Bai, Wang, Wang, Lo et Che, 2018

体长29.9~30.5 mm。雄虫染色体数$2n$=43。雌虫受精囊不等大，均为圆形，基瓣片骨化区域骨化程度高，侧腹板两侧各具有1个骨化小斑，中部具1个骨化的大斑，刺密度适中。

分布: 四川（卧龙）。

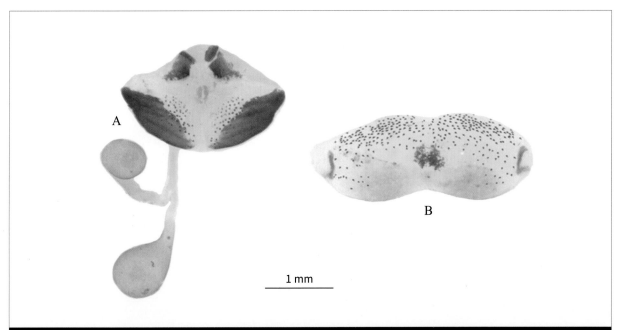

卧龙隐尾蠊　雌虫基瓣片+受精囊（A）和侧腹板（B）

★ 正模

卧龙隐尾蠊

蠦蠊科

NOCTICOLIDAE

蠦蠊 雄成虫 | 马泽豪摄于上海天马山

蠦蠊 雄若虫 | 马泽豪摄于上海天马山

　　雌雄异型，雄虫通常具翅，但翅脉简单，雌虫无翅；体型十分微小（通常小于5 mm），纤弱，通常被毛，复眼缩小。卵生，卵荚通常仅具4~5个卵。通常栖居于洞穴、蚂蚁巢或者白蚁巢内，是一类神秘且不为人熟知的蜚蠊类群。由于蠦蠊形态和习性特殊，其分类地位长期没有定论，但是随着分子手段的介入，蠦蠊最终被确认为地鳖总科的成员，与地鳖有较近的亲缘关系。世界已知9属30余种；中国分布1属1种。主要分布于热带和亚热带地区（南亚、东亚、非洲，以及澳大利亚）。虽然国内目前仅知1种（仅指有效种），但是值得注意的是，蠦蠊在中国南方其实比较广布，甚至会出现在城市环境当中，但是由于其通常为一类蠦栖性蜚蠊，而很少被人关注。

朽木白蚁巢内发现的蠊蠊 雌虫 ｜ 邱鹭摄于海南

松木白蚁巢内发现的蠊蠊 雌虫 ｜ 邱鹭摄于四川乐山

蠊蠊属 *Nocticola* Bolívar, 1892

该属是蠊蠊科最常见和种类最多的属，世界已知24种，中国目前仅知1属1种（仅指有效种）。常栖居于蚂蚁或白蚁巢穴内，在纯野外环境以及城市环境均能被发现。

蠊蠊 雄虫 | 姜日新摄，浙江宁波产

蠊蠊 雌虫 | 姜日新摄，浙江宁波产

中华蠊蠊 *Nocticola sinensis* Silvestri, 1946

体长3 mm。雄虫后翅缩短退化。可发现于象白蚁巢穴或猛蚁巢穴内。

分布: 香港。

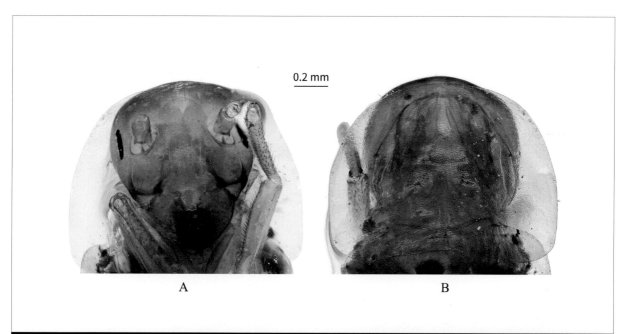

中华蠊蠊 雌虫头(A)和前胸背板(B)

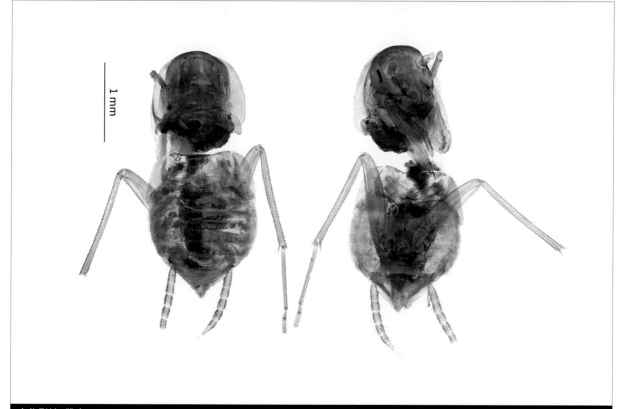

中华蠊蠊 雌虫

中国蜚蠊目名录

（截至2019年12月31日，不包含白蚁）

1.褶翅蠊科 Anaplectidae

[1]	阿里山褶翅蠊 *Anaplecta arisanica* Shiraki, 1931
[2]	黑肩褶翅蠊 *Anaplecta basalis* Bey-Bienko, 1969
[3]	峨眉褶翅蠊 *Anaplecta omei* Bey-Bienko, 1958
[4]	一脉褶翅蠊 *Anaplecta simplex* Shiraki, 1931
[5]	马来褶翅蠊 *Anaplecta malayensis* Shelford, 1906

2.硕蠊科 Blaberidae

甲蠊亚科 Diplopterinae

[6]	圆背甲蠊 *Diploptera elliptica* Li et Wang, 2015
[7]	墨斑甲蠊 *Diploptera naevus* Li et Wang, 2015
[8]	暗色甲蠊指名亚种 *Diploptera nigrescens nigrescens* Shiraki, 1931
[9]	暗色甲蠊赤面亚种 *Diploptera nigrescens guani* Li et Wang, 2015
[10]	点刻甲蠊 *Diploptera punctata* (Eschscholtz, 1822)

光蠊亚科 Epilamprinae

[11]	潘氏异光蠊 *Anisolampra panfilovi* Bey-Bienko, 1969
[12]	福氏短光蠊 *Brephallus fruhstorferi* (Shelford, 1910)
[13]	斑腹短光蠊 *Brephallus tramlapensis* (Anisyutkin, 1999)
[14]	毕氏丽光蠊 *Calolamprodes beybienkoi* Anisyutkin, 2006
[15]	宽翅壮光蠊 *Morphna amplipennis* (Walker, 1868)
[16]	东方水蠊 *Opisthoplatia orientalis* (Burmeister, 1838)
[17]	小棒拟光蠊 *Pseudophoraspis clavellata* Wang, Wu et Che, 2013
[18]	内弯拟光蠊 *Pseudophoraspis incurvata* Wang, Wu et Che, 2013
[19]	凯氏拟光蠊 *Pseudophoraspis kabakovi* Anisyutkin, 1999
[20]	弯顶拟光蠊 *Pseudophoraspis recurvata* Wang, Wu et Che, 2013
[21]	褐带大光蠊 *Rhabdoblatta abdominalis* (Kirby, 1903)

[22]　缚大光蠊 *Rhabdoblatta alligata* (Walker, 1868)

[23]　前大光蠊 *Rhabdoblatta antecedens* Anisyutkin, 2000

[24]　三刺大光蠊 *Rhabdoblatta atra* Bey-Bienko, 1970

[25]　毕氏大光蠊 *Rhabdoblatta beybienkoi* Anisyutkin, 2003

[26]　双色大光蠊 *Rhabdoblatta bicolor* (Guo, Liu et Li, 2011)

[27]　别氏大光蠊 *Rhabdoblatta bielawskii* Bey-Bienko, 1970

[28]　牙大光蠊 *Rhabdoblatta chaulformis* Yang, Wang, Zhou, Wang et Che, 2019

[29]　稠斑大光蠊 *Rhabdoblatta densimaculata* Yang, Wang, Zhou, Wang et Che, 2019

[30]　细齿大光蠊 *Rhabdoblatta denticuligera* Anisyutkin, 2000

[31]　缓缘大光蠊 *Rhabdoblatta ecarinata* Yang, Wang, Zhou, Wang et Che, 2019

[32]　横带大光蠊 *Rhabdoblatta elegans* Anisyutkin, 2000

[33]　完美大光蠊 *Rhabdoblatta excellens* Anisyutkin, 2000

[34]　台湾大光蠊 *Rhabdoblatta formosana (Shiraki, 1906)*

[35]　环大光蠊 *Rhabdoblatta gyroflexa* Yang, Wang, Zhou, Wang et Che, 2019

[36]　肩大光蠊 *Rhabdoblatta humeralis* (Shiraki, 1931)

[37]　女皇大光蠊 *Rhabdoblatta imperatrix* (Kirby, 1903)

[38]　凹缘大光蠊 *Rhabdoblatta incisa* Bey-Bienko, 1969

[39]　卡尼大光蠊 *Rhabdoblatta karnyi* (Shiraki, 1931)

[40]　卡氏大光蠊 *Rhabdoblatta krasnovi* (Bey-Bienko, 1969)

[41]　科氏大光蠊 *Rhabdoblatta kryzhanovskii* Bey-Bienko, 1958

[42]　小泥大光蠊 *Rhabdoblatta luteola* Anisyutkin, 2000

[43]　斑翅大光蠊 *Rhabdoblatta maculata* Yang, Wang, Zhou, Wang et Che, 2019

[44]　黄缘大光蠊 *Rhabdoblatta marginata* Bey-Bienko, 1969

[45]　云斑大光蠊 *Rhabdoblatta marmorata* (Brunner von Wattenwy, 1893)

[46]　玛大光蠊 *Rhabdoblatta mascifera* Bey-Bienko, 1969

[47]　黑褐大光蠊 *Rhabdoblatta melancholica* (Bey-Bienko, 1954)

[48]　伪大光蠊 *Rhabdoblatta mentiens* Anisyutkin, 2000

[49]　单色大光蠊 *Rhabdoblatta monochroma* Anisyutkin, 2000

[50]　丘大光蠊 *Rhabdoblatta monticola* (Kirby, 1903)

[51]　黑带大光蠊 *Rhabdoblatta nigrovittata* Bey-Bienko, 1954

[52]　峨眉大光蠊 *Rhabdoblatta omei* Bey-Bienko, 1958

[53]　奥氏大光蠊 *Rhabdoblatta orlovi* Anisyutkin, 2000

[54]	黄腹大光蠊 *Rhabdoblatta parvula* Bey-Bienko, 1958
[55]	蒲氏大光蠊 *Rhabdoblatta princisi* (Bei-Bienko, 1957)
[56]	黄斑大光蠊 *Rhabdoblatta puncticulosa* Anisyutkin, 2000
[57]	普大光蠊 *Rhabdoblatta punkiko* Asahina, 1967
[58]	藤大光蠊 *Rhabdoblatta rattanakiriensis* Anisyutkin, 1999
[59]	帝大光蠊 *Rhabdoblatta regina* (Saussure, 1869)
[60]	叉突大光蠊 *Rhabdoblatta ridleyi* (Kirby, 1903)
[61]	萨氏大光蠊 *Rhabdoblatta saussurei* (Kirby, 1903)
[62]	斑缘大光蠊 *Rhabdoblatta segregata* Anisyutkin, 2000
[63]	拟大光蠊 *Rhabdoblatta similis* (Bey-Bienko, 1954)
[64]	拟钩口大光蠊 *Rhabdoblatta similsinuata* Yang, Wang, Zhou, Wang et Che, 2019
[65]	相似大光蠊 *Rhabdoblatta simulans* Anisyutkin, 2000
[66]	中华大光蠊 *Rhabdoblatta sinensis* (Walker, 1868)
[67]	小钩口大光蠊 *Rhabdoblatta sinuata* Bey-Bienko,1958
[68]	高桥大光蠊 *Rhabdoblatta takahashii* Asahina, 1967
[69]	拟褐带大光蠊 *Rhabdoblatta vietica* Anisyutkin, 2000
[70]	条纹大光蠊 *Rhabdoblatta vittata* Bey-Bienko, 1969
[71]	夏氏大光蠊 *Rhabdoblatta xiai* Liu et Zhu, 2001
[72]	异棒光蠊 *Rhabdoblattella disparis* Wang, Yang et Wang, 2017
[73]	海南棒光蠊 *Rhabdoblattella hainanensis* Wang, Yang et Wang, 2017

弯翅蠊亚科 Panesthiinae

[74]	毛彩蠊 *Caeparia donskoffi* Roth, 1979
[75]	中华米蠊 *Miopanesthia sinica* Bey-Bienko, 1969
[76]	大弯翅蠊阔斑亚种 *Panesthia angustipennis cognata* Bey-Bienko, 1969
[77]	大弯翅蠊拟大亚种 *Panesthia angustipennis spadica* (Shiraki, 1906)
[78]	黄角弯翅蠊 *Panesthia antennata* Brunner von Wattenwyl, 1893
[79]	小弯翅蠊 *Panesthia birmanica* Brunner von Wattenwyl, 1893
[80]	贵州弯翅蠊 *Panesthia guizhouensis* Wang, Wang et Che, 2014
[81]	幼弯翅蠊 *Panesthia larvata* Bey-Bienko, 1969
[82]	波形弯翅蠊 *Panesthia sinuata* Saussure, 1895
[83]	星弯翅蠊凹斑亚种 *Panesthia stellata concava* Wang, Wang et Che, 2014
[84]	芽弯翅蠊 *Panesthia strelkovi* Bey-Bienko, 1969

[85]	横弯翅蠊 *Panesthia transversa* Burmeister, 1838
[86]	异齿木蠊 *Salganea anisodonta* Wang, Shi, Wang et Che, 2014
[87]	双翅木蠊 *Salganea biglumis* (Saussure, 1895)
[88]	弯尾木蠊 *Salganea flexibilis* Wang, Shi, Wang et Che, 2014
[89]	全缘木蠊 *Salganea gressitti* Roth, 1979
[90]	未木蠊 *Salganea incerta* (Brunner von Wattenwyl, 1893)
[91]	五齿木蠊 *Salganea quinquedentata* Wang, Shi, Wang et Che, 2014
[92]	爪木蠊 *Salganea raggei* Roth, 1979
[93]	台湾木蠊 *Salganea taiwanensis* Roth, 1979

纹蠊亚科 Paranauphoetinae

[94]	金边纹蠊 *Paranauphoeta anulata* Li et Wang, 2017
[95]	短翅纹蠊 *Paranauphoeta brachyptera* Li et Wang, 2017
[96]	台湾纹蠊 *Paranauphoeta formosana* Matsumura, 1913
[97]	金带纹蠊 *Paranauphoeta kirbyi* Li et Wang, 2017
[98]	金丝纹蠊 *Paranauphoeta lineola* Li et Wang, 2017
[99]	黑纹蠊 *Paranauphoeta nigra* Bey-Bienko, 1969
[100]	斑翅纹蠊 *Paranauphoeta sinica* Bey-Bienko, 1958

球蠊亚科 Perisphaerinae

[101]	模宝蠊 *Achatiblatta achates* Li, Wang et Wang, 2018
[102]	模笛蠊 *Frumentiforma frumentiformis* Li, Wang et Wang, 2018
[103]	点刻球蠊 *Perisphaerus punctatus* Bey-Bienko, 1969
[104]	纤球蠊 *Perisphaerus pygmaeus* Karny, 1915
[105]	镜斑冠蠊 *Pseudoglomeris aereum* (Bey-Bienko, 1958)
[106]	半翅冠蠊 *Pseudoglomeris angustifoliatum* (Wang et Che, 2013)
[107]	贝氏冠蠊 *Pseudoglomeris beybienkoi* (Anisyutkin, 2003)
[108]	迷冠蠊 *Pseudoglomeris dubium* Hanitsch, 1924
[109]	闽黑冠蠊 *Pseudoglomeris fallax* (Bey-Bienko, 1969)
[110]	丽冠蠊 *Pseudoglomeris magnificum* Shelford, 1907
[111]	山冠蠊 *Pseudoglomeris montana* Li, Wang et Wang, 2018
[112]	赤胸冠蠊 *Pseudoglomeris montshadskii* (Bey-Bienko, 1969)
[113]	台黑冠蠊 *Pseudoglomeris nigra* (Shiraki, 1906)
[114]	麻冠蠊 *Pseudoglomeris planiuscula* Brunner von Wattenwyl, 1893

[115]	琢冠蠊 *Pseudoglomeris sculpta* (Bey-Bienko, 1958)
[116]	裂板冠蠊 *Pseudoglomeris semisulcata* Hanitsch, 1924
[117]	缺翅冠蠊 *Pseudoglomeris tibetana* (Bey-Bienko, 1938)
[118]	三孔冠蠊小亚种 *Pseudoglomeris valida moderata* (Bey-Bienko, 1969)

蔗蠊亚科 Pycnoscelinae

[119]	印度蔗蠊 *Pycnoscelus indicus* (Fabricius, 1775)
[120]	黑蔗蠊 *Pycnoscelus nigra* (Brunner von Wattenwyl, 1865)
[121]	苏里南蔗蠊 *Pycnoscelus surinamensis* (Linnaeus, 1758)

3.姬蠊科 Ectobiidae

姬蠊亚科 Blattellinae

[122]	马来微蠊 *Anaplectella lompatensis* Roth, 1996
[123]	台湾微蠊 *Anaplectella ruficollis* Karny, 1915
[124]	圆突卷翅蠊 *Anaplectoidea cylindrica* Wang et Feng, 2006
[125]	波氏卷翅蠊 *Anaplectoidea popovi* Bey-Bienko, 1969
[126]	锥刺卷翅蠊 *Anaplectoidea spinea* Wang et Feng, 2006
[127]	异卷翅蠊 *Anaplectoidea varia* Bey-Bienko, 1958
[128]	京都亚蠊 *Asiablatta kyotensis* (Asahina, 1976)
[129]	朝氏小蠊 *Blattella asahinai* Mizukubo, 1981
[130]	贝里小蠊 *Blattella biligata* (Walker, 1868)
[131]	四叶小蠊 *Blattella bilobata* Chopard, 1929
[132]	双纹小蠊 *Blattella bisignata* (Brunner von Wattenwyl, 1893)
[133]	长刺小蠊 *Blattella confusa* Princis, 1950
[134]	台湾小蠊 *Blattella formosana* (Karny, 1915)
[135]	德国小蠊 *Blattella germanica* (Linnaeus, 1767)
[136]	卡氏小蠊 *Blattella karnyi* Princis, 1969
[137]	拟德国小蠊 *Blattella lituricollis* (Walker, 1868)
[138]	日本小蠊 *Blattella nipponica* Asahina, 1963
[139]	独尾小蠊 *Blattella parilis* (Walker, 1868)
[140]	缘刺小蠊 *Blattella radicifera* (Hanitsch, 1928)
[141]	毛背小蠊 *Blattella sauteri* (Karny, 1915)
[142]	朝氏拟歪尾蠊 *Episymploce asahinai* Roth, 1985

[143]	北越拟歪尾蠊 *Episymploce bispina* (Bey-Bienko, 1970)
[144]	短背拟歪尾蠊 *Episymploce brevilamina* Zhang, Liu et Li, 2019
[145]	龙骨拟歪尾蠊 *Episymploce carinata* Zhang, Liu et Li, 2019
[146]	陈氏拟歪尾蠊 *Episymploce cheni* (Bey-Bienko, 1957)
[147]	卓拟歪尾蠊 *Episymploce conspicua* Wang, Wang et Che, 2014
[148]	道真拟歪尾蠊 *Episymploce daozheni* Wang et Feng, 2005
[149]	滇西拟歪尾蠊 *Episymploce dianxica* Zhang, Liu et Li, 2019
[150]	异形拟歪尾蠊 *Episymploce dispar* (Bey-Bienko, 1957)
[151]	异拟歪尾蠊 *Episymploce diversa* Zhang, Liu et Li, 2019
[152]	钳刺拟歪尾蠊 *Episymploce forficula* (Bey-Bienko, 1957)
[153]	台湾拟歪尾蠊指名亚种 *Episymploce formosana formosana* (Shiraki, 1931)
[154]	台湾拟歪尾蠊吉野亚种 *Episymploce formosana yoshinoe* (Shiraki, 1931)
[155]	贵州拟歪尾蠊 *Episymploce guizhouensis* (Feng et Woo, 1988)
[156]	八仙山拟歪尾蠊 *Episymploce hassenzana* Roth, 1987
[157]	湖南拟歪尾蠊 *Episymploce hunanensis* (Guo et Feng, 1985)
[158]	裂板拟歪尾蠊 *Episymploce kryzhanovshii* (Bey-Bienko, 1957)
[159]	昆明拟歪尾蠊 *Episymploce kunmingi* (Bey-Bienko, 1969)
[160]	长片拟歪尾蠊 *Episymploce longilamina* Guo, Liu et Li, 2011
[161]	长突拟歪尾蠊 *Episymploce longiloba* (Bey-Bienko, 1969)
[162]	长刺拟歪尾蠊 *Episymploce longistylata* Zhang, Liu et Li, 2019
[163]	马氏拟歪尾蠊指名亚种 *Episymploce malaisei malaisei* (Princis, 1950)
[164]	马氏拟歪尾蠊具突亚种 *Episymploce malaisei externa* (Bey-Bienko, 1969)
[165]	乳突拟歪尾蠊 *Episymploce mamillatus* (Feng et Woo, 1988)
[166]	猫儿山拟歪尾蠊 *Episymploce maoershanica* Zhang, Liu et Li, 2019
[167]	暗褐拟歪尾蠊 *Episymploce obscura* Zhang, Liu et Li, 2019
[168]	奇拟歪尾蠊 *Episymploce paradoxura* Bey-Bienko, 1950
[169]	波波夫拟歪尾蠊 *Episymploce popovi* Bey-Bienko, 1957
[170]	波塔宁拟歪尾蠊 *Episymploce potanini* (Bey-Bienko, 1950)
[171]	双刺拟歪尾蠊 *Episymploce prima* (Bey-Bienko, 1957)
[172]	普氏拟歪尾蠊 *Episymploce princisi* (Bey-Bienko, 1969)
[173]	四刺拟歪尾蠊 *Episymploce quadrispinis* (Woo et Feng, 1992)
[174]	隐刺拟歪尾蠊 *Episymploce quarta* (Bey-Bienko, 1969)

[175]　罗氏拟歪尾蠊 *Episymploce rothi* Zhang, Liu et Li, 2019

[176]　丹顶拟歪尾蠊 *Episymploce rubroverticis* (Guo et Feng, 1985)

[177]　纯色拟歪尾蠊 *Episymploce secunda* (Bey-Bienko, 1957)

[178]　中华拟歪尾蠊 *Episymploce sinensis* (Walker, 1869)

[179]　肖氏拟歪尾蠊 *Episymploce siui* Roth, 1986

[180]　弯刺拟歪尾蠊 *Episymploce spinosa* (Bey-Bienko, 1969)

[181]　红斑拟歪尾蠊 *Episymploce splendens* (Bey-Bienko, 1957)

[182]　近晶拟歪尾蠊 *Episymploce subvicina* (Bey-Bienko, 1969)

[183]　切板拟歪尾蠊 *Episymploce sundaica* (Hebard, 1929)

[184]　太平山拟歪尾蠊 *Episymploce taiheizana* Asahina, 1979

[185]　拟双刺拟歪尾蠊 *Episymploce tertia* (Bey-Bienko, 1957)

[186]　三刺拟歪尾蠊 *Episymploce tridens* (Bey-Bienko, 1957)

[187]　钩形拟歪尾蠊 *Episymploce uncinata* Bey-Bienko, 1969

[188]　单色拟歪尾蠊 *Episymploce unicolor* (Bey-Bienko, 1958)

[189]　晶拟歪尾蠊 *Episymploce vicina* (Bey-Bienko, 1954)

[190]　扎氏拟歪尾蠊 *Episymploce zagulajevi* (Bey-Bienko, 1969)

[191]　郑氏拟歪尾蠊 *Episymploce zhengi* Guo, Liu et Li, 2011

[192]　安达曼波板蠊 *Haplosymploce andamanica* (Princis, 1951)

[193]　橘尾波板蠊 *Haplosymploce aurantiaca* Zheng, Li et Wang, 2016

[194]　万象拟截尾蠊 *Hemithyrsocera banvaneuensis* (Roth, 1985)

[195]　二叉拟截尾蠊 *Hemithyrsocera bifurcata* Che, 2009

[196]　钳纹拟截尾蠊 *Hemithyrsocera forcipata* Wang et Che, 2017

[197]　福氏拟截尾蠊 *Hemithyrsocera fulmeki* Hanitsch, 1932

[198]　短翅拟截尾蠊 *Hemithyrsocera hemiptera* Zhang, Liu et Li, 2019

[199]　浅缘拟截尾蠊 *Hemithyrsocera limbata* (Bey-Bienko, 1969)

[200]　长毛拟截尾蠊 *Hemithyrsocera longiseta* Wang et Che, 2017

[201]　刺突拟截尾蠊 *Hemithyrsocera macifera* (Roth, 1985)

[202]　断缘拟截尾蠊 *Hemithyrsocera marginalis* (Hanitsch, 1933)

[203]　多突拟截尾蠊 *Hemithyrsocera multicuspidata* Wang, 2009

[204]　黄领拟截尾蠊 *Hemithyrsocera palliata* (Fabricius, 1798)

[205]　琴带拟截尾蠊 *Hemithyrsocera simulans* (Bey-Bienko, 1969)

[206]　刺拟截尾蠊 *Hemithyrsocera spinibarbis* Wang et Che, 2017

[207] 黄缘拟截尾蠊 *Hemithyrsocera vittata* (Brunner von Wattenwyl, 1865)

[208] 云南拟截尾蠊 *Hemithyrsocera yunnanea* (Bey-Bienko, 1958)

[209] 特毡蠊 *Jacobsonina aliena* (Brunner von Wattenwyl, 1893)

[210] 弧毡蠊 *Jacobsonina arca* Wang, Jiang et Che, 2009

[211] 黑毡蠊 *Jacobsonina erebis* Wu et al., 2014

[212] 阔体毡蠊 *Jacobsonina platysoma* (Walker, 1868)

[213] 扭毡蠊 *Jacobsonina tortuosa* Wang, Jiang et Che, 2009

[214] 双斑红蠊 *Lobopterella dimidiatipes* (Bolívar, 1890)

[215] 暗褐玛拉蠊 *Malaccina sinica* (Bey-Bienko, 1954)

[216] 中华玛拉蠊 *Malaccina discoidalis* (Princis, 1957)

[217] 周氏新叶蠊 *Neoloboptera choui* Che, 2009

[218] 短翅新叶蠊 *Neoloboptera hololampra* Bey-Bienko, 1958

[219] 小新叶蠊 *Neoloboptera minuta* (Bey-Bienko, 1954)

[220] 里氏新叶蠊 *Neoloboptera reesei* Roth, 1989

[221] 异向刺板蠊 *Scalida biclavata* Bey-Bienko, 1958

[222] 外刺板蠊 *Scalida ectobioides* (Saussure, 1873)

[223] 淡纹刺板蠊 *Scalida latiusvittata* (Brunner von Wattenwyl, 1898)

[224] 红顶刺板蠊 *Scalida pyrrhocephala* Wang et Che, 2010

[225] 四刺刺板蠊 *Scalida quadrispinata* Wang et Che, 2010

[226] 简刺板蠊 *Scalida simplex* Bey-Bienko, 1969

[227] 叶刺刺板蠊 *Scalida spinosolobata* Bey-Bienko, 1969

[228] 双斑乙蠊 *Sigmella biguttata* (Bey-Bienko, 1954)

[229] 拟申氏乙蠊 *Sigmella puchihlungi* (Bey-Bienko, 1959)

[230] 申氏乙蠊 *Sigmella schenklingi* (Karny, 1915)

[231] 污乙蠊 *Sigmella sordida* (Princis, 1952)

[232] 棕华蠊 *Sinablatta brunnea* Princis, 1950

[233] 尖歪尾蠊 *Symploce acuminata* (Shiraki, 1931)

[234] 双斑歪尾蠊 *Symploce bispot* Feng et Woo, 1988

[235] 炫纹歪尾蠊 *Symploce evidens* Wang et Che, 2013

[236] 二叉歪尾蠊 *Symploce furcata* (Shiraki, 1931)

[237] 大歪尾蠊指名亚种 *Symploce gigas gigas* (Asahina, 1979)

[238] 大歪尾蠊冲绳亚种 *Symploce gigas okinawana* Asahina, 1979

[239]	尖峰歪尾蠊 *Symploce jianfengensis* Feng, 2002
[240]	缘歪尾蠊 *Symploce marginata* (Bey-Bienko, 1957)
[241]	拟缘歪尾蠊 *Symploce paramarginata* Wang et Che, 2013
[242]	球突歪尾蠊 *Symploce sphaerica* Wang et Che, 2013
[243]	纹歪尾蠊指名亚种 *Symploce striata striata* (Shiraki, 1906)
[244]	纹歪尾蠊乌来亚种 *Symploce striata wulaii* (Asahina, 1979)
[245]	栗歪尾蠊 *Symploce testacea* (Shiraki, 1908)
[246]	炬歪尾蠊 *Symploce torchaceus* Feng et Woo, 1999
[247]	武陵歪尾蠊 *Symploce wulingensis* Feng et Woo, 1993
[248]	舌歪尾蠊 *Symploce ligulata* Bey-Bienko, 1957
[249]	友谊齿爪蠊 *Symplocodes amicus* Bey-Bienko, 1958
[250]	阔角齿爪蠊 *Symplocodes euryloba* Zheng, Wang, Che et Wang, 2015
[251]	长柄齿爪蠊 *Symplocodes manubria* Feng et Guo, 1990
[252]	竹纹齿爪蠊指名亚种 *Symplocodes marmorata marmorata* (Brunner von Wattenwyl, 1893)
[253]	竹纹齿爪蠊蔡氏亚种 *Symplocodes marmorata tsaii* (Bey-Bienko, 1958)
[254]	李氏齿爪蠊 *Symplocodes ridleyi* (Shelford, 1913)

拟叶蠊亚科Pseudophyllodromiinae

[255]	白斑全蠊 *Allacta alba* He, Zheng, Qiu, Che et Wang, 2019
[256]	双斑全蠊 *Allacta bimaculata* Bey-Bienko, 1969
[257]	棕全蠊 *Allacta bruna* He, Zheng, Qiu, Che et Wang, 2019
[258]	饰带全蠊 *Allacta ornata* Bey-Bienko, 1969
[259]	壮全蠊 *Allacta robusta* Bey-Bienko, 1969
[260]	横带全蠊 *Allacta transversa* Bey-Bienko, 1969
[261]	西藏全蠊 *Allacta xizangensis* Wang, Gui, Che et Wang, 2014
[262]	短须巴蠊 *Balta barbellata* Che, Chen et Wang, 2010
[263]	堑尾巴蠊 *Balta crena* Qiu, Che, Zheng et Wang, 2017
[264]	弯刺巴蠊 *Balta curvirostris* Che, Chen et Wang, 2010
[265]	裂板巴蠊 *Balta dissecta* Che, Chen et Wang, 2010
[266]	黄氏巴蠊 *Balta hwangorum* Bey-Bienko, 1958
[267]	金林氏巴蠊 *Balta jinlinorum* Che, Chen et Wang, 2010
[268]	斑翅巴蠊 *Balta maculata* Qiu, Che, Zheng et Wang, 2017
[269]	刺板巴蠊 *Balta nodigera* (Bey-Bienko, 1958)

[270] 球刺巴蠊 *Balta notulata* (Stål, 1860)

[271] 白巴蠊 *Balta pallidiola* (Shiraki, 1906)

[272] 刺尾巴蠊 *Balta spinea* Che, Chen et Wang, 2010

[273] 微刺巴蠊 *Balta spinescens* Che, Chen et Wang, 2010

[274] 唐氏巴蠊 *Balta tangi* Qiu, Che, Zheng et Wang, 2017

[275] 壮巴蠊 *Balta valida* (Bey-Bienko, 1958)

[276] 晶巴蠊 *Balta vicina* (Brunner von Wattenwyl, 1893)

[277] 凡巴蠊 *Balta vilis* (Brunner von Wattenwyl, 1865)

[278] 姚氏巴蠊 *Balta yaoi* Qiu, Che, Zheng et Wang, 2017

[279] 双叉锯爪蠊 *Chorisoserrata biceps* Wang, Zhang et Feng, 2006

[280] 短尾锯爪蠊 *Chorisoserrata brevicaudata* Wu et Wang, 2011

[281] 葬甲璐蠊 *Lupparia silphoides* (Bey-Bienko, 1958)

[282] 云南璐蠊 *Lupparia yunnanea* (Bey-Bienko, 1958)

[283] 狭顶玛蠊 *Margattea angusta* Wang, Li, Wang et Che, 2014

[284] 双印玛蠊 *Margattea bisignata* Bey-Bienko, 1970

[285] 凹缘玛蠊 *Margattea concava* Wang, Che et Wang, 2009

[286] 卷尾玛蠊 *Margattea flexa* Wang, Li, Wang et Che, 2014

[287] 岔突玛蠊 *Margattea furcata* Liu et Zhou, 2011

[288] 半翅玛蠊 *Margattea hemiptera* Bey-Bienko, 1958

[289] 无斑玛蠊 *Margattea immaculata* Liu et Zhou, 2011

[290] 无刺玛蠊 *Margattea inermis* Bey-Bienko, 1938

[291] 浅缘玛蠊 *Margattea limbata* Bey-Bienko, 1954

[292] 麦氏玛蠊 *Margattea mckittrickae* Wang, Che et Wang, 2009

[293] 多斑玛蠊 *Margattea multipunctata* Wang, Che et Wang, 2009

[294] 妮玛蠊 *Margattea nimbata* (Shelford, 1907)

[295] 弘玛蠊 *Margattea perspicillaris* (Karny, 1915)

[296] 突尾玛蠊 *Margattea producta* Wang, Che et Wang, 2009

[297] 拟浅缘玛蠊 *Margattea pseudolimbata* Wang, Li, Wang et Che, 2014

[298] 细点玛蠊 *Margattea punctulata* (Brunner von Wattenwyl, 1893)

[299] 华丽玛蠊 *Margattea speciosa* Liu et Zhou, 2011

[300] 刺缘玛蠊 *Margattea spinifera* Bey-Bienko, 1958

[301] 多刺玛蠊 *Margattea spinosa* Wang, Li, Wang et Che, 2014

[302]	三刺玛蠊 *Margattea trispinosa* (Bey-Bienko, 1958)
[303]	绕茎拟刺蠊 *Shelfordina volubilis* Wang, 2009
[304]	双斑丘蠊 *Sorineuchora bimaculata* Li, Che, Zheng et Wang, 2017
[305]	双带丘蠊 *Sorineuchora bivitta* (Bey-Bienko, 1969)
[306]	台湾丘蠊 *Sorineuchora formosana* (Matsumura, 1913)
[307]	多毛丘蠊 *Sorineuchora hispida* Li, Che, Zheng et Wang, 2017
[308]	明亮丘蠊 *Sorineuchora lativitrea* (Walker, 1868)
[309]	黑背丘蠊 *Sorineuchora nigra* (Shiraki, 1908)
[310]	纹顶丘蠊 *Sorineuchora pallens* (Bey-Bienko, 1969)
[311]	四川丘蠊 *Sorineuchora setshuana* (Bey-Bienko, 1958)
[312]	掸邦丘蠊 *Sorineuchora shanensis* (Princis, 1950)
[313]	斑翅丘蠊 *Sorineuchora undulata* (Bey-Bienko, 1958)
[314]	绿丘蠊 *Sorineuchora viridis* Li, Che, Zheng et Wang, 2017

4. 蜚蠊科 Blattidae

原蠊亚科 Archiblattinae

| [315] | 郁原角蠊 *Protagonista lugubris* Shelford, 1908 |

蜚蠊亚科 Blattinae

[316]	东方蜚蠊 *Blatta orientalis* Linnaeus, 1758
[317]	云南异翅蠊 *Cartoblatta yunnanea* Bey-Bienko, 1969
[318]	黄边杜蠊 *Dorylaea flavicincta* (Haan, 1842)
[319]	丽郝氏蠊 *Hebardina concinna* (Haan, 1842)
[320]	楚南郝氏蠊 *Hebardina sonana* (Shiraki, 1931)
[321]	台湾郝氏蠊 *Hebardina taiwanica* Princis, 1966
[322]	弧带平板蠊 *Homalosilpha arcifera* Bey-Bienko, 1969
[323]	拟黑斑平板蠊 *Homalosilpha gaudens* Shelford, 1910
[324]	双弧平板蠊 *Homalosilpha kryzhanovskii* Bey-Bienko, 1969
[325]	波纹平板蠊 *Homalosilpha ustulata* (Burmeister, 1838)
[326]	腹斑平板蠊 *Homalosilpha valida* Bey-Bienko, 1969
[327]	二列拟平板蠊 *Mimosilpha disticha* Bey-Bienko, 1957
[328]	脸谱斑蠊 *Neostylopyga rhombifolia* (Stoll, 1813)
[329]	美洲大蠊 *Periplaneta americana* (Linnaeus, 1758)

[330]	阿里大蠊 *Periplaneta arisanica* Shiraki, 1931
[331]	深黑大蠊 *Periplaneta atrata* Bey-Bienko, 1969
[332]	澳洲大蠊 *Periplaneta australasiae* (Fabricius, 1775)
[333]	硕大蠊 *Periplaneta banksi* Hanitsch, 1931
[334]	褐斑大蠊 *Periplaneta brunnea* Burmeister, 1838
[335]	淡赤褐大蠊 *Periplaneta ceylonica* Karny, 1908
[336]	侧突大蠊 *Periplaneta constricta* Bey-Bienko, 1969
[337]	波形大蠊 *Periplaneta diamesa* Bey-Bienko,1954
[338]	雅致大蠊 *Periplaneta elegans* Hanitsch, 1927
[339]	台湾大蠊 *Periplaneta formosana* (Karny, 1915)
[340]	黑胸大蠊 *Periplaneta fuliginosa* (Serville, 1838)
[341]	红带大蠊 *Periplaneta fulva* Bey-Bienko, 1969
[342]	印度大蠊 *Periplaneta indica* Karny, 1908
[343]	日本大蠊 *Periplaneta japonica* Karny, 1908
[344]	卡氏大蠊 *Periplaneta karnyi* (Shiraki, 1931)
[345]	刘氏大蠊 *Periplaneta liui* Bey-Bienko, 1957
[346]	潘氏大蠊 *Periplaneta panfilovi* Bey-Bienko, 1969
[347]	谢氏大蠊 *Periplaneta semenovi* Bey-Bienko, 1950
[348]	二叶大蠊 *Periplaneta sublobata* Bey-Bienko, 1969
[349]	赫定大蠊 *Periplaneta svenhedini* Hanitsch,1933
[350]	云南拟方翅蠊 *Scabinopsis yunnanea* Bey-Bienko, 1969

带蠊亚科Polyzosteriinae

[351]	四翼滑蠊 *Laevifacies quadrialata* Liao, Wang et Che, 2019
[352]	亮黑蠊 *Melanozosteria nitida* (Brunner von Wattenwyl, 1865)
[353]	金边黑蠊 *Melanozosteria soror* (Brunner von Wattenwyl, 1865)

5.地鳖蠊科 Corydiidae

地鳖蠊亚科Corydiinae

[354]	栗色栉鳖蠊 *Ctenoblatta impubis* Qiu, Che et Wang, 2018
[355]	悟空浑地鳖 *Epipolyphaga wukong* Qiu, Che et Wang, 2019
[356]	广纹棕鳖蠊 *Ergaula nepalensis* (Saussure, 1893)
[357]	带纹真鳖蠊 *Eucorydia dasytoides* (Walker, 1868)

[358]　桂林真鳖蠊 *Eucorydia guilinensis* Qiu, Che et Wang, 2017

[359]　脐真鳖蠊 *Eucorydia hilaris* (Kirby, 1903)

[360]　玲珑真鳖蠊 *Eucorydia linglong* Qiu, Che et Wang, 2017

[361]　毛肩真鳖蠊 *Eucorydia pilosa* Qiu, Che et Wang, 2017

[362]　丽真鳖蠊 *Eucorydia splendida* Qiu, Che et Wang, 2017

[363]　汤氏真鳖蠊 *Eucorydia tangi* Qiu, Che et Wang, 2017

[364]　威氏真鳖蠊 *Eucorydia westwoodi* (Gerstaecker, 1861)

[365]　藏南真鳖蠊 *Eucorydia xizangensis* Woo et Feng, 1988

[366]　云南真鳖蠊 *Eucorydia yunnanensis* Woo, Guo et Feng, 1986

[367]　大围真地鳖 *Eupolyphaga daweishana* Qiu, Che et Wang, 2018

[368]　稠斑真地鳖 *Eupolyphaga densiguttata* Feng et Woo, 1988

[369]　董氏真地鳖 *Eupolyphaga dongi* Qiu, Che et Wang, 2018

[370]　珠峰真地鳖指名亚种 *Eupolyphaga everestiana everestiana* (Chopard, 1922)

[371]　珠峰真地鳖任氏亚种 *Eupolyphaga everestiana reni* Qiu, Che et Wang, 2018

[372]　冯氏真地鳖指名亚种 *Eupolyphaga fengi fengi* Qiu, Che et Wang, 2018

[373]　冯氏真地鳖永胜亚种 *Eupolyphaga fengi yongshengensis* Qiu, Che et Wang, 2018

[374]　昆明真地鳖 *Eupolyphaga fusca* Chopard, 1929

[375]　韩氏真地鳖 *Eupolyphaga hanae* Qiu, Che et Wang, 2018

[376]　玉龙真地鳖 *Eupolyphaga hengduana* Woo et Feng, 1992

[377]　壶瓶真地鳖 *Eupolyphaga hupingensis* Qiu, Che et Wang, 2018

[378]　苍山真地鳖 *Eupolyphaga maculata* Qiu, Che et Wang, 2018

[379]　斑腹真地鳖 *Eupolyphaga nigrifera* Qiu, Che et Wang, 2018

[380]　狭缘真地鳖 *Eupolyphaga nigrinotum* Qiu, Che et Wang, 2018

[381]　多毛真地鳖 *Eupolyphaga pilosa* Qiu, Che et Wang, 2018

[382]　壮真地鳖 *Eupolyphaga rubusta* Qiu, Che et Wang, 2018

[383]　神农真地鳖 *Eupolyphaga shennongensis* Qiu, Che et Wang, 2018

[384]　中华真地鳖 *Eupolyphaga sinensis* (Walker, 1868)

[385]　西藏真地鳖 *Eupolyphaga thibetana* (Chopard, 1922)

[386]　吴氏真地鳖 *Eupolyphaga wooi* Qiu, Che et Wang, 2018

[387]　黑腹真地鳖 *Eupolyphaga xuorum* Qiu, Che et Wang, 2018

[388]　云南真地鳖 *Eupolyphaga yunnanensis* (Chopard, 1922)

[389]　茂县袖鳖蠊 *Minicorydia maoxiana* Qiu, Che et Wang, 2018

[390]	云洞闽地鳖 *Minpolyphaga inexpectata* Qiu, Wang et Che, 2019
[391]	中亚地鳖 *Polyphaga obscura* Chopard, 1929
[392]	冀地鳖 *Polyphaga plancyi* Bolívar, 1882

小地鳖蠊亚科Euthyrrhaphinae

| [393] | 东洋蜻蠊 *Holocompsa debilis* Walker, 1868 |

拉丁蠊亚科Latindiinae

[394]	刺尾贝蠊 *Beybienkonus acuticercus* (Bey-Bienko, 1957)
[395]	许氏眉蠊 *Brachylatindia xui* Qiu, Wang et Che, 2019
[396]	素色纤蠊 *Sinolatindia petila* Qiu, Che et Wang, 2016

亚科未定

[397]	霸王异板蠊 *Ctenoneura bawangensis* Qiu, Che et Wang, 2017
[398]	弱须异板蠊 *Ctenoneura delicata* Qiu, Che et Wang, 2017
[399]	延骨异板蠊 *Ctenoneura elongata* Qiu, Che et Wang, 2017
[400]	黑旋风异板蠊 *Ctenoneura heixuanfeng* Qiu, Che et Wang, 2017
[401]	旋骨异板蠊 *Ctenoneura helicata* Qiu, Che et Wang, 2017
[402]	大围异板蠊 *Ctenoneura misera* Bey-Bienko, 1969
[403]	双突异板蠊 *Ctenoneura papillaris* Qiu, Che et Wang, 2017
[404]	黄缘异板蠊 *Ctenoneura qiuae* Qiu, Che et Wang, 2017
[405]	相似异板蠊 *Ctenoneura simulans* Bey-Bienko, 1969
[406]	云南异板蠊 *Ctenoneura yunnanea* Bey-Bienko, 1957

6.隐尾蠊科 Cryptocercidae

[407]	弧隐尾蠊 *Cryptocercus arcuatus* Wang, Li, Che et Wang, 2015
[408]	半扇门隐尾蠊 *Cryptocercus banshanmenensis* Bai, Wang, Wang, Lo et Che, 2018
[409]	长白隐尾蠊 *Cryptocercus changbaiensis* Bai, Wang, Wang, Lo et Che, 2018
[410]	城口隐尾蠊 *Cryptocercus chengkouensis* Bai, Wang, Wang, Lo et Che, 2018
[411]	凸隐尾蠊 *Cryptocercus convexus* Wang, Li, Che et Wang, 2015
[412]	格西沟隐尾蠊 *Cryptocercus gexigouensis* Wang et Che, 2019
[413]	哈巴隐尾蠊 *Cryptocercus habaensis* Che, Wang, Shi, Du, Zhao, Lo et Wang, 2016
[414]	角胸隐尾蠊 *Cryptocercus hirtus* Grandcolas et Bellés, 2005
[415]	红石隐尾蠊 *Cryptocercus hongshiensis* Wang et Che, 2019
[416]	卡公隐尾蠊 *Cryptocercus kagongensis* Wang et Che, 2019

[417]　老君隐尾蠊 *Cryptocercus laojunensis* Bai, Wang, Wang, Lo et Che, 2018

[418]　栾川隐尾蠊 *Cryptocercus luanchuanensis* Bai, Wang, Wang, Lo et Che, 2018

[419]　玛洛沟隐尾蠊 *Cryptocercus maluogouensis* Wang et Che, 2019

[420]　马氏隐尾蠊 *Cryptocercus matilei* Grandcolas, 2000

[421]　滇南隐尾蠊 *Cryptocercus meridianus* Grandcolas et Legendre, 2005

[422]　内乡隐尾蠊 *Cryptocercus neixiangensis* Che, Wang, Shi, Du, Zhao, Lo et Wang, 2016

[423]　宁陕隐尾蠊 *Cryptocercus ningshanensis* Che, Wang, Shi, Du, Zhao, Lo et Wang, 2016

[424]　小隐尾蠊 *Cryptocercus parvus* Grandcolas et Park, 2005

[425]　平武隐尾蠊 *Cryptocercus pingwuensis* Che, Wang, Shi, Du, Zhao, Lo et Wang, 2016

[426]　原始隐尾蠊 *Cryptocercus primarius* Bey-Bienko, 1938

[427]　普达措隐尾蠊 *Cryptocercus pudacuoensis* Bai, Wang, Wang, Lo et Che, 2018

[428]　孑遗隐尾蠊 *Cryptocercus relictus* Bey-Bienko, 1935

[429]　三岔隐尾蠊 *Cryptocercus sanchaensis* Wang et Che, 2019

[430]　上孟隐尾蠊 *Cryptocercus shangmengensis* Che, Wang, Shi, Du, Zhao, Lo et Wang, 2016

[431]　神农架隐尾蠊 *Cryptocercus shennongjiaensis* Che, Wang, Shi, Du, Zhao, Lo et Wang, 2016

[432]　塔子沟隐尾蠊 *Cryptocercus tazigouensis* Wang et Che, 2019

[433]　田坝隐尾蠊 *Cryptocercus tianbaensis* Bai, Wang, Wang, Lo et Che, 2018

[434]　维西隐尾蠊 *Cryptocercus weixiensis* Bai, Wang, Wang, Lo et Che, 2018

[435]　卧龙隐尾蠊 *Cryptocercus wolongensis* Bai, Wang, Wang, Lo et Che, 2018

[436]　巫溪隐尾蠊 *Cryptocercus wuxiensis* Che, Wang, Shi, Du, Zhao, Lo et Wang, 2016

[437]　杂谷脑隐尾蠊 *Cryptocercus zagunaoensis* Che, Wang, Shi, Du, Zhao, Lo et Wang, 2016

7. 蠘蠊科 Nocticolidae

[438]　中华蠘蠊 *Nocticola sinensis* Silvestri, 1946

7科70属438种（含亚种）

主要参考文献
REFERENCES

冯平章, 2002. 蜚蠊目 [M] // 黄复生. 海南森林昆虫. 北京: 科学出版社: 45-48.

冯平章, 2005. 蜚蠊目 [M] // 杨星科. 秦岭西段及甘南地区昆虫. 北京: 科学出版社: 55-56.

冯平章, 郭豫元, 1990. 云南齿爪蠊属二新种 (蜚蠊目: 姬蠊科) [J]. 动物分类学报, 15 (3): 339-342.

冯平章, 郭豫元, 吴福桢, 1993. 蜚蠊目: 鳖蠊科、蜚蠊科、光蠊科、姬蠊科、小蠊科 [M] // 黄复生. 西南武陵山区昆虫. 北京: 科学出版社. 39-41.

冯平章, 郭予元, 吴福桢, 1997. 中国蟑螂种类及防治 [M]. 北京: 中国科技出版社: 206.

冯平章, 吴福桢, 1988. 云、贵蜚蠊目三新种二新记录记述 [J]. 昆虫分类学报, 10 (3-4): 305-312.

冯平章, 吴福桢, 1990. 中国弯翅蠊属 (蜚蠊目: 弯翅蠊科) 研究 [J]. 昆虫学报, 33 (2): 213-218.

郭江丽, 刘宪伟, 方燕, 等, 2011. 浙江天目山蜚蠊分类研究 [J]. 动物分类学报, 36 (3): 722-731.

郭予元, 冯平章, 1985. 蜚蠊目姬蠊科一新属二新种记述 [J]. 动物分类学报, 7 (4): 333-336.

刘宪伟, 周敏, 2011. 中国玛蠊属三新种记述 (蜚蠊目, 姬蠊科) [J]. 动物分类学报, 36 (4): 936-942.

王宗庆, 车艳丽, 2010. 世界蜚蠊系统学研究进展 (蜚蠊目) [J]. 昆虫分类学报, 32: 23-31.

王宗庆, 邱鹭, 2018. 蜚蠊目 [M] // 杨星科. 秦岭昆虫志: 第一卷 低等昆虫及直翅类. 北京: 世界图书出版公司: 178-183.

王宗庆, 宋琼章, 冯平章, 2005. 蜚蠊目: 蜚蠊科, 姬蠊科 [M] // 杨茂发, 金道超. 贵州大沙河昆虫. 贵阳: 贵州人民出版社: 47-50.

吴福桢, 1981. 蜚蠊目: 鳖蠊科、蜚蠊科、弯翅蠊科 [M] // 黄复生等. 西藏昆虫 第一册. 北京: 科学出版社: 57-61.

吴福桢, 1987. 中国常见蜚蠊种类及其为害、利用与防治的调查研究 [J]. 昆虫学报, 30 (4): 430-438.

吴福桢, 冯平章, 1988. 蜚蠊目: 鳖蠊科、蜚蠊科、光蠊科、姬蠊科、硕蠊科 [M] // 黄复生等. 西藏南迦巴瓦峰地区昆虫. 北京: 科学出版社: 29-32.

吴福桢, 冯平章, 1992. 蜚蠊目: 鳖蠊科、蜚蠊科、光蠊科、姬蠊科 [M] // 陈世骧. 横断山区昆虫 第一册. 北京: 科学出版社: 53-56.

张巍巍, 2017. 凝固的时空: 琥珀中的昆虫及其他无脊椎动物 [M]. 重庆: 重庆大学出版社: 728.

ANISYUTKIN L N. 1999a. Cockroaches of the subfamily Epilamprinae (Dictyoptera, Blaberidae) of Indochina Peninsula [J]. *Entomological Review*, 79(4): 434-454.

ANISYUTKIN L N. 1999b. New cockroaches of the subfamily Epilamprinae, with description of a new genus *Rhabdoblattella* (Dictyoptera: Blaberidae) [J]. *Zoosystematica Rossica*, 8 (2): 251-255.

ANISYUTKIN L N. 2000. New cockroach species of the genus *Rhabdoblatta* Kirby (Dictyoptera, Blaberidae) from Southeast Asia. I [J]. *Entomological* review, 80 (2): 190-208.

ANISYUTKIN L N. 2002. Notes on the cockroaches of the subfamilies Pycnoscelinae and Diplopterinae from South-East Asia with description of three new species (Dictyoptera: Blaberidae) [J]. *Zoosystematica Rossica*, 10 (2): 351-359.

ANISYUTKIN L N. 2003a. New and little known cockroaches of the genus *Rhabdoblatta* Kirby (Dictyoptera, Blaberidae) from Vietnam and Southern China. II [J]. *Entomological review*, 83 (5): 540-556.

ANISYUTKIN L N. 2003b. Contribution to knowledge of the cockroach subfamilies Paranauphoetinae (stat. n.), Perisphaeriinae and Panesthiinae (Dictyoptera: Blaberidae) [J]. *Zoosystematica Rossica*, 12 (1): 55-77.

ANISYUTKIN L N. 2006. Notes on the genus *Calolamprodes* Bey-Bienko, with descriptions of a new species (Dictyoptera, Blaberidae, Epilamprinae) [J]. *Cockroaches Studies*, 1: 3-14.

ANISYUTKIN L N. 2015. New and little known Epilamprinae (Dictyoptera: Blaberidae) from the collections of the Muséum d' histoire naturelle de Genève and the Zoological Institute of Saint Petersburg. Part 1 [J]. *Revue Suisse de Zoologie*, 122 (2): 283-296.

ANISYUTKIN L N, Gorochov A V. 2001. New data on the genus *Morphna* Shlford (Dictyoptera, Blattida, Blaberidae) of the Indochina Peninsula [J]. *Entomologicheskoe Obozrenie*, 80: 403-410.

ASAHINA S. 1980. Taxonomic notes on non-domiciliary *Periplaneta* species form the Ryukyus, Taiwan, Hong Kong and Thailand. *Japanese Journal of Sanitary Zoology*, 31 (2): 103-115.

BAI Q K, WANG L L, Wang Z-Q, et al. 2018. Exploring the diversity of Asian *Cryptocercus* (Blattodea: Cryptocercidae): species delimitation based on chromosome numbers, morphology, and molecular analysis [J]. *Invertebrate Systematics*, 32 (1): 69-91.

BELL W J, ROTH L M, NALEPA C A. 2007. *Cockroaches: Ecology, Behavior and Natural History* [M]. Baltimore: The Johns Hopkins University Press: 230.

BECCALONI, G W, 2014. *Cockroach Species File online*. Version 5.0/5.0. [EB/OL]. http://cockroach.speciesfile.org (2023-12-21) (accessed 17 April 2021).

BECCALONI G W, EGGLETON P. 2013. Order Blattodea. In: Zhang, Z.-Q. (Ed.). Animal biodiversity: An outline of higher-level classification and survey of taxonomic richness [J]. *Zootaxa*, 3703 (1): 46-48.

BEY-BIENKO G Y. 1938. Blattoidea and Dermaptera collected by Mr. R. J. H. Kaulback's expedition to Tibet [J]. *The Proceedings of the Royal Entomological Society of London*, 7: 121-125.

BEY-BIENKO G Y. 1950. *Fauna of the USSR. Insects. Blattodea* [M]. Moscow: Institute of Zoology, Academy of Sciences of the URSS: 40, 343.

BEY-BIENKO G Y. 1954. Studies on the Blattoidea of Southeastern China [J]. *Trudy Zoologicheskogo Instituta, Rossijskaja Akademija Nauk SSSR*, 15: 5-26.

BEY-BIENKO G Y. 1957. Results of the Chinese-Soviet zoological-botanical expeditions of 1955–56 to southwestern China. Blattoidea of Szuch'uan and Yünnan. I [J]. *Entomologicheskoe Obozrenie*, 36 (4): 895-915.

BEY-BIENKO G Y. 1958. Results of the Chinese-Soviet zoological-botanical expeditions of 1955–56 to southwestern China. Blattoidea of Szuch'uan and Yünnan. II [J]. *Entomologicheskoe Obozrenie*, 37(3): 670-690.

BEY-BIENKO G Y. 1968. On the orthopteroid insects (Orthopteroidea) from eastern Nepal [J]. *Entomologicheskoe Obozrenie*, 106-113.

BEY-BIENKO G Y. 1969. New genera and species of cockroaches (Blattoptera) from tropical and subtropical Asia [J]. *Entomologicheskoe Obozrenie*, 48 (4): 831-862.

BEY-BIENKO G Y. 1970. Blattoptera of northern Vietnam in the collection of the Zoological Institute in Warsaw [J]. *Zoologicheski Zhurnal*, 49: 362-375.

BOURGUIGNON T, QIAN T, HO S, et al. 2018. Transoceanic dispersal and plate tectonics shaped global cockroach distributions: evidence from mitochondrial phylogenomics [J]. Mol. Biol. Evol. 35: 1-14

BRUNNER VON WATTENWYL C. 1865. *Nouveau Système des Blattaires* [M]. Vienna: G-Braumüller: 426.

BRUNNER VON WATTENWYL C. 1893. Révision du système des Orthoptères et description des espèces rapportées par M. Leonardo Fea de Birmanie [J]. *Annali del Museo Civico di Storia Naturale di Genova*, Series 2, 13: 5-230.

BRUNNER VON WATTENWYL C. 1882. *Prodromus der Europäischen Orthopteren* [M]. Leipzig: Wilhelm Engelmann: 466.

BRUNNER VON WATTENWYL C. 1893. Révision du système des Orthoptères et description des espèces rapportées par M. Leonardo Fea de Birmanie [J]. *Annali del Museo Civico di Storia Naturale di Genova*, Series 2, 13: 5-230.

CHE Y L, CHEN L, WANG Z Q. 2010. Six new species of the genus *Balta* Tepper (Blattaria, Pseudophyllodrominae) from China [J]. *Zootaxa*, 2609: 55-67.

CHE Y L, ZHANG Y N, WANG Z Q. 2009a. Two new species and three new record species of *Hemithyrsocera Saussure* (Blattaria, Blattellidae) from China [J]. *Acta Zootaxonomica Sinica*, 34 (4): 741-750.

CHE Y L, ZHANG Y N, WANG Z Q. 2009b. One new Oriental species and one new record of *Neoloboptera* Princis (Blattaria: Blattellidae) from China [J]. *Acta Zootaxonomica Sinica*, 34 (4): 741-750.

CHE Y L, BAI Q K, DENG W B, et al. 2019. Uplift-driven diversification revealed by the historical biogeography of the cockroach Cryptocercus Scudder (Blattodea: Cryptocercidae) in eastern Asia [J]. *Systematics Entomology*, 45 (1): 60-72.

CHE Y L, GUI S H, LO N, et al. 2017. Species delimitation and phylogenetic relationships in ectobiid cockroaches (Dictyoptera, Blattodea) from China [J]. *PLoS ONE*, 12 (1): e0169006.

CHE Y L, WANG D, SHI Y, et al. 2016. A global molecular phylogeny and timescale of evolution for *Cryptocercus* woodroaches [J]. *Molecular Phylogenetics and Evolution*, 98: 201-209.

CHOPARD L. 1922. Les *Polyphaga* du groupe du *sinensis* Walk. [Orth. Blattidae] [J]. *Bulletin de la Société entomologique de France*, 14: 194-196.

CHOPARD L. 1929. Orthoptera palaearctica critica VII. Les Polyphagiens de la faune paléarctique (Orth., Blatt.) [J]. *Eos*, 5: 223-358.

DJERNÆS M. 2018. Biodiversity of Blattodea-the Cockroaches and Termites. In: Foottit RG et Adler PH (Eds) [J]. *Insect Biodiversity: Science and Society*, 2: 359-387.

DJERNÆS M, KLASS K D, PICKER M D, et al. 2011. Phylogeny of cockroaches (Insecta, Dictyoptera, Blattodea), with placement of aberrant taxa and exploration of outgroup sampling [J]. *Systematic Entomology*, 37 (1): 65-83.

DJERNÆS M, KLASS K D, EGGLETON P. 2015. Identifying possible sister groups of Cryptocercidae + Isoptera: A combined molecular and morphological phylogeny of Dictyoptera [J]. *Molecular Phylogenetics and Evolution*, 84: 284-303.

EVANGELISTA D A, WIPFLER B, BETHOUX O, et al. 2019. An integrative phylogenomic approach illuminates the evolutionary history of cockroaches and termites (Blattodea) [J]. *Proceedings of the Royal Society B*, 286, 1895: 1-9.

GRANDCOLAS P. 1996. The phylogeny of cockroach families: a cladistic appraisal of morpho-anatomical data [J]. *Canadian Journal of Zoology*, 74: 508-527.

GRANDCOLAS P. 1997. The monophyly of the subfamily Perisphaeriinae (Dictyoptera: Blattaria: Blaberidae) [J]. *Systematic Entomology*, 22: 123–130.

GUO Y X, BÉTHOUX O, GU J J, et al. Wing venation homologies in Pennsylvanian 'cockroachoids' (Insecta) clarified thanks to a remarkable specimen from the Pennsylvanian of Ningxia (China) [J]. *Journal of Systematic Palaeontology*, 11:1, 41-46.

HANITSCH R. 1924. Blattidae collected by Prof. Gregory's expedition to Yunnan [J]. *Journal of the Asiatic Society of Bengal*, 20 (6): 337–338.

HE J J, ZHENG Y H, QIU L, et al. 2019. Two new species and a new combination of *Allacta* (Blattodea, Ectobiidae, Pseudophyllodromiinae) from China, with notes on their behavior in nature [J]. *ZooKeys*, 836: 1-14.

INWARD D, BECCALONI G, EGGLETON P. 2007. Death of an order: a comprehensive molecular phylogenetic study confirms that termites are eusocial cockroaches [J]. *Biology Letters*, 3: 331-335.

KAMBHAMPATI S. 1995. A phylogeny of cockroaches and related insects based on DNA sequence of mitochondrial ribosomal RNA genes [J]. *Proceedings of the National Academy of Sciences of the United States of America*, 92: 2017-2020.

KAMBHAMPATI S. 1996. Phylogenetic relationship among cockroach families inferred from mitochondrial 12S rRNA gene sequence [J]. *Systematic Entomology*, 21: 89-98.

HANDLIRSCH A. 1903. Zur phylogenie der Hexapoden [J]. *Sitzungsberichte der Mathematisch-Naturwissenschaftlichen Classe der Kaiserlichen Akademie der Wissenschaften*, 112: 716-738.

HANDLIRSCH A. 1925. Geschichte, Literatur, Technik, Paläontologie, Phylogenie und Systematik der Insekten. In: Schröder, C. (Ed), Handbuch der Entomologie. Band III [M]. Jena: Gustav Fischer: 1-1201.

KIRBY W F. 1903. Notes on Blattidae & C., with Descriptions of new Genera and Species in the Collection of the British Museum, South Kensington. No. 1 [J]. *The Annals and magazine of natural history*, 7: 404-415.

KIRBY W F. 1904. *A Synonymic Catalogue of Orthoptera. Vol. I. Orthoptera Euplexoptera, Cursoria, et Gressoria. (Forficulidæ, Hemimeridæ, Blattidæ, Mantidæ, Phasmidæ.)* [M]. London: British Museum: 501.

KLASS K D. 1997. The external male genitalia and the phylogeny of Blattaria and Mantodea [J]. *Bonner Zoologische Monographien*, 42: 341.

KLASS K D, MEIER R. 2006. A phylogenetic analysis of Dictyoptera (Insecta) based on morphological characters [J]. *Entomologische Abhandlungen*, 63: 3-50.

LATREILLE P A. 1810. *Considérations générales sur l'ordre naturel des animaux composant les classes des crustacés, des arachnides, et des insectes; avec un tableau méthodique de leurs genres, disposés en familles* [M]. Pairs: Schoell: 444.

LEACH W E.1815. Entomology. Edinburgh Encyclopædia [M]. Edinburgh: Volume IX (ed. by D. Brewster): 57–172.

LEGENDRE F, NEL A, SVENSON G J, et al. 2015. Phylogeny of Dictyoptera: dating the origin of cockroaches, praying Mantises and Termites with molecular data and controlled fossil evidence [J]. *Plos ONE*, 10 (7): 1-27.

LEGENDRE F, GRANDCOLAS P, THOUZE F. 2017. Molecular phylogeny of Blaberidae (Dictyoptera, Blattodea),with implications for taxonomy and evolutionary studies [J]. *European Journal of Taxonomy*, 291: 1-13.

LI M, CHE Y L, ZHENG Y H, et al. 2017. The cockroach genus *Sorineuchora* Caudell, 1927 from China (Blattodea, Ectobiidae, Pseudophyllodromiinae) [J]. *ZooKeys*, 697: 133-156.

LI X R, WANG Z Q. 2015. A taxonomic study of the beetle cockroaches (*Diploptera* Saussure) from China, with notes on the genus and species worldwide (Blattodea: Blaberidae: Diplopterinae) [J]. *Zootaxa*, 4018 (1): 35-56.

LI X R, WANG Z Q. 2016. Perisphaerinae Brunner von Wattenwyl and Hyposphaeria Lucas are valid names concealed by the unavailable names Perisphaeriinae and Perisphaeria Burmeister (Blattodea, Blaberidae) [J]. *ZooKeys*, 574: 75-80.

LI X R, WANG Z Q. 2017a. Preliminary molecular phylogeny of beetle cockroaches (*Diploptera*) and notes on male and female genitalia (Blattodea: Blaberidae: Diplopterinae) [J]. *Zootaxa*, 4320 (3): 523-534.

LI X R, WANG Z Q. 2017b. Updating the knowledge of assassin bug cockroaches (Blattodea:Blaberidae: *Paranauphoeta* Brunner von Wattenwyl): Species from China and taxonomic changes [J]. *Entomological Science*, 20: 302-317.

LI X R, WANG L L, WANG Z Q. 2018. Rediscovered and new perisphaerine cockroaches from SW China with a review of subfamilial diagnosis (Blattodea: Blaberidae) [J]. *Zootaxa*, 4410 (2): 251-290.

LI Y, WANG Z Q, CHE Y L. 2013. A comparative study on the ooctecae and female genitalia of seven species of Blattaodea [J]. *Acta zootaxonomica sinica*, 38 (1): 16-26.

LIAO S R, WANG Z Q, CHE Y L. 2019. A new genus and a new species in the subfamily Polyzosteriinae (Blattodea, Blattidae) from China [J]. *ZooKeys*, 852: 85-100.

LIANG J H, VRŠANSKÝ P, REN D. 2012. Variability and symmetry of a Jurassic nocturnal predatory cockroach (Blattida: Raphidiomimidae) [J] Revista Mexicana de Ciencias Geológicas, v. 29, núm. 2: 411-421

LINNAEUS C. 1758. *Systema Naturæ* (10th ed.) [M]. Holmiæ: Laurentii Salvii.

MCKITTRICK F A. 1964. Evolutionary studies of cockroaches [J]. *Cornell University Agricultural Experiment Station Memoir*, 389, 197.

MISOF B, LIU S, MEUSEMANN K, et al. 2014. Phylogenomics resolves the timing and pattern of insect evolution [J]. *Science* 346: 763-767.

MURIENNE J. 2009. Molecular data confirm family status for the *Tryonicus-Lauraesilpha* group (Insecta: Blattodea: Tryonicidae) [J]. *Organisms, Diversity and Evolution*, 9: 44-51.

PETER VRŠANSKÝ, WANG B. 2017. A new cockroach, with bipectinate antennae,(blattaria: olidae fam. nov.) further highlights the differences between the burmite and other faunas [J]. *Biologia*, 72(11), 1327-1333.

PRINCIS K. 1952. Kleine vergeichnis der Blattaren Chinas und Tibets [J]. *Opuscula Entomolagica*, 17: 33-43.

PRINCIS K. 1960. Zur systematik der Blattarien [J]. Eos, 36: 427-449.

PRINCIS K. 1962. *Blattariae: Subordo Polyphagoidea: Fam.: Polyphagidae* [M] // BEIER M.*Orthopterorum Catalogus:Pars 3*. The Hague: Dr. W. Junk: 3-74.

PRINCIS K. 1963. *Blattariae: Suborde Polyphagoidea: Fam.: Homoeogamiidae, Euthyrrhaphidae, Latindiidae, Anacompsidae, Atticolidae, Attaphilidae; Subordo Blaberoidea: Fam. Blaberidae*[M] // BEIER M. *Orthopterorum Catalogus*. The Hague: Dr. W. Junk: 77-172.

PRINCIS K. 1964. *Blattariae: Subordo Blaberoidea: Fam.: Panchloridae, Gynopeltididae, Derocalymmidae, Perisphaeriidae, Pycnoscelididae*[M] //BEIER M. *Orthopterorum Catalogus. Pars 6*. The Hague: Dr. W. Junk: 175-281.

PRINCIS K. 1965. *Blattariae: Subordo Blaberoidea: Fam.: Oxyhaloidea, Panesthiidae, Cryptocercidae, Chorisoneuridae, Oulopterygidae, Diplopteridae, Anaplectidae, Archiblattidae, Nothoblattidae*[M] //BEIER M. *Orthopterorum Catalogus. Pars 7*. The Hague, Netherlands: Dr. W. Junk: 284-400.

PRINCIS K. 1969. *Blattariae: Subordo Epilamproidea: Fam.: Blattellidae*[M] //BEIER M. *Orthopterorum Catalogus. Pars 13*. The Hague: Dr. W. Junk: 712-1038.

PRINCIS K. 1971. *Blattariae: Subordo Epilamproidea: Fam.: Ectobiidae*[M] //BEIER M. *Orthopterorum Catalogus. Pars 14*. The Hague: Dr. W. Junk: 1040-1224.

QIU L, CHE Y L, WANG Z Q. 2016. *Sinolatindia petila* gen. n. and sp. n. from China (Blattodea, Corydiidae, Latindiinae)[J]. *ZooKeys*, 596: 27–38.

QIU L, CHE Y L, WANG Z Q. 2017a. Contribution to the cockroach genus *Ctenoneura* Hanitsch, 1925 (Blattodea: Corydioidea: Corydiidae) with descriptions of seven new species from China[J]. *Zootaxa*, 4237 (2): 265-299.

QIU L, CHE Y L, WANG Z Q. 2017b. Revision of *Eucorydia* Hebard, 1929 from China, with notes on the genus and species worldwide (Blattodea, Corydioidea, Corydiidae)[J]. *ZooKeys*, 709: 17-56.

QIU L, CHE Y L, WANG Z Q. 2018a. Contributions to some Corydiinae genera (Blattodea: Corydioidea: Corydiidae) from China[J]. *Journal of Natural History*, 52: 21-22.

QIU L, CHE Y L, WANG Z Q. 2018b. A taxonomic study of *Eupolyphaga* Chopard, 1929 (Blattodea: Corydiidae: Corydiinae)[J]. *Zootaxa*, 4506, 68.

QIU L, WANG Z Q, CHE Y L. 2019a. *Minpolyphaga inexpectata,* a new genus and species of Polyphagini (Blattodea: Corydiidae: Corydiinae) from southeast China[J]. *Acta Entomologica Musei Nationalis Pragae*, 59 (2): 513-518.

QIU L, WANG Z Q, CHE Y L. 2019b. New and little known Latindiinae (Blattodea, Corydiidae) from China, with discussion of the Asian genera and species[J]. *ZooKeys*, 867: 23-44.

QIU L, YANG Z B, WANG Z Q, et al. 2019. Notes on some corydiid species from China, with the description of a new genus (Blattodea: Corydioidea: Corydiidae)[J], *Annales de la Société entomologique de France (N.S.)*, 55: 261-273.

QIU Z W, CHE Y L, ZHENG Y H, et al. 2017. The cockroaches of *Balta* Tepper from China, with the description of four new species (Blattodea, Ectobiidae, Pseudophyllodromiinae)[J]. *ZooKeys*, 714: 13-32.

REHN J A G. 1951. Classification of the Blattaria as indicated by their wings (Orthoptera)[J]. *Memoirs of the American Entomological Society*, 14, 129.

ROTH L M. 1979a. A taxonomic revision of the Panesthiinae of the world II. The genera *Salganea* Stål, Microdina Kirby, and Caeparia Stål (Dictyoptera: Blattaria: Blaberidae)[J]. *Australian Journal of Zoology*, Supplementary Series 69: 201.

ROTH L M. 1979b. A taxonomic revision of the Panesthiinae of the world III. The genera *Panesthia* Serville and *Miopanesthia* Serville (Dictyoptera: Blattaria: Blaberidae)[J]. *Australian Journal of Zoology*, Supplementary Series 74, 276.

ROTH L M. 1982. A taxonomic revision of the Panesthiinae of the world. IV. The genus *Ancaudellia* Shaw, with additions to part I-III, and a general discussion of distribution and relationships of the components of the subfamily (Dictyoptera: Blattaria: Blaberidae)[J]. *Australian Journal of Zoology*, Supplementary Series 82: 142 pp.

ROTH L M. 1984a. The genus *Symploce* Hebard. I. Species from the West Indies. (Dictyoptera:Blattaria: Blattellidae)[J]. *Entomologica Scandinavica*, 15: 25-63.

ROTH L M. 1984b. The genus *Symploce* Hebard. III. Species from Borneo, Flores, India and the Philippines. (Dictyoptera: Blattaria, Blattellidae)[J]. *Entomologica Scandinavica*, 15: 455-472.

ROTH L M. 1985a. A taxonomic revision of the genus *Blattella* Caudell (Dictyoptera, Blattaria: Blattellidae)[J]. *Entomologica Scandinavica*, Supplementum, 22, 221.

ROTH L M. 1985b. A revision of the cockroach genus *Parasymploce* (Dictyoptera: Blattaria: Blattellidae)[J]. *Journal of Natural History*, 19: 431-532.

ROTH L M. 1985c. The genus *Symploce* V. Species from mainland Asia: China, India, Iran, Laos, Thailand, South Vietnam, West Malaysia (Dictyoptera: Blattaria, Blattellidae)[J]. *Entomologica Scandinavica*, 16: 375-398.

ROTH L M. 1986. The genus *Episymploce* Bey-Bienko III. Species from Laos, North and South Vietnam and Thailand (Dictyoptera: Blattaria, Blattellidae)[J]. *Entomologica Scandinavica*, 17: 455-474.

ROTH L M. 1987a. The genus *Episymploce* Bey-Bienko. IV. Species from India (Dictyoptera: Blattaria: Blattellidae)[J].

Entomologica Scandinavica, 18: 111-124.

ROTH L M. 1987b. The genus *Episymploce* Bey-Bienko. V. Species from China. (Dictyoptera: Blattaria: Blattellidae)[J]. *Entomologica Scandinavica*, 18: 125-142.

ROTH L M. 1987c. The genus *Episymploce* Bey-Bienko. VI. Species from Taiwan and the Japanese Islands (Dictyoptera: Blattaria, Blattellidae)[J]. *Entomologica Scandinavica*, 18: 143-154.

ROTH L M. 1987d. The genus *Symploce* Hebard. VIII. Species from Taiwan and the Japanese Islands. (Dictyoptera: Blattaria, Blattellidae)[J]. *Entomologica Scandinavica*, 18: 155-163.

ROTH L M. 1989. The cockroach genus *Margattea* Shelford, with a new species from the Krakatau Islands, and redescriptions of several species from the Indo-Pacific region (Dictyoptera: Blattaria: Blattellidae)[J]. *Proceedings of Entomological Society of Washington*, 91: 206-229.

ROTH L M. 1991. The cockroach genera *Sigmella* Hebard and *Scalida* Hebard (Dictyoptera: Blattaria: Blattellidae)[J]. *Entomologica Scandinavica*, 22 (1): 1-29.

ROTH L M. 1993a. The cockroach genus *Allacta* Saussure & Zehntner (Blattaria, Blattellidae: Pseudophyllodromiinae)[J]. *Entomologica Scandinavica*, 23: 361-389.

ROTH L M. 1993b. Revision of the cockroach genus *Ctenoneura* Hanitsch (Blattaria, Polyphagidae)[J]. *Tijdschrift voor Entomologie*, 136: 83-109.

ROTH L M. 1995a. New species of *Blattella and Neoloboptera* from India and Burma (Dictyoptera: Blattaria: Blattellidae)[J]. *Oriental Insects*, 29: 23-31.

ROTH L M. 1995b. The Cockroach Genera *Hemithyrsocera* Saussure and *Symplocodes* Hebard (Dictyoptera: Blattellidae: Blattellinae)[J]. *Invertebrate Taxonomy*, 9: 959-1003.

ROTH L M. 1996a. The cockroach genera *Anaplecta, Anaplectella, Anaplectoidea*, and *Malaccina* (Blattaria, Blattellidae; Anaplectinae and Blattellinae)[J]. *Oriental Insects*, 30: 301-372.

ROTH L M. 1996b. The cockroach genera *Sundablatta* Herbard, *Pseudophyllodromia* Brunner, and *Allacta* Saussure & Zehntner (Blattaria: Blattellidae, Pseudophyllodromiinae)[J]. *Tijdschrift voor Entomologie*, 139: 215-242.

ROTH L M. 1997a. The cockroach genera *Shelfordina* Hebard, Delosia Bolivar, and *Duryodina* Kirby (Blattaria: Blattellidae: Pseudophyllodromiinae)[J]. *Oriental Insects*, 31: 209-227.

ROTH L M. 1997b. The cockroach genera *Pseudothyrsocera* Shelford, *Haplosymploce* Hanitsch, and *Episymploce* Bey-Bienko (Blattaria: Blattellidae, Blattellinae)[J]. *Tijdschrift voor Entomologie*, 140: 67-110.

ROTH L M. 1998. The cockroach genera *Chorisoneura* Brunner, *Sorineuchora* Caudell, *Chorisoneurodes* Princis, and *Chorisoserrata*, gen. nov. (Blattaria: Blattellidae: Pseudophyllodrmiinae)[J]. *Oriental Insects*, 32: 1-33.

ROTH L M. 2003. Systematics and phylogeny of cockroaches (Dictyoptera: Blattaria)[J]. *Oriental Insects*, 37, 186.

ROTH L M. HARTMAN H B. 1967. Sound production and its evolutionary significance in the Blattaria[J]. Ann. Entomol. Soc. Am. 60: 740-752

SAUSSURE H D. 1864. Mémoires pour Servir a l'Histoire Naturelle du Mexique des Antilles et des États-Unis. Vol. 4[J]. *Orthoptères de l'Amérique Moyenne, Geneva*, 279.

SAUSSURE H D. 1869. Mélanges Orthoptérologiques[J]. *Memoires de la Société de physique et d'histoire naturelle de Genève*: 227-328.

SAUSSURE H D, ZEHNTNER L. 1895. Revision de la tribu des Perisphaeriens (Insectes Orthoptéres de la famille des Blattides)[J]. *Revue Suisse de Zoologie, Genève*, 3, 59.

SHELFORD R. 1907. On some new Species of Blattidae in the Oxford and Paris Museums[J]. *Annals and Magazine of Natural History*, 19: 25-49.

WALKER F. 1868. *Catalogue of the specimens of Blattariæ in the collection of the British Museum*[M]. London: British Museum: 239.

WALKER F. 1869. *Catalogue of the specimens of Dermaptera Saltatoria and Supplement to the Blattariae in the Collection of the*

British Museum［M］. London: British Museum: 119-157.

WALKER F. 1871. *Supplement to the Catalogue of Blattariae. In catalogue of the specimens of Dermaptera Saltatoria in the collection of the British Museum*［M］. London: British Museum: 43.

WANG C C, WANG Z Q, CHE Y L. 2016. *Protagonista lugubris*, a cockroach species new to China and its contribution to the revision of genus *Protagonista*, with notes on the taxonomy of Archiblattinae (Blattodea, Blattidae)［J］. *ZooKeys*, 574: 57-73.

WANG J J, LI X R, WANG Z Q, et al. 2014. Four new and three redescribed species of the cockroach genus *Margattea Shelford,* 1911 (Blattodea, Ectobiidae, Pseudophyllodromiinae) from China［J］. *Zootaxa*, 3827 (1): 31-44.

WANG L L, LIAO S R, LIU M L, et al. 2019. Chromosome number diversity in Asian *Cryptocercus* (Blattodea, Cryptocercidae) and implications for karyotype evolution and geographic distribution on the Western Sichuan Plateau［J］. *Systematics and Biodiversity*, 17 (6): 594-608.

WANG X D, SHI Y, WANG Z Q, et al. 2014. Revision of the genus Salganea Stål (Blattodea, Blaberidae, Panesthiinae) from China, with descriptions of three new species［J］. *ZooKeys*, 412: 59-87.

WANG X D, Wang Z Q, CHE Y L. 2014. A taxonomic study of the genus *Panesthia* (Blattodea, Blaberidae, Panesthiinae) from China with descriptions of one new species, one new subspecies and the male of Panesthia antennata［J］. *ZooKeys*, 466: 53-75.

WANG Z Q, CHE Y L. 2010. The genus *Scalida* Hebard (Blattaria: Blattellidae, Blattelinae) in China［J］. *Zootaxa*, 2502: 37-46.

WANG Z Q, CHE Y L. 2012. Revision of the genus *Glomerexis* Bey-Bienko with description of one new species from China (Blattodea, Perisphaeriinae)［J］. *Transactions of the American Entomological Society*, 137 (3+4): 367-371.

WANG Z Q, CHE Y L. 2013. Three new species of cockroach genus *Symploce* Hebard, 1916 (Blattodea, Ectobiidae, Blattellinae) with redescriptions of two known species based on types from Mainland China［J］. *ZooKeys*, 337: 1-18.

WANG Z Q, CHE Y L. 2017. Three new species of cockroach genus *Hemithyrsocera* Saussure, 1893 (Blattodea: Ectobiidae: Blattellinae) with redescriptions of two known species from China［J］. *Zootaxa*, 4263 (3): 543-556.

WANG Z Q, CHE Y L, FENG P Z. 2010. A taxonomic study of the genus *Blattella* Caudell, 1903 from China with description of one new species (Blattaria: Blattellidae)［J］. *Acta Entomologica Sinica*, 53 (8): 908-913.

WANG Z Q, CHE Y L, WANG J J. 2009. Taxonomy of *Margattea* Shelford, 1911 from China (Dictyoptera: Blattaria: Blattellidae)［J］. *Zootaxa*, 1974: 51-63.

WANG Z Q, CHE Y L, ZHANG Y N. 2009. The new recorded genus *Shelfordina* Hebard and a new species of the subfamily Pseudophyllodromiinae Vickery & Kevan from China (Blattaria, Blattellidae)［J］. *Acta Zootaxonomia Sinica*, 34 (3): 443-445.

WANG Z Q, JIANG H Y, FENG P Z. 2006. Two new species of *Anaplectoidea* Shelford 1906 from China (Blattaria: Blattellidae)［J］. *Zootaxa*, 1130: 21-28.

WANG Z Q, JIANG H Y, CHE Y L. 2009. Two new species and one new record of the genus *Jacobsonina* Hebard (Blattaria: Blattellidae) from China［J］. *Acta Zootaxonomica Sinica*, 34 (4): 751-756.

WANG Z Q, WU K L, CHE Y L. 2013. New record of the cockroach genus *Pseudophoraspis* (Blaberidae, Epilamprinae) from China with descriptions of three new species［J］. *ZooKeys*, 273: 1-14.

WANG Z Q, ZHANG Y N, FENG P Z. 2006. A new record genus and a new species of *Chorisoserrata* Roth (Blattaria: Blattellidae: Pseudophyllodromiinae) from China［J］. *Acta zootaxonomica sinica*, 31 (2): 408-409.

WANG Z Q, GUI S H, CHE Y L, et al. 2014. The Species of *Allacta* (Blattodea: Ectobiidae: Pseudophyllodromiinae) Occurring in China, With A Description of a New Species［J］. *Florida Entomologist*, 97 (2):439-453.

WANG Z Q, LI Y, CHE Y L, et al. 2015. The wood-feeding genus *Cryptocercus* (Blattodea: Cryptocercidae), with description of two new species based on female genitalia［J］. *Florida Entomologist*, 98 (1): 260-271.

WANG Z Q, SHI Y, QIU Z W, et al. 2017b. Reconstructing the phylogeny of Blattodea: robust support for interfamilial relationships and major clades［J］. *Scientific Reports*, 7, 3903, 1-8.

WANG Z Z, YANG R, WANG Z Q. 2017b. First record of *Rhabdoblattella* (Blaberidae, Epilamprinae) from China with descriptions of two new species［J］. *Zootaxa,* 4294 (3): 381-388.

WANG Z Z, ZHAO Q Y, LI W J, et al. 2018. Establishment of a new genus, *Brephallus* Wang et al., gen. nov. (Blattodea, Blaberidae,

Epilamprinae) based on two species from *Pseudophoraspis*, with details of polymorphism in species of *Pseudophoraspis*[J]. *ZooKeys*, 785: 117-131.

WU K L, WANG Z Q. 2011. A new species of *Chorisoserrata* Roth (Blattodea, Blattellidae, Pseudophyllodromiinae) from China[J]. *Acta Zootaxonomica Sinica*, 36 (3): 529-532.

WU K L, YUE Q Y, QIU D Y, et al. 2014. One new species in the cockroach genus *Jacobsonina* Hebard 1929 (Blattodea, Ectobiidae, Blattellinae) from Mainland China[J]. *Zootaxa*, 3847 (2): 275-282.

YANG R, WANG Z Z, ZHOU Y S, et al. 2019. Establishment of six new *Rhabdoblatta* species (Blattodea, Blaberidae, Epilamprinae) from China[J]. *ZooKeys*, 851: 27-69.

YUE Q Y, WU K L, QIU D X, et al. 2014. A formal re-description of the cockroach *Hebardina concinna* anchored on DNA barcodes confirms wing polymorphism and identifies morphological characters for field identification[J]. *PLoS ONE*, 9 (9): e106789.

ZHANG S N, LIU X W, LI K. 2019a. Eight new species of the genus *Episymploce* Bey-Bienko (Blattodea: Blattellinae) from China [J]. *Entomotaxonomia*, 41 (3): 198-213.

ZHANG S N, LIU X W, LI K. 2019b. A wingless species of the genus *Hemithyrsocera* Saussure (Blattodea: Ectobiidae) from China [J]. *Zoological Systematics*, 44 (2): 123-131.

ZHENG Y H, WANG C C, CHE Y L, et al. 2015. The species of *Symplocodes* Hebard (Blattodea: Ectobiidae: Blattellinae) with description of a new species from China[J]. *Journal of Natural History*, 50 (5-6): 339-361.

ZHENG Y H, LI X R, WANG Z Q. 2016. A taxonomic report on the cockroach genus *Haplosymploce* Hanitsch from China including one new species (Blattodea: Ectobiidae: Blattellinae)[J]. *Zootaxa*, 4066 (2): 161-170.